主 编◎于广军　　副主编◎吕　晖　孙　红

大数据
与生物信息学

U0353456

BIG DATA
AND BIOINFORMATICS

上海科学技术出版社

内 容 提 要

本书是一部关于医疗大数据和生物信息技术的综合性研究著作,内容涵盖从基本理论到实际应用的多个方面。全书共 8 章,详细探讨了数据挖掘、数据治理、机器学习、统计分析等核心技术及其在医疗卫生行业的应用实例。书中特别强调了数据的安全性与隐私保护问题,并提出了相应的解决策略。此外,作者还讨论了未来技术的发展趋势及可能带来的社会影响。

本书读者对象主要包括生物医学行业专家及相关专业研究生和学术研究者。通过阅读本书,读者可以深入理解医疗大数据技术的理论基础,掌握当前的技术动态,并对未来技术变革有一定的预见性。

图书在版编目(CIP)数据

大数据与生物信息学 / 于广军主编. -- 上海 : 上海科学技术出版社, 2025. 1. -- ISBN 978-7-5478-6894-2

Ⅰ. Q811.4;TP274

中国国家版本馆CIP数据核字第2024XZ4934号

大数据与生物信息学

于广军 主编

吕 晖 孙 红 副主编

上海世纪出版(集团)有限公司 出版、发行
上 海 科 学 技 术 出 版 社
(上海市闵行区号景路 159 弄 A 座 9F - 10F)
邮政编码 201101　www.sstp.cn
常熟市华顺印刷有限公司印刷
开本 787×1092　1/16　印张 16.25
字数 300 千字
2025 年 1 月第 1 版　2025 年 1 月第 1 次印刷
ISBN 978 - 7 - 5478 - 6894 - 2/Q·90
定价:95.00 元

编委会

前　言

　　上海是我国区域医疗信息化的先行者,在 2006 年实施了"医联工程",2009 年实施了基于居民电子健康档案的健康信息网工程。正是因为区域医疗信息化的快速发展而产生了大量数据,如何有效利用数据成为我们需要思考的重要命题。2012 年,我们团队建议并获得了上海市科委的首个医疗大数据项目的资助。2013 年,上海启动了大数据三年行动计划,其中一项重要的工作就是编写"大数据技术与应用"系列丛书,其中《医疗大数据》一书由本人牵头编著,并于 2015 年在上海科学技术出版社出版,成为国内首部以医疗大数据为主题的著作。

　　在这之后,国家对医疗大数据开始重视。2016 年,国务院办公厅下发《关于促进和规范健康医疗大数据应用发展的指导意见》。国家卫健委成立大数据处。中国卫生信息学会在 2017 年 7 月更名为中国卫生信息与健康医疗大数据学会。在江苏、安徽、贵州、福建、山东等地布局国家健康医疗大数据区域中心。在宁夏、山东、天津、广东等地依托学术机构成立国家健康医疗大数据研究院。2023 年 10 月,国家数据局正式成立,将进一步推动数据基础制度建设,统筹数据资源整合共享与开放利用。党的十九届四中全会首次将数据列为生产要素,中共中央、国务院印发的《关于构建更加完善的要素市场化配置体制机制的意见》中明确要求加快培育数据要素市场,全面提升数据要素价值。"十四五"时期是我国工业经济向数字经济迈进的关键时期,大数据产业发展将步入集成创新、快速发展、深度应用、结构优化的新阶段,以数字化转型驱动生产生活方式和治理模式变革成为新时期的重要任务。数据治理是释放数据要素价值的基础和前提,是数据要素资源优质供给的核心保障。近年来,提升数据治理能力成为政府和企业关注的重点,数据治理通过多样化的手段激活与释放数据要素价值,成为从数据资源到生产要素的重要一环。

医疗大数据的学术与业务应用这些年也获得了长足发展。数据治理、数据标准、数据质量、安全隐私保护、数据分析挖掘方法不断迭代更新。三年疫情防控推动了公共卫生大数据的快速应用发展,其在监测、预警、处置、资源调度等方面发挥了重要作用。基因组大数据的发展推动了精准医学的建立。药学大数据加快了药物研发的步伐。基于真实世界的临床大数据研究得到了国家药品器械审批部门的认可。医保管理也进入了大数据时代,药品经济学大数据研究为医保谈判提供依据,基于大数据的按病种分值付费(DIP)是中国医保支付方式的原始性创新。医疗服务大数据助力了卫生管理部门的价格改革与药品零加成的补偿机制改革,成为医院绩效考核与质量管理的重要支撑。

我们团队在 2015 年获得国家高技术研究发展计划(863 计划)"基于区域医疗与健康大数据处理分析与应用研究",之后又承担了三项国家自然科学基金课题,研究医疗数据隐私保护、价值评估与区域共享;2019 年,承担国家自然科学基金重大研究计划"面向医疗卫生的大数据资源集成与示范应用平台"中的共享保障机制课题研究;同年,得到上海交通大学致远课程项目的支持,开设研究生课程"大数据与生物医学",至今已经五年。课程由来自上海交通大学和复旦大学的相关领域专家进行讲授。五年来,课程主要以《医疗大数据》(2015 版)为基础,同时各授课专家结合该领域的最新进展进行讲解,深感有必要进行再版更新,作为研究生课程教材,同时也可以供医院医生、医学信息工作者、数字健康和智慧医疗领域的人士参考。

于广军

2024 年 10 月

目 录

第 1 章

大数据概念、医疗大数据分类及资源

　　大数据是云计算、物联网、移动互联网等数字化技术与信息系统快速发展的结果。云计算的突破为大数据创造了技术前提，解决了数据的存储与计算问题。物联网的核心是传感器能够实现万物信息的自动感知，大大提升了信息采集能力。移动互联网的快速发展，更是实现了人人有终端、物物有传感、处处可上网、时时在链接，数据出现了几何式甚至爆发式的增长[1]。有机构估计，到 2023 年全球数据量达到 93.8 ZB(1 ZB＝10 亿 TB)。数据量、类型、速度的快速变化突破了传统的数据处理方式，也带来了思维的变革。2007 年 1 月，图灵奖得主吉姆·格雷(Jim Gray)发表演讲 *The Fourth Paradigm: Data-intensive Scientific Discovery*，提出了数据密集型科研——科学史上的"第四范式"。2008 年 9 月，*Nature* 杂志命名为 *The Next Google* 的专刊率先提出了新术语"big data"(大数据)来形容爆炸性增长的数据，并提出未来将世界的一切物质与信息集合起来组成的大数据，可以打破虚拟与现实的边界，将是世界未来最大的变革。

1.1　大数据概念

　　Nature 杂志虽然率先提出了"大数据"的术语，但真正第一个对大数据进行定义的是麦肯锡全球研究院。该机构在 2011 年 5 月发布报告 *Big data: the next frontier for innovation，competition，and productivity*，对大数据进行了定义："大数据是指其大小超出了常规数据库工具获取、存储、管理和分析能力的数据集"[2]。后来 IBM 公司把大数据的特征概括为 3 个"V"，即规模(volume)、快速(velocity)和多样(variety)[3]。而更多的人习惯将其概括为 4 个"V"，也就是在前者基础上再增加价值(value)。

　　数据规模究竟应该达到什么规模,学界并没有定论。这是一个相对的概念,一般而言,关系数据库可以有效处理 TB 级的数据,但是数据量达到 PB 级,主流关系数据库就很难处理了。在快速方面,则强调的是在线数据的实时处理分析。多样性指的是相对传统的结构化数据,如数字、符号,非结构化的数据如音频、视频、图片、地理位置信息、网络日志等,非结构化数据越来越多。在价值方面,价值密度低是指大数据应用中真正有价值的数据占比极少,但是大数据具有全面、多样、关联的特性,可以产生创新价值。

　　健康医疗大数据泛指与生命健康相关的大数据。近年来,随着医疗机构信息化建设、区域卫生信息平台建设、互联网医疗、精准医疗的快速发展,这一领域日益受到重视。2016 年 6 月 21 日,国务院办公厅下发《关于促进和规范健康医疗大数据应用发展的指导意见》,指出健康医疗大数据是国家重要的基础性战略资源。健康医疗大数据应用发展将带来健康医疗模式的深刻变化[4]。

1.2　医疗大数据分类

　　医疗大数据有多种分类方法,最常见的有按来源分类、按数据类型分类。

1.2.1　按来源分类

　　这是最常见的分类,也与数据资源紧密相关。

　　(1)临床数据,主要来源于医疗机构,包括病案数据、检验检查数据、医学影像数据,这类数据中占比较大、增长比较快的是医学影像数据,随着 CT、MRI 的精度越来越高,影像数据产生的数量越来越大。

　　(2)公共卫生数据,主要来源于疾病控制机构,包括传染病监测、肿瘤、心脑血管等慢性非传染性疾病的管理数据,以及食品卫生、环境卫生、职业卫生、儿少卫生等数据。

　　(3)居民健康数据,主要来源于社区卫生服务机构的居民个人电子健康档案数据,包括人口学基本资料、计划免疫、妇幼保健等数据。

　　(4)食品药品器械数据,主要来源于食品、药品和医疗器械的相关企业和政府监管部门,包括生产、流通、销售、安全监管等方面的数据。其中,中医药方面的数据也是中国的特色。

　　(5)互联网医疗数据,主要源于互联网医疗网站、微信等方面的数据,随着政府重视,三年新冠肺炎疫情的因素,互联网医院获得了快速发展,线上预约、付费、问诊、处方、随访等服务快速增长,相应数据也获得快速增长。

（6）物联网医疗数据，主要源于可穿戴的健康监测设备所产生的数据，包括运动、睡眠、血氧、心率等生命体征数据。生物传感器不断发展，可以监测的物联网数据的数量与精准度不断增加。

（7）生物组学数据，主要源于基因、蛋白、转录组学检测的数据。随着检测成本的快速下降以及应用范围的快速增加，这类数据越来越多。此外，肠道菌群的研究与临床应用成为近年来的热点，相关的宏基因组测序数据也呈快速增长趋势。

（8）医学文献数据，主要是生物医学、临床医学、公共卫生、中医药等方面的研究数据，包括论文、书籍、会议报告等类型。

1.2.2　按数据类型分类

（1）个人属性数据，包括人口统计信息，如姓名、年龄、性别、民族、国籍、职业、住址、工作单位、家庭成员信息、联系人信息、收入等；个人身份信息，如身份证、工作证、社保卡、可识别个人的影像图像、健康卡号、住院号、各类检查检验相关单号等；个人通讯信息，包括个人电话号码、邮箱、账号及关联信息等；个人生物识别信息，如基因、指纹、声纹、掌纹、耳郭、虹膜、面部特征等。

（2）健康状况数据，包括现病史、既往病史、家族史、生活方式、营养、运动、心理等。

（3）医疗应用数据，包括门（急）诊病历、处方、医嘱、检查检验报告、用药信息、病程记录、手术记录、麻醉记录、输血记录、护理记录、入院记录、出院小结、转诊（院）记录、知情告知信息等。

（4）医疗费用数据，包括医疗服务价格、收费、医保支付数据等。

（5）公共卫生数据，包括传染病监测、计划免疫、妇幼保健服务等。

（6）卫生资源数据，包括医疗机构、医护人员、床位、设施设备等。

1.3　医疗大数据资源

医疗大数据资源是医疗大数据的基础，医疗大数据的产生源于信息化和网络化的快速发展，主要的数据资源有以下几方面。

1.3.1　医疗机构的电子病历系统

国际标准化组织（ISO）卫生信息标准技术委员会（C215）将电子病历定义为"以计算机可处理的方式表示的、有关医疗主体健康的信息仓库"。根据美国医卫生信息与管理系统协会(HIMSS)的定义,电子病历是一个安全、实时、以患者为中心的服务于医生的信息资源。根据我国《电子病历应用管理规范(试行)》,电子病历是指医务人员在医疗活动过程中,使用信息系统生成的文字、符号、图表、图形、数字、影像等数字化信息,并能实现存储、管理、传输和重现的医疗记录,是病历的一种记录形式,包括门(急)诊病历和住院病历。电子病历系统是指医疗机构内部支持电子病历信息的采集、存储、访问和在线帮助,并围绕提高医疗质量、保障医疗安全、提高医疗效率而提供信息处理和智能化服务功能的计算机信息系统[5]。

电子病历记录了患者的病史、药物使用、过敏和免疫史、检验检查历史、医嘱功能等,是对患者特定生命周期健康状况的全方位显示。电子病历库是患者数据的集成,可以为公共卫生、疾病暴发检测提供宝贵的决策数据和支持;通过电子病历库显示某种疾病的分布,可以帮助疾控部门检测疫情和公共卫生状况[6]。近年来,我国非常重视电子病历系统的建设,出台了电子病历评级办法,分为 0～8 级,并将评级结果纳入医院绩效考核的范围。

1.3.2　基于居民健康档案的区域卫生信息平台

根据国家卫健委《基于健康档案的区域卫生信息平台建设指南》,区域卫生信息平台是指连接区域内医疗卫生机构基本业务信息系统的数据交换和信息共享平台,是不同系统间进行信息整合的基础和载体。这一平台的建立是 2009 年国家医改方案中建立互联互通、实用共享区域卫生信息系统的必然要求。在国际上,加拿大、英国等国家比较早地推出了电子健康档案的区域信息平台建设。美国也涌现了很多区域卫生信息组织(RHIO)推进区域内的电子健康档案互联互通。

根据国家卫健委 2023 年 11 月 7 日新闻发布会消息,国家全民健康信息平台已基本建成,基本实现了国家、省、市、县平台的联通全覆盖,目前已经有 8 000 多家二级以上公立医院接入区域全民健康信息平台,20 个省份超过 80% 的三级医院已接入省级的全民健康信息平台,25 个省份开展了电子健康档案省内共享调阅,17 个省份开展了电子病历省内共享调阅,204 个地级市开展了检查检验结果的互通共享。

1.3.3　医疗卫生注册登记系统

在国家或地区范围内建立对重大疾病注册登记系统,包括政府部门组织建立的,如传染病国家肿瘤登记系统、国家病案首页上报系统、CDC 传染病直报系统、药品不良反应报告系统;也有社会组织建立的专病注册登记系统,如罕见病注册登记系统；还有一些学术机构、医疗机构联盟组织建立的专病注册登记系统。

1.3.4　医疗保险信息系统

在国际上，医疗保险信息系统是医疗大数据的重要来源，包括政府举办的社会医疗保险及市场上的商业医疗保险系统。医疗保险信息系统最初只是包含参保者的基本信息和医疗保险结算信息。随着医保的深入发展，医保部门开始要求医院提供处方、病史和医嘱，所包含的内容越来越丰富。

根据我国国家医疗保障局的信息，2022 年 5 月，经过两年多的建设，全国统一的医疗保障信息平台已基本建成。医保信息平台已在 31 个省份和新疆生产建设兵团全域上线，有效覆盖约 40 万家定点医疗机构、约 40 万家定点零售药店，为 13.6 亿参保人提供医保服务。该平台包括公共服务、经办管理、智能监管、分析决策共 4 大类 14 个业务子系统，体现了全国医保标准化、智能化和信息化水平。公共服务子系统包含医保电子凭证、移动支付中心和电子处方流转中心等功能模块，可提供参保人员线上身份核验、医保线上支付及外购处方流转等能力支撑。

1.3.5　互联网医疗

随着互联网的发展，互联网医疗也得到了快速发展。最初，主要是医疗网站提供一些科普和就医服务，之后随着社交媒体，尤其是移动互联网的发展，互联网医疗获得飞速发展。在中国，2018 年国务院办公厅发布《关于促进"互联网＋医疗健康"发展的意见》提出发展 7 类互联网＋医疗健康服务，包括互联网＋医疗服务、互联网＋公共卫生服务、互联网＋家庭医生签约服务、互联网＋药品供应保障服务、互联网＋医疗保障结算服务、互联网＋医学教育和科普服务、互联网＋人工智能应用服务，尤其是提出允许依托医疗机构发展互联网医院。新冠肺炎疫情期间，政府又出台了很多鼓励发展互联网医院的政策。根据动脉网《2022 互联网医院报告》，2022 年，全国互联网医院超过 1 700 家，在线医疗用户突破 3 亿人，以互联网医院为基础设施的互联网医疗、医药企业相继上市。

1.3.6　物联网医疗

物联网医疗数据主要包括医疗监测设备和健康可穿戴设备所产生的数据。一方面，随着急救重症医学的发展，心电、脑电、肺功能等医疗监测设备快速发展与应用，大量实时监测数据不断产生，推动急救重症医学的发展。另一方面，通过腕表、手环等可穿戴设备监测心率、血压、血氧、睡眠等指标，促进健康管理与慢性病管理成为居民或患者主动健康管理的重要内容。如何有效分析这些数据也成为学界与实践界关注的热点之一。

1.3.7　生物组学大数据

生物组学大数据包括基因组学、转录组学、蛋白质组学、代谢组学、微生物组学等内容。1990 年启动的人类基因组计划拉开了人类基因组学的序幕。近年来，测序技术的快速发展，推动了测序成本的快速下降。精准医学理念的诞生及各类精准医学计划的实施有效推进了组学的研究与应用。

1.3.8　医学科研文献

医学科研文献包括各类期刊、图书、会议资料。在医学文献数据库中，比较著名的是 MEDLINE，它收录了 1966 年以来的包含医学、护理、兽医、健康保健系统及其临床科学的文献 3 100 万余条书目数据（截至 2024 年 2 月，数据来自美国国家医学图书馆）。这些数据来源于 70 多个国家和地区的 5 200 多种生物医学期刊，近年数据涉及 30 多个语种，回溯至 1966 年的数据涉及 40 多个语种，90% 左右为英文文献。在中国科研文献库中比较著名的是中国科学技术信息研究所研制的"中国科技论文与引文数据库（CSTPCD）"。

参考文献

[1] Goyal P，Malviya R. Challenges and opportunities of big data analytics in healthcare[J]. Health Care Science，2023，2(5)：328 – 338.

[2] Manyika J，Chui M，Brown B，et al. Big data：The next frontier for innovation，competition，and productivity[R]. McKinsey Global Institute，2011.

[3] Bryant R，Katz R H，Lazowska E D. Big-data computing：creating revolutionary breakthroughs in commerce，science and society[R]. IBM，2008.

[4] 中华人民共和国中央人民政府. 国务院办公厅关于促进和规范健康医疗大数据应用发展的指导意见[EB/OL]. [2024 – 08 – 15] https://www. gov. cn/gongbao/content/2016/content_5088769.htm.

[5] Kavandi H，Al Awar Z，Jaana M. Benefits，facilitators，and barriers of electronic medical records implementation in outpatient settings：A scoping review[C]//Healthcare Management Forum. Sage CA：Los Angeles，CA：SAGE Publications，2024：08404704231224070.

[6] Abid M，Schneider A B. Clinical informatics and the electronic medical record[J]. Surgical Clinics，2023，103(2)：247 – 258.

第2章

医疗大数据挖掘与分析方法建立

数据已经成为一种新的关键生产要素。医疗健康关乎民生福祉,数字医疗为实现优质医疗资源共享、解决医疗资源分配不均和就医成本高等问题提供了可行的方案,积聚了丰富的医疗数据。大数据技术激活医疗数据要素潜能,打破传统医疗模式,成为智慧数字医疗发展的基石,医疗数据的价值发现在药物研发、辅助诊断等方面已经发挥重要作用,为患者、医生、科研者、管理者和保险行业等提供新型服务,提升疾病预防和精准诊断能力。数据挖掘技术是数据价值体现的手段,成为高效利用数据、发现价值的核心技术。本章首先介绍医疗大数据挖掘的需求和挑战,包括医疗数据的类型和特点,然后介绍一系列医疗大数据挖掘方法,包括基础数据挖掘方法,以及序列数据、多源图数据、多模态(文本、影像)数据挖掘方法,及其在用药分析、疾病智能辅助诊断、医学影像报告生成和医疗管理等场景的应用。

2.1 医疗大数据挖掘需求和挑战

数据挖掘是理论方法和实际应用的结合。虽然大数据环境下,获取和收集医疗数据变得更加便利,但是,医疗大数据的复杂特征对数据挖掘在理论方法研究方面提出了新的要求和挑战。没有足够的领域知识和业务需求,仅仅靠数据也难以充分发现数据价值。因此,医疗大数据挖掘方法的研究应该结合应用场景和需求形成创新。

2.1.1 医疗数据的类型及其处理方式

医疗数据产生场景多样,包括来自患者在医疗机构就医过程中产生的数据(包括电子病历、检验检测、用药诊疗等)、科研活动中产生的数据(包括药物研发和医学相关科研活动等)、患者其他相关的非就医过程中的医疗行为产生的数据(包括可穿戴设备、网上问诊等),以及支付和医保结算数据等。产生这些数据的设备也是多样的,相应的数据格式和类型是多样的,常见的医疗大数据是结构化的患者就医记录(包括患者的基本信息、就医诊断、用药等信息)或如检测化验设备的各项检测指标的数据;也有以非结构化文本形式存在的电子病历及其诊断报告,还有病理图像、医学影像及文献等各类数据。对这些数据进行分析从中挖掘其价值,需要针对数据的类型及其特点来研发医疗数据挖掘算法,包括结构化、非结构化和多模态的数据挖掘方法;也有根据来源不同的数据挖掘方法,包括单一来源的数据挖掘和多来源的多源异质数据挖掘方式。

举例来说,在医疗大数据中,电子健康档案(electronic health records,EHR),也称为电子病历,是最广泛、最常见的。电子健康档案被大量搜集整理,涵盖患者全面的医疗健康信息,包括结构化数据(如诊断、治疗、检查、药物处方、生命体征)和非结构化数据(如临床笔记、医学图像)。EHR 数据是带有时间戳的动态数据,通过跟踪患者病情随时间变化的进展情况获得。与静态数据相比,时间数据提供患者病史的动态信息,其中隐藏的模式(如疾病进展或随时间变化的变量)可以被利用。此外,医疗影像数据是一种多模态的数据,包括医疗影像的图像及其对应的诊断文本报告。还有经过多种来源数据整合形成的多源异质数据,如在基因组学、疾病用药诊疗等多种来源数据的整合分析。

2.1.2　医疗大数据挖掘的问题与挑战

大数据的内涵包括"用数据解决问题"和"解决数据的问题"。2.1.1 小节分析了医疗大数据挖掘可以用到的各种数据类型,本小节分析医疗大数据挖掘面临的问题和挑战。

医疗大数据分析面临数据类型繁杂、数据质量较差、数据孤岛众多、数据安全薄弱和数据应用尚浅等问题。这些问题在其他领域也有共性,这也是能够将现有的一些数据挖掘方法引入医疗领域的基础。但是,医疗领域对数据质量和分析结果的有效性的要求更高,传统数据挖掘方法难以直接应用于复杂、多源、跨模态的医疗大数据挖掘上,因此需要对这些共性技术加以改进。

1) 数据类型繁杂

对于类型繁杂的数据,采用多模态的数据融合技术,如将医疗影像和医疗报告文本的数据不同模态下进行对齐(alignment),实现从医疗影像中智能生成文本报告。对于数据质量差的,需要有专门的医疗数据规范化的技术,如利用电子病历文本与国际疾病分类(international classification of diseases,ICD)编码进行对齐,即将电子病历文本标注为其相应的 ICD 编码。另外,医疗数据的高敏感、高隐私的要求和在开展医疗智能分析时对数据全面特征的需求,两者之间存在矛盾,这需要更为有效的共享互联机制和技术以平衡矛盾。

2) 数据集中训练标签缺失

分类分析是一种使用广泛的有监督的(或半监督的)数据挖掘技术,即需要有标签的训练集以指导分类模型的构建。在大数据环境下,拥有多源融合的、规模巨大的数据集,为数据挖掘积累了更丰富的数据基础,但是,现实情况是数据集中更多的数据是没有经过专家打好标签的,当有标签的样本较少时,所获得的分类器的泛化能力和预测精度往往较差。也就是说,大数据环境下有更多的数据可以被使用,然而,对大数据集中大量数据样本进行标记耗时耗力,收集足够多的标签样本变得困难。例如,高血压危险因素分析中,数据包含大量的因为没有出现高血压症状而没有就医的人群,但是从其健康档案记录或其他就医记录中已经隐藏了潜在的高血压危险因素,这需要有新的大数据分类方法,在训练过程中综合利用较少的有标签样本和较多的无标签样本进行学习,降低对数据进行人工标注的高昂开销。

即使在一些情况下,有足够数量的标签样本,但是这些标签的真实性和正确性也是难以校验和保证的。因此,如何充分利用较少的有限的有标签样本,结合大量的无标签样本进行学习以获得较好的分类器,以提升分类器的性能,是大数据挖掘技术发展中面临的技术难题。目前,基于训练标签缺失的半监督挖掘方法主要集中于"各类别样本数分布均衡"的假设基础上。面向大数据集,各类别样本数有较大差异(即非平衡数据集),因此,大数据环境下还需探索非平衡数据集上的基于训练标签缺失的大数据建模方法。目前,迁移学习领域的小样本学习如 One-shot Learning、Zero-shot Learning 等方法成为关注热点。

3) 数据的高维性

通过对大数据本身的压缩来适应有限存储和计算资源,除了研发计算能力更强、存储量更大的计算机之外,维规约技术(包括选维、降维、维度子空间等)是一类有效的方法,但也面临技术挑战。需要面向不同类型的数据研究语义保持下的大数据规约技术(包括特征分析、特征选择、降维、子空间等),形成新的高维大数据挖掘方法。目前,深度学习模型的广泛应用推动了深度特征表示嵌入学习(embedding)方法在这方面取得了大量进展。如何在复杂数据集上提升深度特征表示嵌入学习方法的性能是当前研究的重点和难点。

4) 数据的异质性、动态性

大数据环境下,数据的组织方式和以前不同,数据网络成为一种主要组织方式,如生物文献网络、蛋白质相互作用网络等。数据网络用节点和属性描述了数据对象的特征信息,用边描述了对象间的关系信息。越来越多的数据价值蕴含在跨界、多源、融合的数据集中,这样的数据集含有多种异质数据对象,形成异质数据网络。例如,一个生物网络的节点可以包括疾病、药物、副作用、靶点基因等。不同类型节点之间的关系变得更加复杂,且富含语义。厘清数据对象之间存在的各种语义关联和相互作用,构建异质网络,探索异质网络挖掘方法也是大数据挖掘技术发展过程中的重要组成部分。同时,这样的关系网络也是随着时间动态变化的,动态网络挖掘也逐渐受到关注。

5)数据的高价值低密度特性

面向高价值低密度的大数据集,存在这样一类数据挖掘需求:发现给定大数据集里面少数相似的数据对象组成的、表现出相异于大多数数据对象而形成异常的群组[1]。这是一种高价值低密度的数据形态。这种挖掘需求和聚类、异常检测都是根据数据对象间的相似程度来划分数据对象的数据挖掘任务,但它们在问题定义、算法设计和应用效果上存在差异。需要针对大数据的特征,研究和探索特异群组挖掘方法,以发现潜藏在数据集中更为复杂的异常数据。

6)用于结果评估的 BenchMark 数据集缺乏

针对大数据分析的目标,利用现有的数据建立挖掘模型之后,需要对大数据挖掘模型的效用进行评估,即对模型的泛化能力、解释能力等做出客观的评价。特别地,在多个模型中选择最佳模型时,模型的效用评估显得尤为重要。然而,与传统数据挖掘模型相比,大数据挖掘算法更加复杂多样,因此,对其进行评估需研究可用于评估的 BenchMark 数据集,并探索新的大数据挖掘模型质量评估指标体系,这不仅对于大数据挖掘模型的选择,而且对模型分析结果的科学性、可靠性有强的指导意义,这也是大数据挖掘中的一个基础问题。

7)大数据挖掘工具的高门槛

除了方法本身研究外,大数据挖掘系统的开发也是大数据挖掘技术发展的一个重要内容。大数据挖掘系统能够使得不同应用领域的数据分析人员都能利用数据挖掘技术对数据进行分析,无编程、可交互的大数据挖掘平台的研发将降低数据挖掘方法的使用门槛。一个数据挖掘任务可由多个子任务配置,整合多种挖掘算法,在分布式计算环境中运行。大数据挖掘工具化、集成化,可以渗透到各行各业当中,推动大数据挖掘技术的应用。

综上,大数据挖掘技术发展过程中在方法研究本身、研究对象数据特点、应用业务场景以及方法评估、工具平台实现方面都面临挑战,但这些也正是医疗大数据挖掘技术发展的动力和机遇。为此,针对上述问题和挑战,研究者开展了大数据挖掘方法研发工作。接下来分别介绍医疗数据智能分析方法和开放互联技术。

2.2　医疗大数据挖掘方法

在分析挖掘方面，研究工作是由浅入深发展的。在医疗大数据挖掘方面，包括了从单一来源的就医数据的简单挖掘到基于深度学习的特征表示，从结构化到非结构化和跨模态数据的深度学习方法在医疗影像和文本方面的分析，以及多源多模态的组学数据分析。本节首先介绍数据挖掘中的基础方法，这些方法是针对医疗数据特点进行改进优化的基础，然后针对医疗数据挖掘需求，再介绍各种特点和挑战下的优化方法，即给出在基础挖掘任务上有针对性的改进的医疗大数据挖掘算法。

2.2.1　数据挖掘的基础方法

数据挖掘是大数据的关键技术，用于发现大数据价值。大数据挖掘定义为：从大数据集中寻找其规律的技术[2]。按照大数据分析的需求，大数据挖掘任务分为以下五大类。

（1）关联分析：寻找数据项之间的关联关系。例如，通过对患者用药记录数据的分析可能得出"使用高血压药物的患者同时使用了皮肤疾病的药物"这样一条药物之间的关联规则。关联分析是数据挖掘中最具代表性的一类挖掘任务，其方法的提出旨在提升在大规模数据中发现关联关系的能力，聚焦于如何处理大规模数据。关联分析的实质是在数据集中发现超过用户指定的最小支持度阈值（即出现频率）的关联项。举例来说，找到一个数据集中出现次数超过一定阈值的项集，如 A、B、C 三种药物在 80% 以上的患者用药记录中出现。常见的算法有 Apriori、FP-Growth 和 PrefixSpan 等频繁模式挖掘算法。

（2）聚类分析：是一种无监督学习方法，用于对未知类别的样本进行划分。根据最大化簇内的相似性、最小化簇间的相似性的原则将数据对象集合划分成若干个簇。例如，通过对就医数据的分析，划分药物功能和发现并发症。聚类分析研究如何在没有训练的条件下把数据样本划分为若干个簇，不但需要用户深刻了解所用的技术，而且还需要知道数据收集过程中的细节及拥有应用领域的专家知识，用户对可用数据了解的越多，用户越能成功地评估它的真实结构。代表性的聚类算法有 K-means 和 DBSCAN 等。

（3）分类分析：找出描述并区分数据类的模型，以便能够使用模型预测给定数据所属的数据类。例如，将电子病历文本分类为 ICD 编码标签或医学影像数据分类是否有病变。分类分析通过对数据及其类标签的分析给出一个分类模型，然后,对于一个新的记录,则可以根据特征预测其类别。代表性的分类算法有XGBoost、LightGBM、BP 神经网络等。

(4)异常分析:一个数据集中往往包含一些特别的数据,其行为和模式与一般的数据不同,这些数据称为"异常"。对"异常"数据的分析称为"异常分析"。例如,在对患者健康监测的过程中,发现心跳明显不同于以往的情况。

(5)演变分析:描述时间序列数据随时间变化的规律或趋势,并对其建模,包括时间序列趋势分析、周期模式匹配等,如糖尿病的发展演化规律分析。

值得指出的是,面向高价值低密度的大数据集,除了上述数据挖掘任务外,特异群组挖掘分析是一类新型的大数据挖掘任务[1],已经被应用于如医保基金欺诈风险防控等场景。

2.2.2　深度学习

深度学习(deep learning,DL)由辛顿(Geoffrey Hinton)等于 2006 年提出。深度学习的概念起源于人工神经网络,以下介绍深度学习的几个主要相关技术。

2.2.2.1　神经网络

神经元是神经网络中最基本的结构,也是神经网络的基本单元。1943 年,麦卡洛克(Warren McCulloch)等构建了一种人工神经元模型。如图 2-1 所示,在这个模型中,神经元接收到来自其他 n 个神经元传递过来的输入信号 x_1、x_2、$\cdots$、x_n,这些信号通过带有权重 w_1、w_2、$\cdots$、w_n 的连接进行传递;随后,通过加权求和操作汇总这些输入信号,将其与所设定的阈值进行比较,再通过激活函数处理以得到最终输出。其中,阈值决定了神经元对于输入信号的敏感性,低于阈值的输入将不足以触发神经元的激活。通过调整阈值,可以控制神经元的激活性和输出;激活函数用于将输入信号进行非线性变换,产生神经元的输出。这两个组成部分共同作用,决定了神经元的响应和神经网络的表示能力。

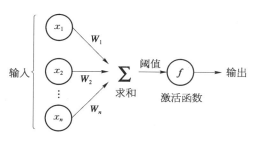

图 2-1　神经元模型结构

理想状态下的激活函数为阶跃函数,它将输入值映射为输出值 0 或 1。然而,阶跃函数 $f(x)=\begin{cases}0,x<0\\1,x\geqslant 0\end{cases}$ 具有不连续、不光滑等问题,所以实际中一般采用Sigmoid 函数 $f(x)=\dfrac{1}{1+\mathrm{e}^{-x}}$ 作为激活函数。将多个这样的神经元按照一定的层

次结构连接起来，则得到了神经网络。图2-2展示了由两层神经元组成的简单神经网络——感知机。输入层接收外界信号后传递给输出层。

输入层　　　隐含层　　　隐含层　　　输出层

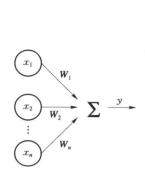

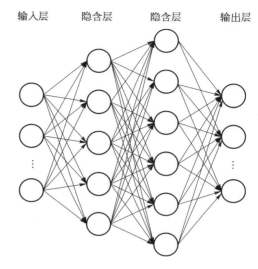

图2-2　感知机网络结构示意　　　　　　图2-3　多层前馈神经网络示意

　　更一般地，常见的神经网络是图2-3所示的层级结构，每层神经元与下一层神经元互相连接。这样的网络结构被称为"多层前馈神经网络"，其中，输入层神经元接收外界输入，隐含层对输入信号进行加工，最终输出层神经元输出结果。神经网络的学习过程是根据训练数据来调整神经元之间连接的权重以及神经元的阈值的过程。也就是说，权重和阈值蕴含了神经网络所学习到的内容。反向传播（back propagation，BP）算法是多层神经网络学习算法中的代表算法。在训练网络的过程中，给定输入数据 x 和目标值 y，希望网络输出层的输出结果 y' 与 y 尽可能接近，由此可以构建真实值与预测值之间的误差项，训练网络的过程是不断调整参数以使得该误差项尽可能减小逼近0的过程。BP算法基于梯度下降（gradient descent）策略，以误差项的梯度方向对参数进行调整，以达成这一目标。

2.2.2.2　图神经网络

　　图表征学习（representation learning）通常有两种含义，第一种生成图中节点的表征向量，另一种则为整张图生成表征向量。本章的方法主要涉及图节点的表征学习。根据图的性质可以分为静态图表征学习与动态图表征学习。图神经网络是一类定义在图上的深度学习模型，其通过邻域聚合的方式进行图上的表征学习，可支持一系列下游任务，例如图节点分类、链接预测等。

　　传统的图表征学习通常需要对邻接矩阵、Laplacian矩阵、亲和度矩阵

(affinity matrix)等进行特征值分解,利用特征向量作为节点表示。随着自然语言领域词嵌入技术的发展,有一系列工作利用神经网络对图数据进行表征学习。其基础是分布假说(distributional hypothesis),即自然语言中一个单词的含义可以被它的上下文所反映。在图领域,通过定义不同的上下文来设计表征学习算法,如 DeepWalk 与 Node2Vec 将一个节点的上下文定义为节点在一次随机游走序列中的前后节点,即首先利用随机游走生成若干节点序列,将其视为自然语言处理中的语料库,再将这些序列输入到词嵌入模型如 Word2Vec[3] 中得到节点的表征向量。LINE 中定义了一阶邻近性和二阶邻近性,并基于此定义了显式的优化目标,通过保证节点在表征空间中也满足原图上的邻近性来计算得到节点表征。图神经网络可以分为基于谱域(spectral-based)与基于空域(spatial-based)两类。基于谱域的图神经网络以图卷积网络(graph convolutional network,GCN)为代表,对节点属性进行图傅里叶变换,利用卷积定理在谱域上进行计算。目前更多的研究聚焦在空域上,即通过定义节点聚合函数设计图神经网络。例如,图注意力网络(graph attention network,GAT)利用自注意力机制对邻居信息进行聚合;GraphSAGE[4] 设计了基于邻居抽样聚合的图神经网络;图同构网络(graph isomorphism network,GIN)分析了图神经网络的表达能力,并设计了一种等效于图同构测试的模型。文献[5]总结了多种图神经网络,并将其归类为消息传播(message-passing)机制。

2.2.2.3　注意力机制

视觉注意力机制是人类大脑的一种天生的能力。当看到一幅图片时,先是快速扫过图片,然后锁定需要重点关注的目标区域。注意力机制是从大量信息中筛选出少量重要信息,并聚焦到这些重要信息上,忽略大多不重要的信息。深度学习中的注意力机制是一种模仿人类视觉和认知系统的方法,它允许神经网络在处理输入数据时集中注意力于相关的部分。通过引入注意力机制,神经网络能够自动地学习并选择性地关注输入中的重要信息,提高模型的性能和泛化能力。

如图 2-4 所示,对于一条查询 Query,注意力机制通过将 Query 和键 Key_1、Key_2、$\cdots$、Key_n 进行匹配,即计算相似度 $S(Q,Key)$,从而得到为每个 Key 分配的权重。其中,S 为相似度函数,Q 表示查询 Query。权重值越大代表越聚焦于其对应的值 $Value$ 值上,即权重代表了信息的重要性,而 $Value$ 是其对应的信息。

注意力机制的具体计算过程可以归纳为两个步骤:第一步根据 Q 和 Key 计算权重系数,第二步根据权重系数对 $Value$ 进行加权求和(Weighted-sum)。其中,第一步可以分为两个阶段:第一个阶段根据 Q 和 Key 计算两者的相似性或相

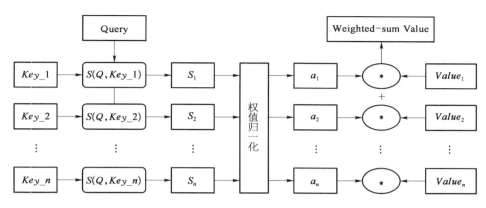

图 2-4　注意力机制示意

关性 S_1、S_2、$\cdots$、S_n；第二个阶段对第一个阶段的相关性值进行归一化处理。具体来讲：

（1）根据 Q 和 Key 计算权重系数：① 相似性计算。常见的方法包括：求两者的向量点积、求两者的向量 Cosine 相似性，或者引入额外的神经网络来计算。② 归一化。相似性计算的结果根据具体产生的方法不同其数值取值范围也不一样，引入类似 Softmax 的计算方式对第一个阶段的得分进行归一化，将原始计算结果整理为所有元素权重之和为 1 的概率分布，即

$$a_i = softmax(s_i) = \frac{\mathrm{e}^{s_i}}{\sum_{j=1}^{n} \mathrm{e}^{s_j}} \tag{2-1}$$

（2）对 $Value$ 进行加权求和：上一步得到的 a_i 即为 $Value_i$ 对应的权重系数，进行加权求和即可得到最终输出，即

$$Atten(Q, Key, Value) = \sum_{i=1}^{n} a_i \cdot Value_i \tag{2-2}$$

总体而言，注意力机制本质上就是学习一个权重分布，使得网络能够关注那些重要的信息，而忽略大多不重要的信息。

2.2.3　预训练语言模型

近年来，自然语言处理技术快速发展。预训练语言模型（pre-trained language models，PLM）把自然语言处理带入新的发展阶段。通过大数据预训练加小数据微调（fine-tuning），自然语言处理任务无须再依赖大量的人工调参。现有的神经网络在进行训练时，一般基于 BP 算法，先对网络中的参数进行随机初始化，再利

用随机梯度下降等优化算法不断优化模型参数。而预训练的思想是,模型参数不再是随机初始化的,而是通过一些任务进行预先训练,得到一套模型参数,然后用这套参数对模型进行初始化,再针对特定任务进行微调。

2013 年,Word2Vec[3]的提出可以看作预训练语言模型研究的开始。随着上下文动态词向量表示 ELMo[6],以及使用自注意力机制的特征提取器 Transformer 的提出,预训练语言模型的效果得到了提升。此后,BERT[7]、RoBERTa[8]、生成式预训练 Transformer(generative pre-trained transformer,GPT)[9]等模型,不断刷新自然语言处理领域任务的 SOTA 表现。按照生成语言符号语义表示的方式不同,预训练语言模型被分为自回归(autoregressive)和自编码(autoencoder)两种类型。其中,自回归预训练语言模型根据上文预测下一个单词,或者根据下文预测前面的单词。例如,ELMo 将两个方向(从左至右和从右至左)的自回归模型进行拼接,实现双向语言模型。而 GPT 则采用 Transformer 的解码器,根据上文信息,预测后续的语言符号,也属于自回归预训练语言模型。自编码预训练语言模型,如 BERT,可以在输入中随机掩盖一个单词(相当于加入噪声),在预训练过程中,根据上下文预测被掩码词,因此可以认为是一个降噪的过程。这种模型的优点是可以同时利用被预测单词的上下文信息,不足是在下游的微调阶段不会出现掩码词,因此掩码[MASK]标记会导致预训练和微调阶段不一致的问题。BERT 的应对策略通常是针对掩码词,以 80%的概率对这个单词进行掩码操作,10%的概率使用一个随机单词,而 10%的概率使用原始单词(即不进行任何操作),这样可以增强对上下文的依赖,进而提升纠错能力。

2.2.4　就医行为数据挖掘方法

2.2.4.1　基于就医行为数据的用药模式挖掘

患者的就医记录中存储了患者的基本信息和用药记录等信息,可以使用频繁模式挖掘算法来得到患者的用药模式。例如,图 2-5 中的三个患者(User1、User2 和 User3)都使用安博维、思考林和玄宁这三种药物。可以看到三种药物之间存在一定的用药关联。但是,在医疗实际场景中,不同的用药顺序也反映了患者的疾病状态。比如,先用某一种药物和后用某一种药物,治疗疾病的原理可能是不一样的。另外,用药的剂量也反映了该患者症状的治疗方案。

下面以儿童肺炎就医数据的关联分析为例。为了分析儿童肺炎治疗用药情况,多种模式挖掘算法可以被应用,如 FP-Growth,PrefixSpan(Prefix-Projected Pattern Growth,前缀投影的模式挖掘)及 USpan[10]等。其中,FP-Growth 和 PrefixSpan 是两个较传统的模式挖掘算法,能够挖掘频繁用药模式,后者考虑了用药的顺序;

患者   **用药序列**

User 1

安博维、思考林、玄宁、拜糖苹片、泰嘉、钙尔奇-D

User 2

安博维、思考林、玄宁、拜糖苹片、泰嘉、罗盖全

安博维、思考林、玄宁

拜糖苹片、泰嘉

User 3

安博维、思考林、玄宁、钙尔奇-D、钙尔奇-D

User 4

拜糖苹片、泰嘉、开瑞坦

图 2-5 基于序列模式的用药挖掘

USpan 则考虑了药物的效用,其由剂量、频率及使用顺序定义。表 2-1 是应用上述模式挖掘算法,挖掘出的示例用药模式,并邀请领域专家对挖掘结果进行评审。

表 2-1 基于序列模式的用药挖掘

Top	FP-Growth	PrefixSpan	USpan
1	<Bifid Triple Viable, Cefotaxime[†], Zine Oxide Ointment>	<Albuterol, Ipratropium Bromide, Budesonide>	<Albuterol, Ipratropium Bromide, Budesonide>
2	<Albuterol, Ipratropium Bromide, Budesonide>	<(Bifid Triple Viable), (Bifid Triple Viable)>	<Ipratropium Bromide, Budesonide>
3	<Cefotaxime[†], Zine Oxide Ointment, Drapolene Cream>	<Cefotaxime[†], Zine Oxide Ointment, Drapolene Cream>	<Cefotaxime[†]>
4	<Bifid Triple Viable, Budesonide>	<Ampicillin[†]>	<Albuterol, Budesonide>
5	<Bifid Triple Viable, Cefotaxime[†], Chymotrypsin>	<(Cefotaxime[†], Zine Oxide Ointment), Bifid Triple Viable)>	<Albuterol, Ipratropium, Bromide>
6	<Cefotaxime[†], Cefixime[†]>	<(Cefotaxime[†]), (Cefixime[†])>	<Albuterol, Ipratropium, Bromide, Budesonide, Augmentin[†]>

从表 2-1 可以看出,使用不同的模式挖掘方法,包括考虑频次的方式(FP-Growth)、考虑顺序的方式(PrefixSpan)和考虑剂量的方式(USpan),得到的用药模式

也是不一样的。患者的用药特点反映了患者本身的特征,有助于对患者个性化的精准治疗。例如,有相似用药模式的患者,他们更为相似,可以作为诊断的参考。但是,也发现这种简单的参考对反映用户特征方面仍然是有限和不足的。为了更为充分地利用更加丰富的患者用药信息,下一小节将介绍就医行为数据的深度特征学习方法。

2.2.4.2　就医行为数据的深度特征表示

传统方法对用户行为数据的建模主要依赖专家经验构建规则系统,对专家依赖性强。下面介绍采用图表征学习方法对用户行为数据建模的方法。

上一小节的方法中只考虑了药物的顺序,但是,药物用药之间的时间间隔及前一状态对后一状态的影响等信息并没有详细具体考虑到,可以引入深度学习模型利用患者更多更细节的数据进行刻画,捕获更多的信息。这些技术的核心是如何从数据中构建有效的特征表示。通过设计不同的表征学习模型,可以将复杂的特征数据转换为易于处理的低维表征向量;得到表征向量后采用简单的模型,如逻辑回归、支持向量机等,完成下游任务。

行为数据具有复杂性,用户(在就医场景下,用户可以是患者,也可以是医生)的行为(如用药)与行为对象(用户)交互构成,可以用一个交互图(interaction graph)的形式来表示(图 2-6),由此,用户的一次行为可以整理为(用户,交互对

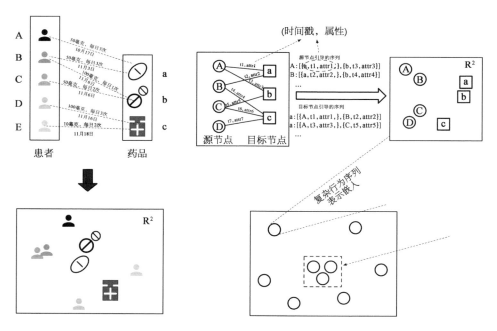

[−0.0039522857, −0.0013376519, −0.0016012441,
−0.0040002409, −0.0036730098, −0.0021577612]

图 2-6　交互行为数据与交互图表示

象,时间戳,关联属性)的格式,其中,关联属性因场景而异。图 2-6 中的就医行为关联了就医的药物、次数、剂量等属性。复杂行为数据的动态性与属性异质性对用户建模产生挑战。对于用户交互数据,将其从表格形式转换为交互图形式,除了信息无损外,还能直观地建立起用户和交互对象的联系。此外,用户间、交互对象间的更高阶的联系也可由交互图反映出来。

针对图(或网络)数据的表征学习方法已成功应用到如脑网络(brain network)分析上。就医交互行为数据可以被等价表达为一个边上带有时间戳、属性的二分交互图。通过图表征学习可为交互行为数据生成低维特征向量。即通过对用户交互行为数据特征表示提供用户的特征向量,其中编码了用户的行为模式等特点。基于这组用户的行为特征向量可以部署一系列的分析、挖掘算法,如预测患者的疾病、判断患者的用药模式等。

给定过去一段时期内的用户就医行为数据,表征学习算法可以为每一个用户生成一个静态的表征向量以编码用户在这段时期内的就医行为模式。现有工作往往无法充分利用交互图的数据特点,需要将交互图转换为静态图再利用静态图表征学习算法生成节点的表征向量。而少数适用于属性图的图表征学习算法也只适用于节点带属性的情况,而交互图中更需要处理边上的异质属性。早期动态图表征算法或是需要对交互图进行切片转为离散时间形式,或是难以处理边属性。因此,如何针对交互图的数据特点,设计有效的表征学习算法学习用户及其就医行为特征成为具有挑战的问题。

下面介绍交互图中的两个重要性质:时序依赖性(temporal dependency)与条件邻近性(conditional proximity)。

(1) 时序依赖性:即一个用户的行为前后存在一定的依赖关系。如果将一个用户的关联交互行为看作一个序列,这样的序列也可能满足分布假说,即一次交互行为可由前后若干行为所反映。对称的来看,对象节点的关联交互行为同样也存在这样的时序依赖性,如图 2-7 所示。例如,一位患者用了前一种药物,接下来会使用哪种药物? 对称的,一种药物被一位患者使用,还会被哪个患者使用? 因此,如图 2-7b 所示,依照图神经网络中使用的分布假说,建模这种时序依赖性相当于,当指定一个用户 u,其使用了药物 i_k,那么建模下一个使用的药物是 i_j。此外,图中的 f_k 和 f_j 分别表示药物 i_k 和药物 i_j 的相关属性。

(2) 条件邻近性:交互图的结构虽然只是一个二分图,但是一对节点有边并不意味着某用户对某交互对象一直存在关联关系,只能说明在特定条件下它们发生过交互。例如,一个患者使用一种药物是有条件的,如一天一次,每次 10 mg 等,如图 2-8 所示。边上的属性也反映了节点的交互特点,如图 2-8b 所示,事实上模型是建模患者 u 和药物 i 在边的条件上是否会发生交互。

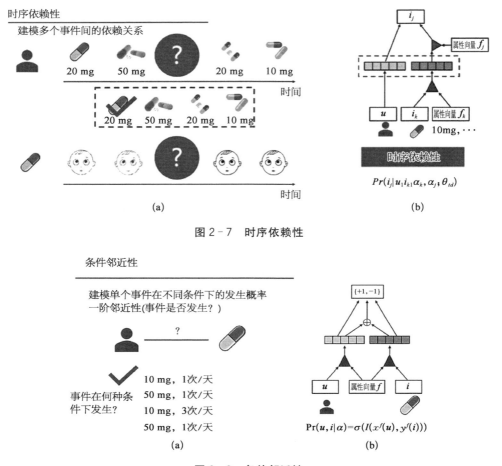

图 2-7　时序依赖性

图 2-8　条件邻近性

　　基于条件表征的交互图静态表征学习模型（interaction graph embedding＋，IGE＋）能够捕捉交互图上的性质，得到节点的有效表征。该模型将交互图作为输入并产生交互图上节点（包含用户和对象）的表征向量。

　　模型主要由两个模块组成。第一个模块是交互行为预测网络，该预测网络由两个对称结构的乘法网络构成，用于捕捉交互图中的时序依赖性（图 2-7b）。类似自然语言处理中的分布假说，建模一对行为的条件概率，即能否通过前后行为，对当前行为进行预测。第二个模块是邻近性保存网络，计算一对节点在给定属性下表征的相似程度，建模条件邻近性（图 2-8b）。此外，针对交互图的相关属性各不相同，存在异质性，将其抽象为属性编码网络。

　　总结来看，为了能够更好地刻画多元复杂的因素，将患者行为进行二部交互图建模，其中，节点分别是患者和用药。边上记录了丰富的交互行为，即在什么条件下、什么时间使用了某一种药物或药物的剂量及药物的具体情况等。对用户行为特征进行表示学习的问题即可转化为,学习图中的每一个患者节点的特征向量以刻画用户的特征,用于下游任务。比如,对患者的相似性识别或对患者分类,对于每一个节点都可以用深度学习模型得到一个特征向量,即如果两个患者的特征向量相似,那认为这两个患者是足够相似的。

之所以采用图建模,是因为首先能够更好地捕获时序依赖性,即建模了多个时间间的依赖关系。比如,对于一个患者来说,他在每个不同的时间段、不同的时间点使用了药物,可以知道他服用 A 药物以后可能还会服用 B 药物。因此,采用深度学习方法建模的学习目的是能够最大化两种药物共同出现的概率,也即,当患者使用药物 A 时,还会使用哪种药物。此外,也可以将深度学习方法建模的学习目标设置为事件在不同条件下发生的概率,称为条件邻近性,如患者什么时候使用某种药物,也即模型能够最大化在某个时间条件下患者使用某种药物的最大概率。

2.2.5　聚类分析及其在并发症分析中的应用

聚类是一种无监督学习方法,已经被广泛应用于医学领域。聚类方法在医学影像中最直接的应用是图像分割,其核心是将类似的像素或图像区域归为一类,从而实现病变区域的分割。例如,通过结合级联算法和模糊聚类方法,缓解医学图像分割中的强度不均匀问题。聚类方法也被用于疾病检测任务中。例如,采用 K-means 聚类算法在预处理过程中去除重复数据,然后,使用双向长短期记忆网络预测心脏疾病;结合聚类算法和搜索算法,用于疾病的辅助诊断。聚类方法还在基因表达数据的分析方面得到应用。例如,通过对大规模基因表达数据进行聚类,发现相似的基因表达模式,识别与疾病相关的基因集合,以及推断基因调控网络[11,12],为疾病的分子机制研究和药物开发提供重要线索。此外,聚类算法也被用在公共卫生事件的预警与响应和医疗数据访问控制等场景。例如,文献[13]利用聚类算法,实现对 HIV 聚集和暴发事件的聚类,为 HIV 病毒抑制和预防服务提供决策支持。文献[14]提出一种基于谱聚类和风险的访问控制模型,解决传统访问控制难以应用于授权频繁变化和资源有限的大规模数据集的场景。

更多关于医学领域中的聚类算法,可参见文献[15 - 17]。它们从不同维度对应用于医学领域的聚类算法进行了综述。

2.2.5.1　基于主题模型的用药分析

医生用药主要依赖于临床经验和相关指南,所以对包含大量用药信息和临床疾病信息的电子就医记录进行用药分析,可为用药提供决策支持。然而,在电子就医记录中,药物功能是隐含变量。例如,患者被诊断患有疾病 a、b 时,医生为该患者给出三种用药。但是,直接从电子就医记录中无法得知这三种药物是分别针对疾病 a 或 b,还是同时治疗两者。为了能够充分利用电子就医记录进行用药分析,从而为用药提供决策支持,可以利用聚类分析方法应对上述挑战。

MaLDA(medication analysis based on LDA)模型是一种基于主题模型潜在狄利克雷分配(latent Dirichlet allocation,LDA)[18]的用药分析方法。该方法结合了用药记录和就诊记录,将药物看作文档、药物功能看作主题、疾病看作词语,通过主题模型 LDA 发现隐含的药物功能,通过药物功能,将相关药物、相关疾病和药物与疾病联系起来。根据药物对药物功能的分布对药物进行聚类,每一类药物被相关的疾病所描述,进而对临床用药进行分析。MaLDA 不仅能发现临床用药中针对某一类疾病效用较好的药物,而且能发现隐含的联合用药。下面简单介绍该方法的主要思想。

1) 主题模型

概率主题模型已经被成功应用到了从大量的文档中抽取隐含的主题结构。在这个模型中,语料库中的每一篇文档隐含了多个主题,并且文档中的词语属于某个特定的主题。LDA 模型直观上来看认为文档是由隐含主题按照一定比例的组合,而每个隐含主题是对词汇表中所有的词语存在一个分布。

MaLDA 将对药物功能发现和文档主题发现进行类比。其中,将药物看作通常意义的文档。更准确来说,药物的名称是文档的标题,抽取出开药时患者所有被诊断的疾病构成进行药物功能分析的文档。药物的功能被看作文档的主题。LDA 计算的文档-主题矩阵和主题-词语矩阵对应到药物功能发现中,就是药物-功能矩阵和功能-疾病矩阵。

在用药记录中还包括开出该药物的医院科室编号,对于第 q 个药物 c_q 能够得到它的科室的特征向量 $\boldsymbol{x}_q = (x_{q1}, x_{q2}, \cdots, x_{ql})$,其中,$l$ 为医院科室的总数,x_{qi} 为第 i 个科室开出药物 c_q 的频次。关联性较大的药物在各科室的分布上也是相似的。使用 MaLDA 后,对于每种药物,可以得到其功能分布。而对于每种功能,可以得到其对应的疾病分布。如果两种药物的功能分布相似,那么这两种药物就具有相似的药物功能。因此,利用药物-功能矩阵和功能-疾病矩阵建立起了疾病和药物、药物与药物、疾病与疾病的联系。

2) 功能划分

从主题建模得到的药物-药物功能矩阵能够得知,一种药物与多种药物功能存在联系,即一种药物可能有多种功能。这一步是基于上一步主题建模结果使用聚类算法来聚类功能分布相似的药物。属于同一个类的药物具有相似的药物功能,属于不同类的药物有不同的功能。

对于药物 c_i,通过 MaLDA 主题建模后,它的主题分布是一个 P 维的向量 $\boldsymbol{\theta}_{c_i,P} = (\theta_{c_i,1}, \theta_{c_i,2}, \cdots, \theta_{c_i,P})$,$\theta_{c_i,P}$ 为药物 c_i 对应主题的概率,即矩阵的行可以看

作药物 c_i，矩阵的列看作药物功能（即主题），使用 K-means 方法对药物根据其主题（药物功能）进行聚类，即具有相似功能的药物为同一类。

2.2.5.2　基于 ICD-10 编码的慢性病并发症聚类

目前，在电子病历中对患者的诊断结果一般使用 ICD 编码进行分类标注。例如，对于糖尿病及其并发症，虽然在 ICD 诊断编码中根据疾病已知的病因、病理、临床表现和解剖位置等特性进行了一些详细的分类编码，但是，对于一些有可能由糖尿病引发的并发症（如抑郁症）并没有体现。为了更好地利用电子病历中的数据分析各种目标疾病及其并发症的关系，将大量疾病诊断归类到若干种并发症类型是一项有意义的工作。然而，这项工作难以全部由医学专家来完成。

下面介绍基于半监督 Constrained K-means[19] 的慢性病并发症聚类方法[20]，该方法的依据是 ICD 诊断编码系统的编码特点，即对于那些依据 ICD 诊断编码的分类规则划分为类似的疾病，其代码也会相邻。由此，对于目标慢性病的 N 个疾病诊断编码集合为 C，$C = \{C_1, C_2, \cdots, C_n\}$，$C_i$ 表示 ICD 诊断编码，已知目标疾病有 K 类并发症，学习任务是得到一个数据集 C 的 K-划分 $\{C_k\}_{k=1}^{K}$，使得 C 中所有的 ICD 诊断编码能够被尽可能地划分到正确的目标疾病并发症中。

该聚类方法的主要思想是将所有 ICD-10 诊断编码及种子数据按照将首字母是否相同进行分组，然后对每一组数据按照 Constrained K-means 算法进行聚类，以种子数据形式给出的先验知识指导每一组聚类，且在整个聚类过程中不改变种子数据的类别，最后再将所有分组的聚类结果进行整合。具体地，首先，初始化 K 个簇中心，K 是给定的目标慢性病并发症种类数量，然后利用期望最大化（expectation maximization，EM）算法将在 ICD 诊断编码空间上距离相近的疾病聚类在一起。由于直到聚类结束种子数据的标签都不允许被更改，因此种子数据自始至终都指导着整个聚类过程，使得与种子数据在 ICD-10 空间上相近的编码被聚到同一类，从而达到将数据集中的 ICD-10 编码按照医学先验知识聚为 K 类并发症的目的。为了使聚类效果更精确，Constrained K-means 算法对种子数据集的要求是聚类集合中的每一类并发症都至少包含一个种子数据。

2.2.6　分类分析及其在预后分析中的应用

分类分析将数据对象划分为不同的类型，在医疗场景中具有广泛的应用。例如，根据医学图像、生理信号、病历文本等数据将患者分为不同的疾病类别或预测疾病风险。多数基于机器学习的分类方法遵循两阶段的流程。第一步：从医学数据（如文档、图像等）中提取一些手工特征（handcrafted features）；第二步：将这些特征输入分类器进行预测。其中，对于文本来讲，常用的手工特征包括词袋（bag of words，BoW）、n-gram 特征、主题模型特征等；对于图像来讲，常用的手工特征有颜色直方图、颜色矩、颜色均衡等,用于描述图像的颜色分布特征;灰度共生矩阵(gray-level co-occurrence matrix, GLCM)[21]、局部二值模式(local binary patterns, LBP)、方向梯度直方图(histogram of oriented gradients, HOG)[22]等,用于描述图像的纹理特征。所使用的分类算法通常包括朴素贝叶斯(naive Bayes)、支持向量机(support vector machine, SVM)、决策树(decision tree)等。上述两阶段的方法存在的局限性在于,特征设计高度依赖于领域知识,使得该方法难以推广到新任务。同时,这些方法无法充分利用大量的训练数据。

近年来,基于深度神经网络的医学数据分类成为医学领域研究的热点之一。例如,VGG、ResNet 等深度卷积神经网络(convolutional neural network, CNN)模型被广泛应用于医学影像分类任务,如乳腺癌、肺癌和脑部疾病等。这些模型能够从医学影像中提取特征,并进行准确的疾病分类。除了医学影像,深度神经网络在医学文本分类方面也取得了重要进展。例如,通过应用递归神经网络(recurrent neural network, RNN)和长短期记忆(long short-term memory, LSTM)模型,可以对医学病历文本进行分类,如诊断编码、疾病风险预测和药物副作用检测。这些模型能够捕捉文本之间的上下文信息,从而提高分类的准确性。此外,还有一些基于深度学习的模型用于医学生物信号数据的分类,如心电图(electrocardiogram, ECG)和脑电图(electroencephalogram, EEG)等。这些模型可以识别心脏疾病、癫痫等疾病。通常,这些模型利用 CNN 和 RNN 来处理时序信号数据,并提取关键特征进行分类。当前,注意力机制和 Transformer 的模型也被应用于医学数据分类[23]。注意力机制可以帮助网络更好地关注输入数据的重要部分,从而提高分类性能。而 Transformer 模型则能够处理序列数据,并在医学图像分类等任务中取得了显著的成果。

下面以癌性恶病质预后分析为例,介绍一种在疾病预后分析中的分类方法。癌性恶病质是一种多因素导致的综合征,癌性恶病质影响患者生活质量、增加治疗副作用、降低化疗效果、增加术后并发症概率、缩短患者生存期。因此,建立消化系统癌性恶病质预后模型十分有临床意义。早期、准确地识别恶病质患者和非恶病质患者,实现早期干预,提高生活质量及预后。并且通过预后模型,针对不同恶病质可以分级制定相应的干预目标及干预措施。

用于构建分类模型的数据来自医院就诊的患者数据,包括以下三类特征:一般情况及临床特征,如年龄、性别、身高、体重、BMI、体重变化等;实验室检查特征;预后指标特征,如无复发生存时间、总体生存时间等。

首先,对数据进行探索性分析,了解变量间的相互关系及变量与预测值之间的关系,从而帮助后期更好地进行特征工程和建立模型。具体步骤如下:查看数据缺失和异常,把特征分成类别特征和数值特征;然后针对类别特征分析,查看类别个数及其分布情况,对于类别倾斜的数据进行预处理,以及异常值处理。

然后,确定特征筛选角度,在数据层面分为单特征筛选和多特征筛选。首先是单特征筛选,根据每一列特征的缺失比例,找到缺失比例开始急剧增加的地方(如缺失比例在 72% 以上),去除缺失比例大于此的特征。然后,对于离散型变量,绘制每个类别的直方图,如果一个特征取值倾向一致,说明该特征对于区分不同类别的样本没有很大贡献,可以考虑将其舍弃。对于连续型变量,计算每个特征取值的方差,方差代表了数据集中某个特征的取值变化程度的度量。如果某个特征方差较小,则说明该特征并不具备区分能力,即它对于分类或回归任务的贡献较小,可以考虑将其删除。然后选择方差大于一定阈值的特征作为有用特征,阈值取值可以根据数据集计算结果确定。之后进行多特征筛选,同样分为离散型变量和连续型变量。对于离散型变量用卡方检验衡量离散型特征与标签之间关系来进行特征选择;对于连续型变量使用方差分析,比较每个连续型特征在不同类别下的均值是否存在显著差异,选择具有较强的预测能力的特征。

经过数据层面的两个步骤的特征筛选,得到特征子集,进行缺失值的填充。例如,可以采用随机森林算法,通过利用已有的非缺失数据来构建随机森林模型,迭代过程中,每一次迭代都会使用已填充的数据来训练模型,使得模型能够逐渐学习到更多的信息,提高填充的准确性。由于随机森林由多棵决策树组成,每棵树的选择特征和划分点都是基于随机抽样和特征抽样的,因此,随机森林对于缺失值具有一定的鲁棒性和稳定性。

预后预测模型的两个任务分别是:在 1 年内、2 年内患者是否会复发或死亡,这是一个二分类任务。由于正负样本不均衡,使用过采样算法 SMOTE(synthetic minority over-sampling technique)来平衡正负样本,同时为了防止过拟合,保证模型分类准确率,采用复杂度较低的模型。

实验结果评价指标,由于是二分类任务,采用准确率(accuracy)、精确率(precision)、召回率(recall)、F1 和 AUC 等评价指标,这些评价指标可以从不同角度对模型进行评估。准确率直观地衡量了整体的分类准确程度,精确率和召回率重点关注模型对正类别样本的预测能力和覆盖程度,F1 值综合考虑了精确率和召回率的平衡。AUC 作为一种模型性能的整体衡量指标,能够对分类器在不同分类阈值下的性能进行评估,具有较好的鲁棒性。当使用分类模型进行医疗预后评估时,不仅需要模型预测的准确性,还需要能够解释模型输出结果的可解释性。因此,使用 SHAP(SHapley Additive exPlanations)工具来解释模型在特定实例上做出预测的原因。

综上,通过数据预处理和特征工程的步骤,对原始的医疗数据进行了清洗、归一化处理,并且提取了与预后相关的特征,这些特征可能包括患者的年龄、性别、病理类型、肿瘤大小、恶病质情况等。通过这些步骤，能够将原始的非结构化、高维度数据转化为适合分类模型处理的结构化特征。接着，使用分类模型来建立预后诊断模型。这些模型可能包括逻辑回归、决策树、随机森林或神经网络等。通过训练这些模型，可以根据患者的特征预测其 1 年内或 2 年内复发和死亡的概率。然后，应用可解释性工具 SHAP，来分析模型输出结果中每个特征的重要性。通过这个过程，可以了解每个特征对于预后结果的贡献度，并进一步确定影响复发和死亡的不同重要特征。例如，年龄可能在预测死亡率方面起着更重要的作用，而肿瘤大小和位置可能对复发率有更大的影响。

以上的分析结果将帮助医生更全面地评估患者的预后风险并制定个性化的治疗方案。医生可以根据模型输出结果中的重要特征，观察和监测这些特征。

2.2.7 异常分析及其在异常就医分析中的应用

异常分析是一种重要的数据挖掘任务，旨在找到数据集中的少数异常对象。在实际应用中，异常分析可以帮助发现潜在的问题、异常行为或异常事件。根据数据的可用信息，异常分析方法可以分为带标签分类器的方法和无标签异常检测方法。

带标签分类器的方法是使用带有标签的训练数据来构建一个分类器，将数据分为正常和异常两个类别。这种方法的关键是选择适当的特征和训练算法。在医学场景中，研究人员可以使用带有异常标签的数据来训练分类器，以便识别患者的异常病例。例如，使用带有肿瘤标签的医学影像数据来训练分类器，以便在新的影像数据中检测出潜在的肿瘤病例。这种方法的优点是可以利用已知标签的数据进行训练，但缺点是需要大量标记数据和对异常的先验知识。

无标签异常检测方法是在没有异常标签的情况下，通过对数据集进行建模来识别异常样本。这些方法通常基于数据的分布假设，认为正常样本符合某种分布，而异常样本则违反这种分布。例如，一种常见的方法是使用统计模型，如高斯混合模型，来对正常数据进行建模，然后使用该模型对新数据进行评估，找到与模型分布不符的样本。在真实世界的异常检测中，健康样本数量众多，而患病样本数量很少。为了缓解异常检测中的数据不平衡问题，文献[24]提出一种基于对抗自编码器的无监督学习方法。该方法使用卷积块链的模块，使得全局和局部信息得以保留，同时还减轻了编码特征和相应解码特征之间的语义差异问题。因此，该方法能够在图像空间和潜在向量空间中捕捉正常样本的分布。通过在训练阶段在两个空间内最小化重构误差，在测试阶段较高的重构误差表明存在异常。

除了上述方法，还有一些混合方法将带标签分类器和无标签异常检测相结合。这些方法将带标签分类器用于识别已知异常样本，并利用无标签异常检测方法来发现未知异常样本。这种方法可以提高异常检测的准确性和泛化能力，尤其在面对未知异常情况时更加有效。例如,引入基于自编码器的图像异常检测方法。该方法重新设计了训练流程来处理高分辨率的复杂图像,从而得到图像的异常得分。文献针对医学图像中的异常检测问题,采用混合有监督和无监督学习方法。通过使用带标签的数据进行有监督学习,识别已知异常样本,并利用无标签的数据应用无监督学习方法来发现未知异常样本。采用基于深度表示学习的无监督异常检测来对正常情况进行建模,从而为从无标签数据中训练有监督分割模型提供优化目标。例如,引入单类半监督学习来利用已知的正常和无标签图像进行训练,并基于这种设置提出了基于双分布差异的异常检测(dual-distribution discrepancy for anomaly detection,DDAD)方法。设计了重构网络集合来建模正常图像的分布以及正常和无标签图像的分布,得到了规范分布模块和未知分布模块。随后,设计了规范分布模块的内部差异和两个模块之间的相互差异作为异常得分。

下面首先介绍一种有标签分类器方法的模型及其应用,即基于环境气象因素影响的异常就诊量预测。然后,介绍一种无标签以及半监督的异常检测方法用于异常就医行为检测,即特异群组挖掘。

2.2.7.1 基于环境气象因素影响的异常就诊量预测

环境气象被认为是影响人类健康的因素之一,某些疾病的发生与恶化通常具有明显的周期性气候特征。如春季气温回升,细菌滋生,小儿麻疹、风疹、水痘、手足口病等病高发;秋冬季气温下降,肺结核、哮喘、肺炎、流行性感冒等疾病较为严重。另外,空气污染物颗粒,如 NO_x、NO_2、CO、O_3、SO_2、PM2.5、PM10 等,都有可能导致相关疾病发生率升高。

就医人数作为疾病发生率的一种表现,易于统计,分析不同科室就医人数与气候变化的关系,为就医人数建立预测模型和公共卫生部门做出决策提供支持,同时可以为人们选择就医时段提供参考。当前,反映气候状况的气温、空气环境的相应指标数据可以被准确全面地记录和整理。因为涉及隐私,对特定疾病发病情况的收集相对困难,而特定科室的就医人数也可以在一定程度上反映疾病的发生情况。

特定科室的就医人数聚合了多种疾病的发病率信息,就医人数与气候指标间未必存在直接相关性,如何给出合理的预测预警是需要考虑的问题。以下介绍文献[25]所提出的方法:利用反映气候状况的气温、空气环境的相应指标数据对就诊量进行预测;通过对特定科室的就医人数进行预测,间接预测了特定类型疾病的发生发展情况;并且侧重于预测就医人数的突发,建立就医人数突发的预警模型。

环境气象因素与一些特定疾病的发生相关,尤其是流行病和小儿疾病。当前,反映气候状况的气温、空气环境的相应指标数据可以被准确全面地记录和整理。因此,通过环境气象因素来对就诊量进行预测,是一个合理的选择。可以用到的环境因素包括两类:气温和大气污染物。气温因素包括 3 个指标:最高气温、最低气温和平均气温;大气污染指标包括 PM2.5、SO_2、NO_2、CO。

由于环境因素并不是就诊量变化的唯一因素,直接对就诊量的数值进行预测是不合适的。因此,对就医人数的异常情况建模,即预测就诊量的环比变化情况。比如,预测当天的就医人数相对前几天是平稳的还是突变的。因此,预测模型是一个分类模型,选择随机森林作为分类器。

将气温因素和污染物因素及医院传染科平均就医人数作为模型的特征,建立就医人数与环境特征间的随机森林分类器,实现对就医突变情况预测。

选择温度、PM2.5、SO_2、NO_2、CO 指标和平均就医人数作为模型的特征,并假定各特征之间相互独立。变量 $T_t = \langle T_{min,t}, T_{max,t}, T_{mean,t} \rangle$ 表示日期 t 当天的最低气温、最高气温和平均气温。考虑就医人数与温度的时滞效应,选择预测日期前 N 天(不含当日)的温度变化作为特征,分别计算 N 天平均温度 T_N、$N+1$ 天内最大温差 $Dev(T_N)$,其中

$$\widehat{T}_N = \sum_{i=1}^{N} T_{mean,t-i} / N \qquad (2-3)$$

$$Dev(T_N) = \max_{0 \leqslant i \leqslant N} T_{max,t-i} - \min_{0 \leqslant i \leqslant N} T_{min,t-i} \qquad (2-4)$$

对 PM2.5、SO_2、NO_2、CO 指标做同样的处理,构造特征集。然后,对就医人数的异常情况建模,在训练样本集上构造随机森林分类器,模型的目标变量为反映预测当天的就医人数的突变情况。

2.2.7.2 特异群组挖掘

高价值低密度常常被用于描述大数据的特征,挖掘高价值低密度的数据对象是大数据的一项重要工作。特异群组是一类高价值低密度的数据形态,是指在众多行为对象中,少数对象群体具有一定数量的相同(或相似)的行为模式,表现出相异于大多数对象而形成异常的群组。特异群组挖掘于 2009 年首次提出[2]。特异群组挖掘任务和方法已被应用于包括医保基金欺诈、市场操纵行为发现、团伙作案等多种应用场景。本节介绍特异群组挖掘任务定义,并给出一个特异群组挖掘框架算法以及半监督特异群组挖掘方法。

实际应用中,可以通过线索获得少量的特异群组,通过总结这些特异群组的规律,再从网络中寻找更多符合该规律的特异群组,提升特异群组挖掘的查全率。因此,特异群组挖掘不同于在大规模网络中的社区发现问题。具体地,以社区发现的方式检测大规模网络中所有社区通常计算代价过高,也是不必要的。例如,在医保基金风险防控中,有医保基金骗保行为的可疑对象通常仅占所有参保人中的一小部分。如图 2-9a 所示,社区检测算法会发现网络中所有社区,其中包括了一个正常的群组和两个异常群组。

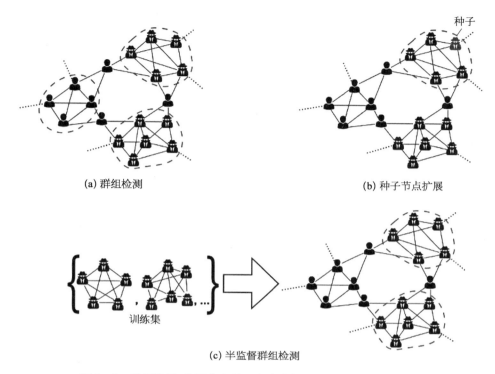

(a) 群组检测

(b) 种子节点扩展

(c) 半监督群组检测

图 2-9　群组检测、种子节点扩展和半监督群组检测方法对比示意

研究者也提出了节点扩展(node expansion)[25]方法以发现可疑群体。给定一个查询节点,节点扩展方法给出一个包含了查询节点(也称种子节点)的局部社区。例如,给定一个嫌疑人,种子扩展可以发现涉及该嫌疑人的一个团伙。种子扩展的算法主要基于设计社区评分函数,如 Conductance、Cut-Ratio 等,或者对社区结构做一定结构假设,如 k-core、k-clique、k-truss 等,随后利用启发式规则来最优化评分函数,并寻找满足结构约束的包含种子节点的社区。例如,Andersen 等提出的算法[26]通过计算关于种子的 PPR(personalized page rank)分数对节点排序,再返回前 k 个节点的子图作为社区。

种子扩展仅关注查询节点(即给定的线索节点)的局部子图结构,因此可以高效地找到一个包含查询节点的群组,且运行效率与图的规模无关。种子扩展的局限性在于它的覆盖率可能较低,因为通常情况下,并不是每个特异群组都有线索可循。如图 2-9b 所示,由于仅有一个种子,因而只寻找到了一个特异群组。

此外,社区发现与种子扩展有一个共同的问题,即"社区"一直都没有一个人们普遍接受的定义,不同的工作做出了不同的假设。如果给定的图是有属性的,社区将更难被定义。对于一个新的场景、新的数据集,需要不断试错和/或依赖领域专家知识才能给出一个合适的"社区"定义。

为了解决社区定义的难题,Bakshi 等[27] 于 2018 年提出了半监督社区发现模型 Bespoke。他们发现,一个网络中的社区都有一定的相似性,通常可被概括为 3～5 类社区模式。因此,给定若干社区作为训练集,Bespoke 从中总结出若干社区模式,然后计算各个节点与社区模式的匹配程度,将匹配分数较高的若干节点作为种子节点,最后每个种子节点及其一阶邻居作为社区返回。然而,Bespoke 虽然未显式地定义社区,但仍对社区的结构做了一定的假设,即社区均为 1 - ego 网络;此外,Bespoke 不能处理属性图。这些都限制了其应用范围。

如何有效地利用训练群组(即通过线索获得的那些特异群组)发现网络中其他群组引入半监督的学习方式是有线索特异群组发现的关键问题。文献[28]给出了一个基于生成对抗网络(generative adversarial networks,GAN)的半监督群组检测算法 SEAL(seed expansion with generative adversarial learning),能够有效地利用训练数据集,发现与训练群组类似的其他群组。更为具体的内容可参阅文献,通过采用上述方式可以帮助发现医保基金中的欺诈风险,即可疑的骗保团伙。

2.2.8　基于时序的疾病演化分析

医疗系统的广泛使用使得大量的电子健康档案(EHR)得以积累,广泛收集了包括诊断、手术和药物等信息,可为诊断预测任务提供辅助。

早期的研究工作尝试使用序列模型对 EHR 序列进行编码,但是缺乏对疾病之间复杂关系的考虑。因此,一些工作引入医学知识来捕捉疾病之间的复杂关系,但是忽略了电子病历数据的层级结构。因此,一些方法设计了分层网络来识别重要的诊断代码和访问记录。文献[29]提出了一种基于可寻址记忆网络的疾病诊断预测模型 HAMNet(hierarchical encoder-decoder with addressable memory network),充分利用诊断记录的层次结构,捕捉细粒度信息辅助诊断预测。

HAMNet 由分层编码器-解码器结构和可寻址记忆网络组成,如图 2 - 10 所示。通过采用分层编码器-解码器结构,在患者表征学习阶段和诊断预测阶段均利用患者 EHR 数据的层次结构,患者表征学习过程被分为 code2visit 和 visit2patient 两个阶段,相应地,诊断预测过程分为 patient2visit 和 visit2code 两个阶段。

1) 分层编码器

分层编码器采用多层注意力机制,首先在 code2visit 阶段从就诊记录中选择出关键诊断编码,然后在 visit2patient 阶段选择重要的就诊记录。

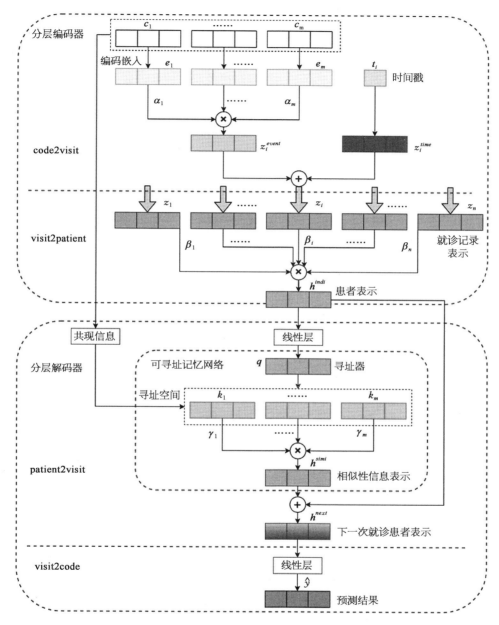

图 2-10　基于可寻址记忆网络的疾病诊断预测模型 HAMNet

（1）code2visit 阶段，通过就诊记录中的诊断编码学习就诊记录的嵌入表示。采用注意力机制获取就诊记录中的重要诊断编码，然后将诊断编码的嵌入表示进行聚合，得到就诊记录的表示。获取到就诊记录表示后，从其中挑选出关键的诊断编码。使用注意力机制为就诊记录中出现的每个编码分配权重，权重数值越大,代表该编码对应疾病的重要性越高,同时利用加权求和运算获得就诊记录的嵌入表示。考虑到就诊记录含有时间信息,这对学习患者健康状况起到重要的作用,因此通过时间编码函数对每次就诊记录时间戳进行编码获得时间嵌入向量。

(2) visit2patient 阶段,根据上一阶段获得的就诊记录的嵌入表示学习患者表征。该阶段根据注意力机制获得不同就诊记录的重要程度,之后将注意力权重值和就诊表征融合在一起,获得患者表征。最后,通过整合来自所有就诊记录的信息,获得从历史记录中学习到的患者健康状况的表示。

2) 分层解码器

分层解码器应用于预测过程,包含 patient2visit 阶段和 visit2code 阶段,建模患者历史健康记录的层次结构信息。

(1) patient2visit 阶段,采用可寻址记忆网络存储和捕获患者间的疾病粒度信息。利用记忆模块记录所有疾病的表征,该模块是所有患者之间共享的,在更新记忆模块的每个插槽时,记忆模块能学习到患有对应疾病的患者的信息。当目标患者利用寻址机制查询记忆模块时,通过利用疾病的表征,可以间接捕获到患有同类疾病的患者信息,学习到患者的共性特征。之后,将学习到的共性信息作为下一次就诊时患者健康状态的补充信息。将患者共性信息和患者个体表征信息融合,使得患者健康状态的展现更为完整。

与键值记忆网络相比,可寻址记忆网络可以在不依赖读写操作的情况下更新记忆模块,利用前馈神经网络层在训练过程中通过梯度反向传播自动更新记忆模块。可寻址记忆网络由三部分组成:寻址空间、寻址器和寻址机制。具体来说,将疾病的信息作为寻址空间,记忆网络可以存储疾病这一细粒度层面的知识,然后把从分层结构信息中获得的患者嵌入表示视为寻址器,利用它查询由疾病表示组成的记忆插槽模块,可以获取细粒度的共性特征,将该信息和患者自身表征结合在一起共同描绘未来就诊时患者的健康状况。

(2) visit2code 阶段,使用患者在下次就诊时的表示向量预测诊断编码。综上,通过采用分层编码器-解码器结构,在患者表征学习阶段和诊断预测阶段中均利用了患者 EHR 数据的分层结构。分层编码器利用了多层注意力机制,分别识别出对患者健康状况有重要影响的核心疾病(关键诊断编码)和重要的就诊记录;分层解码器在预测阶段利用层次结构,通过可寻址记忆网络挖掘患者之间细粒度的潜在共性信息以预测患者未来就诊时的嵌入表征,再预测下次就诊可能发生的疾病,捕获潜在的层次化结构和语义。

2.2.9　深度学习及其在基因组学中的应用

深度学习技术在基因组学应用领域已成为生物信息学研究的重要前沿。这些方法相比于传统算法,展示出在处理高复杂度生物数据方面的显著优势,能够从复杂的生物信息中提取深层次的生物学特征,已被广泛应用于基因变异检测、基因表达数据分析以及基因与疾病之间的关联研究等多个领域。

2.2.9.1　基因变异检测中的深度学习

基因变异检测是基因组学的重要任务之一,旨在从测序数据中识别和分析基因变异。传统方法主要依赖于对比参考基因组,这些方法在数据量庞大和变异复杂性高的情况下性能会有所限制。深度学习方法,尤其是卷积神经网络(CNN)和递归神经网络(RNN),在处理高维度和大规模数据方面展现了出色的能力。

例如,基于深度 CNN 的变异检测方法 DeepVariant,基于 Inception 架构,首先针对每个候选变异位点将测序数据转换为具有碱基编码的图像形式,然后利用卷积从图像提取特征,并通过真实变异的图像特征集进行有监督训练,冻结模型参数,并将其应用于新的位点或样本。与传统依赖人工构建特征和统计模型的方法不同,DeepVariant 利用深度学习模型自动学习和优化基因变异检测过程,显著提高检测精度。这种方法不仅在多个基因组和物种上取得了优异的表现,还展示了在不同测序技术上的适应能力,为未来基因组学研究和应用提供了重要工具。

2.2.9.2　深度学习在基因表达数据分析中的应用

基因表达数据分析旨在探索基因在不同环境下的表达模式,以揭示基因的调控机制和功能。鉴于这些数据通常具有高维性和复杂的内在模式,传统的分析技术往往难以有效揭示其复杂的相互关系。在处理这类高维数据时,深度学习模型,尤其是采用注意力机制的模型,表现出了优越的性能。例如,传统的群体转录组测序(bulk RNA-seq)主要提供细胞群体的平均基因表达水平,但这种方法无法捕捉到细胞间的差异。相比之下,单细胞 RNA 测序(scRNA-seq)技术能够提供更高分辨率的细胞异质性信息。由于缺乏特定的参考数据,如标记基因或单细胞参考图谱,scRNA-seq 数据分析往往采用无监督聚类技术。然而,大量未表达的基因和技术噪声导致数据在高维空间中的分布稀疏,传统基于距离的聚类方法(如欧几里得距离)往往效果不佳。在这些情况下,基于深度学习的方法能够有效地应对这些挑战。

深度学习中注意力机制允许模型在处理序列数据时去噪并聚焦于重要特征,从而提高对复杂模式的捕捉能力。以 AttentionAE-sc 为例,通过多头注意力机制将去噪嵌入和拓扑嵌入结合,在高维基因表达数据中自动发现重要特征和模式,实现在隐藏嵌入空间中对相似细胞的聚类。基于注意力机制聚类方法的优势在于能够同时处理 scRNA-seq 数据的稀疏性和高维度问题,并直接考虑细胞间的关系,从而引导数据降维和聚类。

2.2.10　预训练模型在药物发现分子表征中的应用

分子表征是药物发现的关键步骤之一,旨在将化学分子转换为机器学习算法可处理的向量表示。传统的分子表征方法包括分子指纹(molecular fingerprints)和描述符(descriptors),但这些方法无法充分捕捉分子的复杂结构和化学性质。预训练模型,特别是基于图神经网络(graph neural network,GNN)和 Transformer 架构的模型,为分子表征提供了新的方向。

目前涌现出很多基于预训练模型的分子表征方法。以 ChemBERTa 为例,该模型基于 Transformer 架构,并由多层自注意力机制和前馈神经网络组成,通过在大规模化学分子数据集上进行无监督学习,能够捕捉分子序列中的复杂模式和关系,从而提升候选分子的活性、毒性、溶解度等下游化学任务的性能。

具体而言,在预训练阶段,首先通过化学分子结构的线性表示方法(simplified molecular input line entry system,SMILES),将分子的图形结构转化为一维的字符串形式。然后,随机掩蔽 SMILES 字符串中的某些字符,并通过上下文预测这些被掩蔽的字符,从而学习到分子序列的上下文关系。这种方法能够有效地捕捉分子结构中的局部和全局模式。预训练完成后,ChemBERTa 可以在特定的化学任务上进行微调。例如,在药物活性预测任务中,可以将预训练的 ChemBERTa 模型与特定的活性数据集相结合,通过监督学习进一步优化模型参数,使其更好地适应该任务。微调过程中,通常会添加一个分类或回归层,根据具体任务的需求进行优化。

2.3　　医疗非结构化文本数据挖掘

以 ICD 编码为例,医疗文本主要是以文本的非结构化形式呈现,每一个文本都会标注其对应的 ICD 编码。对医疗电子病历根据疾病、手术治疗、创伤等某些特征进行高效的自动化标准化的编码(如 ICD - 9 - CM、ICD - 10 等)分类在医学领域具有重要的意义。这一需求可以看作多标签的文本分类问题。然而,病历的自动化编码面临诸多挑战。例如,文本描述过于冗杂、难以精确理解医学概念之间的语义与关联、标签空间很大且不同标签间的样本分布不均衡。为了应对上述挑战,本节介绍多标签文本分类方法 MSATT - KG[30]。对于中文文本的语义理解,本节也将介绍一个针对中文医疗领域文本的预训练模型 MC - BERT[31]。

2.3.1　非结构化医疗文本数据的 ICD 编码分类

目前,ICD 编码使用国际疾病分类作为标准,ICD 编码体系是世界卫生组织(World Health Organization,WHO)制定的一套统一的疾病分类方法,可以作为医疗领域的一种通用语言。ICD 编码体系是一个层次化的分类体系,多个层级从上到下依次细分,将整个疾病和手术框架组织成一个树状结构,方便编码人员根据层级去查找 ICD 代码。

自动 ICD 编码的研究可以追溯到 20 世纪 90 年代末。这些研究中,大多将 ICD 编码视为多标签文本分类问题。目前,已经有大量工作将深度学习方法应用于自动 ICD 编码任务中。其中许多方法依赖于卷积神经网络 CNN 和长短期记忆网络 LSTM 的变体。例如,文献提出了一种注意力卷积网络 CAML,为每个标签生成依赖于标签的表示。由于带有固定窗口大小的卷积神经网络无法处理不同长度的输入文本,文献使用了多滤波器卷积层来捕捉具有不同长度的各种文本模式。JointLAAT 利用双向 LSTM 和改进的标签感知注意机制来学习每个标签的临床文本的标签特定向量。ISD 采用了交互式共享表示网络和自我蒸馏机制来减轻嘈杂的文本和长尾问题。

除了使用 CNN 或 LSTM 进行文档特征学习外,一些工作尝试考虑 ICD 编码的层次结构。Xie 等利用图卷积神经网络捕捉医学代码之间的层次关系,以解决不平衡的标签分布问题。类似地,Cao 等将 ICD 代码嵌入双曲空间中,并构建了一个图,考虑了共现关联。JointLAAT 还提出了一种层次联合学习架构来处理尾部代码。此外,还有部分工作将预训练语言模型应用于 ICD 编码任务中。例如,Huang 等利用不同的预训练语言模型作为文本编码器,并在标签注意力层之后预测 ICD 代码。

总体而言,ICD 编码多标签文本分类任务主要有两大挑战,一是医疗文本平均长度很长(在 MIMIC-Ⅲ[32]数据集上,文本平均长度超过 1 500 个词),这对于文本特征的抽取是一个挑战,加大了训练难度同时也需要更多的训练时间。二是训练样本极度不均衡,在 MIMIC-Ⅲ数据集上,标签的正样本数量呈现长尾分布,也就是说很多罕见的疾病和手术标签只有个位数的正样本甚至没有正样本,在深度学习中样本不均衡对于少样本标签分类器会训练不充分,如何更好地训练少样本标签也是一个非常困难的任务。

下面介绍 MSATT-KG 模型,如图 2-11 所示。它由三个模块组成:① 文档多尺度特征提取模块;② 二级注意力机制用于文档表征学习,包括多尺度特征注意力和标签依赖注意力机制;③ 结构化图传播模块用于捕捉标签之间的语义关联。

1) 文档多尺度特征提取模块

给定文档的词表示 $[x_1, x_2, \cdots, x_m]$,MSATT-KG 通过卷积操作提取其对应的短语特征。

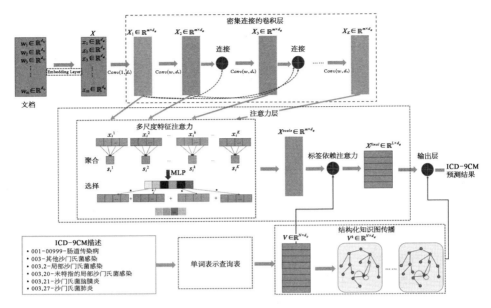

图 2-11　MSATT-KG 模型示意

2）注意力模块

病历是由多段主题异质的长文本描述组成的,这些长文本描述包含了过往病史、出院诊断、影像学病理报告和手术指标记录等内容,但是仅有很小一部分是和分类标签相关的,要从这些冗杂的文本中抽取出有用的信息面临挑战。为此MSATT-KG 采用了注意力模块来从冗余的长文本中抽取有效的信息。具体而言,这里的注意力模块包括多尺度特征注意力模块和标签依赖注意力模块,多尺度注意力模块负责为每个单词自适应选择合适的 n 元短语特征,标签依赖注意力模块负责为每个标签生成独特的文档表示。

3）结构化图传播模块

在病历数据集中标签样本数量分布极度不均衡,有超过一半的标签样本数量不超过 10 次,这些标签缺乏足够的样本进行分类器的训练。另外,如前所述,ICD标签之间存在层次结构,第 l 个标签有 n_l 个单词组成的描述序列,层次结构和语义描述为将充分训练的节点的知识迁移到未充分训练的节点提供了基础。MSATT-KG 使用图卷积网络捕捉标签节点之间的层次结构与语义相关性。

4）输出层

给定最终的文档表示 $\left[x_1^{final}, x_2^{final}, \cdots, x_L^{final}\right]$,对于每个类别,输出层训练一个 Sigmoid 二分类器得到在该类别的概率。根据概率值去预测最终的标签常用的方法是设定一个阈值,例如 0.5。但是,MSATT-KG 对于每个类别训练二分类器,在训练集中即使样本数目最多的标签的正例样本数量也仅为 37%,因此网络的概率输出值会倾向于 0。解决此类不平衡问题的一个策略是针对每个标签都根据验证集上的评价指标去搜索一个阈值。然而，在大规模类别标签空间中，搜索每个标签的最佳阈值在计算上是昂贵的。MSATT - KG 采用了一种元学习器[33]的方式来得到最终的标签预测输出。

2.3.2　中文医学预训练语言模型

引入图深度学习的方法可以建模 ICD 编码的层次关系，通过利用图卷积的方式得到每一个图的节点特征表示。在这种方式的支持下，能够比原有的浅层模型或者没有加入图的模型得到有效提升。但在这个过程中，对于文本语义理解仍然是采用卷积模型或如 BERT 这样的预训练模型实现。

预训练语言模型（PLM）已经证明在多种自然语言生成（natural language generation，NLP）任务中有效。早期的 PLM，如 CoVe 和 ELMo，是基于 RNN 模型进行预训练的，通常作为任务特定模型中嵌入层的一部分使用。近年来，利用 Transformer 的强大功能，以自回归方式对输入文本进行预测而开发了 GPT 等模型；BERT 对 Transformer 编码器进行预训练，并在更大的语料库上进行自监督预训练，在多个自然语言理解（natural language understanding，NLU）基准测试中取得了先进的结果。RoBERTa、XLNet、ALBERT 和 ELECTRA 等其他 PLM 改进了之前的模型。这些 PLM 在大规模开放领域语料库上进行预训练，以获得通用的语言表示，然后针对特定下游任务进行微调。由于生物医学文本和通用领域文本之间存在显著的语义差距，直接应用这些 PLM 在生物医学文本挖掘任务中无法达到满意的性能。

近期一些研究在特定领域语料上进一步预训练通用领域预训练语言模型，从而使得预训练语言模型学习到特定领域的知识。目前，生物医学领域预训练语言模型主要有 BioBERT 和 MC - BERT。其中，BioBERT 保持与 BERT 模型结构一致，在进一步预训练之前，其参数初始化自 BERT 提供的参数权重；随后在英文生物医学语料上执行进一步预训练，BioBERT 使用的语料包括 PubMed 摘要和全文。与通用语料相比，能够被公开获得的质量较高的生物医学语料是相对较少的。为显性地注入生物医学领域知识，MC - BERT 提出了全实体掩码（whole entity masking）和全跨度掩码（whole span masking）两个进一步预训练任务，并通过在中文生物医学领域语料上进一步预训练，MC - BERT 在中文生物医学领域自然语言处理任务上取得了相较于通用预训练模型 BERT 更优的性能。

下面介绍如何引入图神经网络提升中文领域数据的语义理解能力。汉字的细粒度组成部件可以反映丰富的语义信息，并且汉字部件语义信息能够在一定程度上体现汉字的语义。例如，汉字"痛"可以被拆分出部件"疒"和部件"甬"。部件"疒"能够体现疾病会带来疼痛。实现充分利用汉字的部件语义信息，并增强预训练语言模型获得的汉字粒度文本表示,可以帮助预训练语言模型更好地理解汉字及其上下文的语义。

为了有效获得汉字细粒度部件特征,BioHanBERT[34]模型首先根据汉字的构型(formation)拆分汉字,此种拆分方式可以在引入较少语义不相关的部件级特征的情况下,将汉字拆分成细粒度部件。为了有效建模并且编码汉字细粒度部件语义特征,BioHanBERT将一个汉字以及其组成部件看作一个图中的节点,把部件在汉字中的方位看作该图中的边,并将这样的图结构称为汉字构型图。如图2-12所示,汉字"樑"的构型是左右结构,根据汉字"樑"的构型,"樑"可以被拆分出部件"木"和部件"梁"。部件"木"在汉字"樑"的左边,部件"梁"在汉字"樑"的右边。部件"木"和部件"梁"均为汉字"樑"的一阶邻居。同样作为一个汉字,汉字"梁"的构型类型是多合结构,并且根据汉字"梁"的构型,可以从汉字"梁"拆分出部件"氵"、部件"刅"和部件"木"。部件"氵"在汉字"梁"的左上部位,部件"刅"在汉字"梁"的右上部位,部件"木"在汉字"梁"的下部。直接拆分自汉字"梁"的部件"氵"、部件"刅"和部件"木"是汉字"梁"的一阶邻居,同时是汉字"樑"的二阶邻居。可以使用相同的拆分策略对汉字"刅"和汉字"刃"进行拆分。汉字构型图能够利用汉字的构型信息更好地建模一个汉字,有助于优化汉字细粒度部件语义特征的抽取。

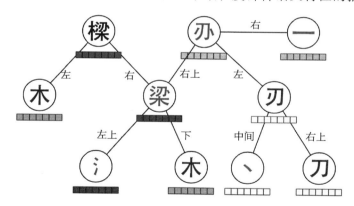

图2-12　汉字"樑"的构型图

针对汉字构型图,BioHanBERT采用汉字构型图注意力网络(chinese character formation graph attention network,FGAT)实现有效抽取汉字部件语义特征。汉字构型图注意力网络采用自注意力机制实现辨别汉字部件级语义特征的重要性,同时过滤带有噪声的细粒度部件。

给定一个汉字c_0,该汉字的构型编号为m,根据构型对该汉字进行拆分,得到该汉字的组成部件列表为$(c_1, c_2, \cdots, c_n)$,这里n是汉字c_0组成部件的数量。对于c_0,其汉字构型图中的节点为$(c_0, c_1, \cdots, c_n)$。对于c_0的汉字构型图中的节点,将其对应的输入到汉字构型图注意力层中的特征记为 $(\vec{c}_0, \vec{c}_1, \cdots, \vec{c}_n)$,如图 2 - 13 所示,随后汉字构型图注意力层利用自注意力计算各个节点更新后的表示。

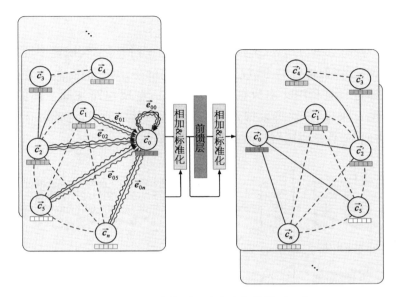

图 2 - 13　汉字构型图注意力网络模型示意

对于每一个汉字,FGAT 提取了其汉字部件语义特征。BioHanBERT 通过将汉字构型图注意力网络抽取的汉字部件语义特征与预训练语言模型编码器获得的汉字上下文语义特征相拼接,如图 2 - 14 所示,从而实现增强预训练语言模型获得的汉字表示。

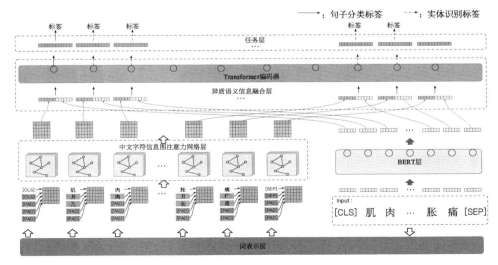

图 2 - 14　BioHanBERT 模型示意[34]

2.4　医疗跨模态大数据挖掘方法

除单一模态数据分析外,多模态的数据融合分析可以实现更多的数据价值挖掘。例如,医学影像报告的生成已经成为当前的一个研究热点,需要解决的问题是如何能够更好地利用文本数据和影像数据。解决思路来源于图像视觉领域。对于一个图片来说,不仅可以得到里面有哪些具体的物件,还能够生成一段相应的文本,类似于"看图说话"任务,如图 2 - 15 所示。

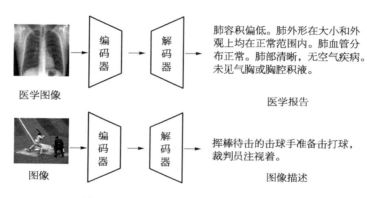

图 2 - 15　医学影像报告生成和图像描述

目前,多数基于深度学习的报告生成方法遵循编码-解码的范式。在编码阶段,编码器提取图像的视觉特征;在解码阶段,解码器将视觉特征作为输入,将其解码为文本报告。根据解码方式的不同,将报告生成方法分为层次结构的方法和非层次结构的方法。以下介绍对这两类方法的报告生成方式及其代表性的研究工作。

1) 层次结构的方法

层次结构的方法包括一个编码器和两个解码器(主题解码器和句子解码器)。通常,CNN 被用作编码器,解码器一般为 RNN。其中,主题解码器用于生成主题向量,句子解码器将主题解码器生成的主题向量进一步作为输入,生成对应于主题向量的句子。这种从"主题"到"句子"的报告生成方式,缓解了由于 RNN 递归特性而导致的模型在测试阶段出现的曝光误差(exposure bias)问题,即当前时刻单词预测的错误会进一步影响随后时刻单词的生成,进而造成"错误累积"。概括而言,层次结构的方式可以概括为以下四个主要步骤:① 编码器提取图像特征。② 主题解码器将图像特征作为输入并生成主题向量。③ 判定主题向量是否用于继续生成句子。如果输出概率大于设定的阈值,则将主题向量作为句子解码器的输入,生成对应于主题向量的句子;否则,停止句子生成。④ 迭代步骤②和③,将生成的句子组合而形成最终的文本报告。

层次结构的报告生成方法源于 Feifei Li 团队提出的针对段落生成任务的模型[35],并由 Eric Xing 团队首次改进该模型且应用于医学影像报告生成任务中[36]。医学影像报告生成任务也因此被关注,一些层次结构的医学影像报告生成模型也随之被提出。例如,针对基准数据集的非均衡特性而导致的模型缺乏突出异常描述的问题,研究工作关注于解决多视角的视觉信息融合、语义重复等问题。例如,文献[37]对语义重复的问题进行了探究,其原因在于主题解码器生成的主题向量过于相似,进而导致句子解码器生成语意重复的句子。由此该文献提出了一种主题匹配机制,通过在训练阶段最小化主题向量和对应句子向量之间余弦相似度,以提升主题的多样性,进而解决语义重复的问题。文献[38]提出利用层次结构的医学影像报告生成模型 A3FN,如图 2-16 所示。并且,针对医学影像报告中异常区域通常占比较小的挑战,A3FN 通过加入门控单元得到了更好的表述异常的描述句子。

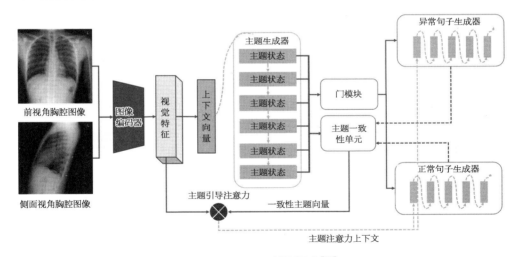

图 2-16　A3FN 模型示意[38]

2) 非层次结构的方法

非层次结构是相对于层次结构而言的。从模型结构上来看,非层次结构的报告生成模型由一个编码器和一个解码器组成。同样,编码器负责提取输入图像的视觉特征,解码器则将视觉特征作为输入并解码为文本报告。不同点在于,非层次结构的报告生成方法在解码阶段并没有采用“主题”映射为“句子”的方式。

图像描述任务与报告生成任务的相似性,使得一些工作将图像描述模型直接迁移至报告生成任务中来。通常,这些工作将图像输入 CNN 模型以获取图像的视觉特征,配备了注意力机制的 RNN 进一步将视觉特征解码为文本报告。对于 RNN,其递归的特性使得其并不擅长生成很长的文本。因此,对于报告这样的长文本,RNN 在推理阶段不可避免地会出现曝光误差问题。有部分研究工作采用循环迭代的报告生成方式从一定程度上缓解该问题。其基本思想是:RNN 生成下一个句子的时候,同时基于上一个已生成的句子的语意信息和输入图像的视觉信息,该过程通过多次迭代而生成最终的文本报告。

全注意力模型在自然语言处理领域的成功应用,使得目前已有众多基于 Transformer 的报告生成方法被提出。这些模型的编码器一般由 CNN 和 Transformer 的编码器组成,解码器则为 Transformer 的解码器。通常会将针对解决报告生成任务中存在的特定问题的组件嵌入 Transformer 中。相比于基于 RNN 的非层次模型,基于 Transformer 的非层次模型在很大程度上规避了 RNN 的递归性导致的曝光误差问题,同时 Transformer 的并行结构设计使得这类模型可以被快速地优化。

此外,由于医学影像报告生成中检测影像中的疾病异常属于异常检测问题,因此所能够获得的有些疾病的样本量可能是比较少的。文献[40]提出了医学影像报告生成方法 RareGen,生成更多的少见疾病的样本,并且还利用了疾病图卷积来建模疾病之间的内在关联性,如图 2-17 所示。即对于疾病的标签之间的关联性也进行了建模。这样对于一些少的疾病和其他相对更多的疾病之间的关联,可以有助于增强对疾病、少见疾病的语义的表示,进一步提高文本生成的有效性。

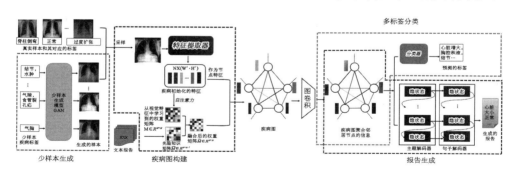

图 2-17 RareGen 模型示意[40]

2.5 多源医疗大数据挖掘

对于多源复杂的数据而言,异质网络技术的发展对于组学数据利用起到了非常积极有效的作用[41]。例如,可以构造一个如图 2-18 所示的异质网络,在这个网络里既有基因数据,又有疾病数据,甚至还有它们对应的药物化合物及该化合物可能产生的副作用等信息。可以看到,在异质图中,节点和节点之间有不同类型的关系。

基因疾病	两种类型节点	三种类型节点
基因疾病	Gene $\xrightarrow{assoc}$ Disease Gene $\xrightarrow{sim}$ Gene $\xrightarrow{assoc}$ Disease Gene $\xrightarrow{assoc}$ Disease $\xrightarrow{sim}$ Disease Gene $\xrightarrow{assoc}$ Disease $\xrightarrow{assoc}$ Gene $\xrightarrow{assoc}$ Disease	Gene $\xrightarrow{assoc}$ miRNA $\xrightarrow{assoc}$ Disease Gene $\xrightarrow{sim}$ Gene $\xrightarrow{assoc}$ miRNA $\xrightarrow{assoc}$ Disease Gene $\xrightarrow{assoc}$ miRNA $\xrightarrow{sim}$ miRNA $\xrightarrow{assoc}$ Disease Gene $\xrightarrow{assoc}$ miRNA $\xrightarrow{assoc}$ Disease $\xrightarrow{sim}$ Disease
miRNA疾病	miRNA $\xrightarrow{assoc}$ Disease miRNA $\xrightarrow{sim}$ miRNA $\xrightarrow{assoc}$ Disease miRNA $\xrightarrow{assoc}$ Disease $\xrightarrow{sim}$ Disease miRNA $\xrightarrow{assoc}$ Disease $\xrightarrow{assoc}$ miRNA $\xrightarrow{assoc}$ Disease	miRNA $\xrightarrow{assoc}$ Gene $\xrightarrow{assoc}$ Disease miRNA $\xrightarrow{sim}$ miRNA $\xrightarrow{assoc}$ Gene $\xrightarrow{assoc}$ Disease miRNA $\xrightarrow{assoc}$ Gene $\xrightarrow{sim}$ Gene $\xrightarrow{assoc}$ Disease miRNA $\xrightarrow{assoc}$ Gene $\xrightarrow{assoc}$ Disease $\xrightarrow{sim}$ Disease

基因疾病和miRNA疾病之间的元路径

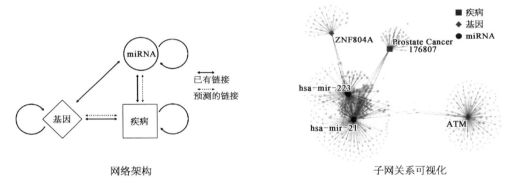

网络架构 子网关系可视化

图 2 - 18 多源异构医疗数据挖掘

如果要研究两个基因之间的相关性,不仅可以知道基因和基因之间是因为疾病相似,还是因为它们都是同一个疾病的靶向基因,或者是因为它们可能对于某一个药物的治疗都有非常重要的作用。可以采用异质网络里面的语义路径的方式[42]。例如,从图 2 - 18 可以看到,对于两个圆形的节点(基因节点),它可以是经过了如三角形(疾病)这样的一个语义路径,也可以是经过了方形(化合物)这样的一个语义路径。在这种情况下,可以得到更多的语义关系。

又如,要去识别和一些 miRNA 相似的 miRNA,可以通过这样的一个异质图谱,并考虑它不同的原路径。比如,这两个 miRNA 之间是通过基因相似,还是通过疾病相似。

此外,也可以进一步融合多源和多模态的数据来研究基于知识图谱的医学影像报告生成的任务,如图 2 - 19 所示。

前面提到医学影像和报告生成时,利用了医学影像的图像及医疗文本。医疗文本或影像的一些标签和医疗领域的知识图谱之间也有相对应的关系,所以也可以把医疗知识图谱引入进来进行学习,可以得到更好的医疗影像文本报告。

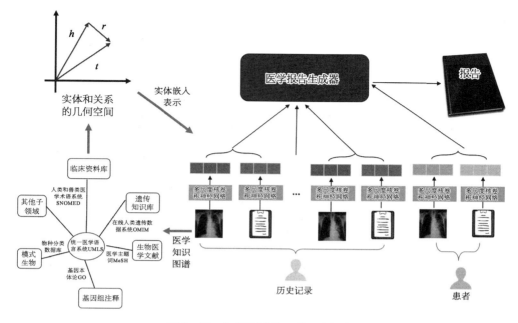

图 2-19　知识图谱的医学影像报告

但还有一个挑战,也是正在研究的问题,即可能会有不同领域的知识图谱。在医学领域里面可能有来自不同机构的多种知识图谱,需要对医学知识图谱进行对齐[43],这也是一个医疗领域知识规范化、质量处理的问题。

2.6　医疗数据开放互联方法

从上面的研究内容可以看出,多种类型的医疗大数据目前已经有了相应的方法、应用和优化,并且已经显现出非常好的成效,但是医疗数据的来源本身也要考虑到安全性问题。医疗数据的共享互联是一个开放的难题。

开放技术的发展,使得琐碎的数据获取流程变得更加方便简单。原来要获得相应的医疗数据需要经过非常复杂的申请流程才能使用数据,并且在使用过程当中,大部分情况下对医疗数据的访问可能也是非常有限的。可以采用数据自治的开放模式[44],即将数据封装在数据盒中,然后数据使用者通过以数据盒为访问单位的形式来访问数据。数据拥有者有一个更自主制定哪些数据可被访问的方式。

此外,为了能对数据访问方式进行约束,在数据盒里面也提供了一个数据使用行为的检测功能。于是,对这些数据的使用者而言,可能他所需要的操作只是利用数据的一些统计信息,而不能够读取每条数据。在行为监测方面,加以限定。

这种方式激发了数据拥有者更好、更方便地开放数据。对用户而言,以数据盒的方式进行使用也是非常方便的,从而能够在数据开放的基础上保护数据的权益。并且在这里还使用了区块链的方式对每一个使用过数据的用户行为加以记录,可以用于追踪。

同时考虑,对于数据拥有者来说,提供数据的便利,即提供数据互联的接口。例如多个数据拥有方有多个系统,可以利用软件接口化技术实现数据的链接,即给出配置要求,从相应的系统中连接接口,将数据与平台进行一个衔接。

在这个过程当中,数据使用者会受到数据互联平台的管控。比如说,哪些使用行为是允许的、哪些使用行为是不允许的,对这些日志进行记录。另外,如果要使用这些数据进行智能分析时,会为这些数据分配相应的容器,即它能够使用哪些算力,然后它就可以对这些数据进行算法训练。

有机结合数据、算力和方法三方面的优势可以让数据拥有者的提供方更好地把他的数据贡献共享出来。数据管控方主要是保护数据的安全性;人工智能算法的研究机构或企业更关注于其研发的方法如何来进行分析和研究。所以通过上述方式,能够高效地按需提供实时的、高质的、互通的数据。目前已经形成了医疗大数据的互联互通系列技术,构建了医疗人工智能算法的训练试验场。

医疗领域收集了大量的数据,包括临床数据、基因组数据、医学影像等。有结构化、非结构化,可以用序列、图、文本等不同结构来表示。医疗数据挖掘为疾病预测、诊断、治疗提供了决策支持,在疾病预测、药物研发、个性化治疗和健康管理方面取得了应用。浅层的医疗数据资源的利用已经产生了巨大价值,还有更多更新的技术可以进一步推动医疗大数据的利用和发展。因此,还需要探索更深层次的一些数据资源的利用开发方法。当前,元宇宙、大模型技术在医疗行业的探索也得到了非常大的关注,这对医疗数据的分析和利用也提出了一些新挑战。希望能够通过对医疗大数据更深入的分析和对互联技术更深的探索,更好地支持医疗健康数字化行业的发展,赋能未来的医疗,转变医疗服务模式。

参考文献

［1］熊赟,朱扬勇. 特异群组挖掘:框架与应用[J]. 大数据,2015,1(2):2015020.

［2］熊赟,朱扬勇,陈志渊. 大数据挖掘[M]. 上海:上海科学技术出版社,2016.

［3］Mikolov T. Efficient estimation of word representations in vector space[J]. arXiv preprint arXiv:1301.3781,2013.

［4］Hamilton W,Ying R,Leskovec J. Inductive representation learning on large graphs[C]// Proceedings of the 31st International Conference on Neural Information Processing Systems,2017,30:1025-1035.

［5］Zhou J,Cui G,Hu S,et al. Graph neural networks:A review of methods and applications [J]. AI Open,2020,1:57-81.

［6］ Peters M E，Neumann M，Zettlemoyer L，et al. Dissecting contextual word embeddings：Architecture and representation［J］. arXiv preprint arXiv：1808.08949，2018.

［7］ Devlin J. Bert：Pre-training of deep bidirectional transformers for language understanding［J］. arXiv preprint arXiv：1810.04805，2018.

［8］ Liu Y，Ott M，Goyal N，et al. Roberta：A robustly optimized bert pretraining approach［J］. arXiv preprint arXiv：1907.11692，2019.

［9］ Radford A，Narasimhan K，Salimans T，et al. Improving language understanding by generative pre-training［J］. Computer Science，Linguistics，2018.

［10］ Yin J，Zheng Z，Cao L. USpan：An efficient algorithm for mining high utility sequential patterns［C］//Proceedings of the 18th ACM SIGKDD International Conference on Knowledge Discovery and Data Mining，2012：660 – 668.

［11］ Emilsson V，Thorleifsson G，Zhang B，et al. Genetics of gene expression and its effect on disease［J］. Nature，2008，452(7186)：423 – 428.

［12］ Pyatnitskiy M，Mazo I，Shkrob M，et al. Clustering gene expression regulators：New approach to disease subtyping［J］. PloS One，2014，9(1)：e84955.

［13］ Oster A M，Lyss S B，McClung R P，et al. HIV cluster and outbreak detection and response：the science and experience［J］. American Journal of Preventive Medicine，2021，61(5)：S130 – S142.

［14］ Jiang R，Han S，Yu Y，et al. An access control model for medical big data based on clustering and risk［J］. Information Sciences，2023，621：691 – 707.

［15］ Ambigavathi M，Sridharan D. Analysis of clustering algorithms in machine learning for healthcare data［C］//Advances in Computing and Data Sciences：4th International Conference，ICACDS 2020，Valletta，Malta，April 24 – 25，2020，Revised Selected Papers 4. Springer Singapore，2020：117 – 128.

［16］ Balaji V A，Choi C，Kim K. Survey on high-dimensional medical data clustering［C］//The 9th International Conference on Smart Media and Applications，2020：190 – 195.

［17］ Ikotun A M，Ezugwu A E，Abualigah L，et al. K-means clustering algorithms：A comprehensive review，variants analysis，and advances in the era of big data［J］. Information Sciences，2023，622：178 – 210.

［18］ Blei D M，Ng A Y，Jordan M I. Latent dirichlet allocation［J］. Journal of Machine Learning Research，2003，3(Jan)：993 – 1022.

［19］ Bradley P S，Bennett K P，Demiriz A. Constrained k-means clustering［J］. Microsoft Research，Redmond，2000.

［20］ 王晓霞，蒋伏松，王宇，等. 基于 ICD – 10 诊断编码的慢性病并发症聚类算法［J］. 大数据，2018，4(3)：37 – 45.

［21］ Rout J，Das S K，Mohalik P，et al. Glcm based feature extraction and medical x-ray image classification using machine learning techniques［C］//International Conference on Intelligent Systems and Machine Learning. Cham：Springer Nature Switzerland，2022：52 – 63.

［22］ Alhindi T J，Kalra S，Ng K H，et al. Comparing LBP，HOG and deep features for classification of histopathology images［C］//2018 International Joint Conference on Neural Networks (IJCNN). IEEE，2018：1 – 7.

［23］ Dai Y，Gao Y，Liu F. Transmed：Transformers advance multi-modal medical image classification［J］. Diagnostics，2021，11(8)：1384.

［24］ Zhang H，Guo W，Zhang S，et al. Unsupervised deep anomaly detection for medical images using an improved adversarial autoencoder［J］. Journal of Digital Imaging，2022，35(2)：153 – 161.

［25］ 于广军，熊赟，彭思佳，等. 基于环境气象因素影响的异常就诊量预测［J］. 大数据，2018，4：54 – 60.

［26］ Andersen R，Lang K J. Communities from seed sets［C］//Proceedings of the 15th international conference on World Wide Web，2006：223 – 232.

［27］ Andersen R，Borgs C，Chayes J，et al. Local computation of pagerank contributions［C］//

Algorithms and Models for the Web-Graph：5th International Workshop，WAW 2007，San Diego，CA，USA，December 11 - 12，2007. Proceedings 5. Springer Berlin Heidelberg，2007：150 - 165.

[28] Bakshi A，Parthasarathy S，Srinivasan K. Semi-supervised community detection using structure and size[C]//2018 IEEE International Conference on Data Mining（ICDM），IEEE，2018：869 - 874.

[29] Zhang Y，Xiong Y，Ye Y，et al. SEAL：Learning heuristics for community detection with generative adversarial networks[C]//Proceedings of the 26th ACM SIGKDD international conference on knowledge discovery & data mining，2020：1103 - 1113.

[30] Wang M，Xiong Y，Zhang Y，et al. Hierarchical encoder-decoder with addressable memory network for diagnosis prediction[C]//International Conference on Database Systems for Advanced Applications. Cham：Springer Nature Switzerland，2023：266 - 275.

[31] Xie X，Xiong Y，Yu P S，et al. EHR coding with multi-scale feature attention and structured knowledge graph propagation[C]//Proceedings of the 28th ACM International Conference on Information and Knowledge Management，2019：649 - 658.

[32] Wang X，Xiong Y，Niu H，et al. C2bert：Cross-contrast bert for chinese biomedical sentence representation[C]//2021 IEEE International Conference on Bioinformatics and Biomedicine （BIBM），IEEE，2021：1569 - 1574.

[33] Johnson A E W，Pollard T J，Shen L，et al. MIMIC-III，a freely accessible critical care database [J]. Scientific Data，2016，3(1)：1 - 9.

[34] Vilalta R，Drissi Y. A perspective view and survey of meta-learning[J]. Artificial Intelligence Review，2002，18：77 - 95.

[35] Wang X，Xiong Y，Niu H，et al. BioHanBERT：A Hanzi-aware pre-trained language model for Chinese biomedical text mining[C]//2021 IEEE International Conference on Data Mining （ICDM），IEEE，2021：1415 - 1420.

[36] Krause J，Johnson J，Krishna R，et al. A hierarchical approach for generating descriptive image paragraphs[C]//Proceedings of the IEEE Conference on Computer Vision and Pattern Recognition，2017：317 - 325.

[37] Jing B，Xie P，Xing E. On the automatic generation of medical imaging reports[J]. arXiv preprint arXiv：1711.08195，2017.

[38] Yin C，Qian B，Wei J，et al. Automatic generation of medical imaging diagnostic report with hierarchical recurrent neural network[C]//2019 IEEE International Conference on Data Mining（ICDM），IEEE，2019：728 - 737.

[39] Xie X，Xiong Y，Yu P S，et al. Attention-based abnormal-aware fusion network for radiology report generation[C]// Proceedings of the 2019 International Workshops of DASFAA：BDMS，BDQM，and GDMA. Chiang Mai，Thailand：Springer，2019：448 - 452.

[40] Jia X，Xiong Y，Zhang J，et al. Few-shot radiology report generation for rare diseases[C]//2020 IEEE International Conference on Bioinformatics and Biomedicine （BIBM），IEEE，2020：601 - 608.

[41] Xiong Y，Ruan L，Guo M，et al. Predicting disease-related associations by heterogeneous network embedding[C]//2018 IEEE International Conference on Bioinformatics and Biomedicine（BIBM），IEEE，2018：548 - 555.

[42] Wang X，Ji H，Shi C，et al. Heterogeneous graph attention network[C]//The World Wide Web Conference，2019：2022 - 2032.

[43] Wang M，Tian P，Xiong Y，et al. MulEA：Multi-type entity alignment of heterogeneous medical knowledge graphs [C]//International Conference on Database Systems for Advanced Applications. Cham：Springer Nature Switzerland，2023：732 - 741.

[44] 朱扬勇，熊赟，廖志成，等. 数据自治开放模式[J]. 大数据，2018，4(2)：3 - 13.

第3章

大数据治理

数据治理的发展由来已久,伴随着大数据技术和数字经济的不断发展,政府和企业拥有的数据资产规模持续扩大,数据治理得到了各方越来越多的关注,被赋予了更多使命和内涵,并不断取得长足发展。在卫生健康领域,医疗大数据治理被认为是对医疗领域产生的大量数据进行收集、整合、存储、管理和分析的过程。随着 2015 年以来国家层面健康医疗大数据政策的陆续发布,以医疗大数据治理为基础,挖掘医疗机构临床数据资产价值以赋能医疗、管理、科研,在全国各地逐渐开展起来。其中,专病数据库作为基于医疗大数据治理赋能临床研究的一种新的数据采集和应用形式,也获得卫生健康领域一众专家学者的青睐,由政府、高校、大型医疗机构发起的重大疾病专病数据库建设也逐渐增多,专病数据库建立的方法论体系、数据质量控制体系、数据隐私保护体系也在近 8 年的探索中逐步完善。

基于近年来我国医疗大数据治理及专病数据库建设方面的探索,本章拟总结国内外先进理论和经验,对专病数据库的建设方法及所涉及的数据治理内容进行详细介绍;同时,考虑到近年来医疗数据质量相关考核要求、个人隐私保护相关政策法规等对数据质量和隐私保护的重视,拟就数据质量控制体系的发展及在专病数据库中的应用、数据隐私保护相关体系及专病数据共享中可采取的数据隐私保护策略,分两个章节分别进行介绍,以供读者参考。

3.1 专病数据库建立

我国高度重视医疗大数据的分析和利用,已出台众多政策鼓励医院和企业进行相关方面的应用和探索。如,在 2016 年 10 月中共中央、国务院印发的《"健康中国 2030"规划纲要》中指出:要加强精准医学、智慧医疗等关键技术突破,并倡导加强医疗大数据的数据挖掘和广泛应用,为医疗人工智能的发展指明方向。2018 年 4 月卫健委印发的《全国医院信息化建设标准与规范(试行)》中指出:要利用人工智能、大数据平台等先进技术进行临床医疗数据的处理与研究,实现医疗数据来源于患者,服务于患者。2022 年 3 月,陈赛娟院士在 2022 年全国两会上再次强调了"建国家级重大疾病专病数据库平台"的重要意义,呼吁"优先聚焦严重影响人群健康的疾病"。

3.1.1　专病数据库的构建方法

3.1.1.1　专病数据库的基本概念

专病数据库,又称疾病数据库,是一种将疾病按病种或术种进行分类,使数据标准化地存放在计算机数据中,以备研究时使用的数据系统[1]。随着生物医学和信息科学的融合发展,大数据对生物医学领域研究也产生了变革式的影响,临床研究的"第四范式"应运而生;作为继实践研究、理论研究和仿真研究之后的研究模式,临床研究的"第四范式"基于海量临床研究数据进行的数据计算研究(big-data clinical trial,BCT)[2],已逐步成为临床研究的重要组成部分。与此同时,为了让丰富的临床数据变成可研究的数据,许多大型医疗机构及研究中心开始用专业化管理软件——专病数据库,对临床数据资源进行标准化和科学化的收集、整理及挖掘利用,为临床研究问题提供高等级的循证医学证据。

现有的专病数据库,根据研究目的可以分为两种类型:一种是以流行病学研究为主要目的的慢性病或肿瘤登记数据库,这种数据库一般由国家卫健委、疾病预防控制中心、国家肿瘤中心等发起,在全国各地构建数据登记/上报网络,由此获得疾病的地区分布、发病特点等流行病学参数;另一种是以临床研究为目的,研究疾病的发病特点、跟踪疾病的治疗效果、分析影响疾病的预后及转归因素的数据库,这种数据库通常需要对大量有研究价值的病例信息进行系统化和规范化的管理[1]。根据数据采集方式及所参与研究中心数量的不同,分为单中心专病数据库和多中心专病数据库,其中,单中心专病数据库多与医院信息系统连接,从医院信息系统中自动同步和处理后汇集到数据库中;多中心专病数据库多基于 Web 模式,通过互联网技术将数据库信息与网络连接,支持多中心数据录入、数据文件导入、交流与共享。

随着信息技术在生物医学研究领域应用的深入,以及大型公立医院高质量发展需要,借助大数据、人工智能等技术,围绕医院重点学科或优势病种,开展临床数据的自动化收集、整理和挖掘利用,构建专病数据库,成为大型公立医院支撑临床研究的重要手段之一。

3.1.1.2　专病数据库的基本特征

如何建设一个符合临床研究需要的高质量的专病数据库?首先,需要明确高质量的专病数据库的核心特点——应能支撑研究者获得高质量的研究成果。要

实现这一点,结合南昌大学第二附属医院金涛等学者(2018)的观点[1],总结了以下四个专病数据库的基本特征:

(1)数据采集便捷且准确。数据采集是获得原始数据,并按照研究者的数据采集标准进行处理与转换,是建设高质量专病数据库首先要解决的问题。数据库设计应考虑数据采集的便捷性,对于其他信息系统中已经存储的数据,支持与其对接实现数据自动且准确的抓取;对于依赖人工、数据产生的同时即需要录入的数据,提供简单友好的数据录入页面与校验规则提醒,方便数据录入且规避人工录入错误;对于数据产生后需要人工集中录入的数据,支持文件便捷导入与质控。

(2)检索方便。由于专病数据库中所收录病例样本量大、变量多,且往往支撑不止一项研究的开展,因此,为方便研究者围绕研究目的针对性地筛选出自己所需要的数据,强大、快捷的检索功能必不可少。一般数据库的检索需支持单条件或组合条件的病例筛选、字段/变量查询等,能够方便研究者快速筛选出符合研究需要的病例及其数据。

(3)数据共享与安全。通过多中心专病数据共享,可以扩展数据库数据来源,增加样本量的同时,也增强了样本的代表性以及基于该数据库所获得研究结果的可推广性。多中心专病数据共享,一般通过建立基于互联网的数据库来实现,过程中数据安全除了需要兼顾不同角色限制访问权限外,还需对数据存储的稳定性和安全性采取预防措施,如定期进行数据备份,防止数据损毁或丢失等。

(4)按需提供其他扩展支持。医学研究的不断发展,意味着研究者的研究目的、方法也会发生变化,相应地,专病数据库对入库患者的纳入排除条件、患者的数据维度等也会发生变化。例如,当前建设脑卒中登记数据库,未来增加脑卒中患者随访观察预后等;此外,临床研究除了有数据采集质控任务外,还需基于采集的数据进行统计分析以验证研究假设,在数据库中的加载统计分析功能,亦能方便研究者快速判断和调整研究方向;等等。上述需求,在数据库建设初期就应考虑,并为功能的扩展性做好准备,以方便后期增加、调整数据库模块和功能,以利于数据库的可持续发展。

3.1.1.3　专病数据库的建设流程

专病数据库的建设分为三个阶段:第一阶段,专病数据采集方案的制定和数据库选型,明确专病数据库的数据采集功能需求、检索需求、数据共享与安全需求及其他扩展支持需求;第二阶段,根据需求建设专病数据库;第三阶段,专病数据库的验证,测试专病数据库质量,确认无问题后,配套相关操作指引上线运行。具体各阶段的建设内容如下:

1.专病数据采集方案的制定和数据库选型

在进行专病数据库系统设计与部署前,研究者需明确专病数据采集方案,即该数据库所需采集的患者纳入排除标准、指标/变量构成及标准、数据来源（人工录入或系统直采），并明确对检索、数据共享与安全、其他扩展支持（如统计分析）等的需求，基于此进行专病数据库选型。

其中，专病数据采集方案的制定，需要研究者综合搜集国内外相关疾病研究进展，并结合自身研究规划和可行性，综合考量。而为了规范临床研究数据采集，促进不同卫生系统间数据的整合与共享，数据标准模型应运而生。数据标准模型是通过将来自不同卫生信息系统的众多纷杂数据标准化的一种通用格式，有助于数据的规范化收集。回顾国内外常用数据标准模型，适用于指导临床研究专病数据采集方案制定的数据标准模型，主要有观察性健康数据科学和信息学（observational health data sciences and informatics，OHDSI）协作组开发的通用数据模型（OMOP CDM）、临床数据交换标准协会（Clinical Data Interchange Standards Consortium，CDISC）开发的临床数据获取协调标准（clinical data acquisition standards harmonization，CDASH）、以患者为中心的结果研究所（Patient-Centered Outcomes Research Institute，PCORI）开发的通用数据模型（PCORnet CDM）、开放式电子健康档案（open electronic health record，OpenEHR）组织开发的开放式电子健康档案规范、美国卫生信息传输标准（Health Level Seven，HL7）组织开发的快速医疗互操作资源（fast healthcare interoperability resources，FHIR）[3]，具体见表 3-1。

表 3-1 数据标准模型简介[3]

标准名称	首次发布时间	适用范围	特点
PCORnet CDM	2014 年	适用于药物、医疗器械及生物技术产品的成本效益研究；疾病的预后及死亡研究	为功能性分布式研究网络，可进行多站点临床试验和观察性研究
CDASH	2012 年	适用于临床干预后疾病进展与转归研究	可实现多源数据整合，适用于大多数临床试验
OMOP CDM	2012 年	适用于药物、医疗器械或其他医疗产品的有效性和安全性评价	定义了一种统一的数据标准，可以规范多源异构的观察学数据的格式和内容
FHIR	2011 年	疾病的发生发展、影响因素研究，高危人群的筛查	支持多种文档架构，提供多种实现的代码库
OpenEHR	1997 年	智能诊断和导诊、辅助决策的灵敏度和特异度研究，健康管理、健康促进方案研究	用户可参与，易维护，支持语义互操作，领域知识共享

我国目前尚缺乏成熟用于规范临床研究数据采集的数据标准模型,而为了规划专病数据库数据采集,国内临床研究者联合信息领域专家纷纷开展各病种专病数据集标准的制定,以统一病种的基本数据采集标准。专病数据集是指围绕某种疾病,结合对我国卫生数据集相关标准、疾病诊疗指南/专家共识、已发布的相关病种的数据集标准等的调研,设计制作的可以指导领域内及领域间数据交换与共享需求的,归纳总结的所包含的数据元素集合。它往往由临床研究报告表(case report form,CRF)转化而来。它为实现专病相关数据的规范化存储与利用提供框架,为跨医院、跨区域的数据交流传输与数据融合分析提供理论基础。

如果说专病数据集是专病数据库实现的基础与保障,那么专病数据集的数据元规范就是实现专病数据集标准化、系统化定义的核心。专病数据集的数据元定义了专病变量的定义信息规范,实现专病数据集中变量名称唯一无歧义、变量定义来源具备临床认可的标准、变量取数来源可靠。专病数据集数据元属性设置参考 WS/T 303—2023《卫生健康信息数据元标准化规则》。具体定义见表 3-2～表 3-4。

表 3-2　专病数据集数据元公用属性

属性种类	数据元属性名称	属性值
标识类	版　　本	v1.0
	定义机构	上海申康医院发展中心
关系类	分类模式	分类法
管理类	主管机构	上海申康医院发展中心

表 3-3　专病数据集数据元专用属性

数据元标识符	数据元名称	定　　义	数据元值的数据类型	表示格式	数据元允许值
ZB01.01.01	类　　别	专病变量所属的一级类别	S1	AN2..20	参见表 3-4
ZB01.01.02	次级类目	专病变量所属的一级类别下二级类别	S1	AN2..20	参见表 3-4

续　表

数据元标识符	数据元名称	定　义	数据元值的数据类型	表示格式	数据元允许值
ZB01.01.03	英文名称	专病变量的标准英文名	S1	AN2..15	—
ZB01.01.04	变量名称	专病变量的变量中文名	S1	AN2..15	—
ZB01.01.05	定　义	专病变量的简要定义	S1	AN1..30	—
ZB01.01.06	补充定义	专病变量的详细定义	S1	AN1..100	—
ZB01.01.07	纳入标准	专病变量的纳入条件	S1	AN1..100	—
ZB01.01.08	时间节点	专病变量定义的时间点	D	D8	—
ZB01.01.09	数据来源	专病变量的取数来源	S1	AN1..100	—
ZB01.01.10	数据类型	变量的数据类型	S3	A1..10	1. 文本型 2. 日期型 3. 日期时间型 4. 时间型 5. 数值型
ZB01.01.11	值　域	变量的值域范围	S1	AN1..20	—
ZB01.01.12	优先级	变量对专病的重要程度	S2	A1..10	1. 核心 2. 非核心
ZB01.01.13	参　考	变量定义与取数标准参考来源	S1	AN1..100	—
ZB01.01.14	补充说明	其他相关变量定义补充说明	S1	AN1.100	—

表 3－4　专病一二级类别代码

一级类别编号	一级类别名称	二级类别编号	二级类别名称
H1	文档标识		
H2	服务对象标识	02.001	个体生物学标识
		02.002	个体危险性标识

一级类别编号	一级类别名称	二级类别编号	二级类别名称
H3	人口学		
H4	联系人		
H5	地址		
H6	通信		
H7	医保		
H8	卫生服务机构		
H9	卫生服务		
H10	事件摘要		
1	主诉(症状)		
2	体格检查	02.001	体格检查：一般状态
		02.002	体格检查：皮肤
		02.003	体格检查：淋巴结
		02.004	体格检查：头部
		02.005	体格检查：颈部
		02.006	体格检查：胸部
		02.007	体格检查：腹部
		02.008	体格检查：生殖器、肛门、直肠
		02.009	体格检查：脊柱与四肢
		02.010	体格检查：功能(残疾)
3	现病史	03.001	传染病
4	既往史	04.001	疾病(外伤)史
		04.002	手术史
		04.003	诊疗史
		04.004	输血史

一级类别编号	一级类别名称	二级类别编号	二级类别名称
4	既往史	04.005	免疫史
		04.006	过敏史
		04.007	用药史
		04.008	系统回顾
		04.009	个人史
		04.010	婚姻史
		04.011	月经史
		04.012	生育史
		04.013	家族史
		04.014	危险因素暴露史
5	检查（含病理）	05.001	检查申请
		05.002	检查报告
		05.003	影像检查报告
6	医学检验	06.001	检验申请
		06.002	检验报告
		06.003	检验标本
7	诊断		
8	操作	08.001	手术
		08.002	麻醉
9	用药	09.001	预防接种
		09.002	输血
10	诊疗计划	10.001	患者提醒
		10.002	知情告知

一级类别编号	一级类别名称	二级类别编号	二级类别名称
10	诊疗计划	10.003	临床路径
		10.004	中医辨证论治
11	评估	11.001	治疗结果
		11.002	医疗质量
12	诊疗过程记录	12.001	病程记录
		12.002	医嘱
13	医疗费用		
14	护理		
15	健康指导		
16	中医"四诊"		

注：参考《电子病历基本架构与数据标准（试行）》中"病历临床文档数据组与数据元标准"章节进行分类定义。

　　医院专病数据集的制定，一方面需要从繁杂的文献中确定专病标准，形成各医院具有通用性质的专病变量；另一方面要能够把握医院本身的优势与特长，构筑与本院自身特色相关的特色变量以实现差异化；最后，专病数据集的设计还要具有前瞻性，保障专病的建设能惠及不止于一朝一夕。基于以上因素的综合考量及对行业的洞察分析，提出专病数据集设计原则，分别为格式三原则与内容四原则：格式三原则——一致性、规范性、关联性；内容四原则——完整性、必要性、合理性、前瞻性（表3-5）。

表3-5　专病数据集设计原则

原则名称		内　　容
格式	一致性	一个完整的专病数据集的变量属性、通用逻辑结构、前后对应须保持前后一致性
	规范性	专病数据集的设计须严格按照数据元规范中定义的数据元及其值域规范进行；变量层级结构、数据格式、值域范围等均需按标准描述进行表达
	关联性	若专病数据集存在关联变量，对应的关联变量主外键完整无遗失

续　表

原则名称		内　　容
内容	完整性	专病数据集的结构与逻辑完整,无模块缺失、无核心变量缺失、变量的值域设计完整覆盖
	必要性	专病数据集的变量设计需与专病本身存在必要的关联,应尽量避免无关变量的存在
	合理性	专病数据集变量层级设计符合临床规范,值域设置无冲突
	前瞻性	专病数据集应融合国内外最新标准,囊括专病未来发展需要的核心变量

在医疗机构,无论有无专门的数据集设计员还是数据管理员负责专病数据集的设计,数据集的设计一般都要经历调研、设计、修订、审核、归档等几个环节。各个环节的长短会受各种因素的影响,客观因素如疾病的罕见程度、发展进程、指南等级,主观因素如团队成员组成与经验、讨论方式等。专病数据集设计的流程如图 3-1 所示,专病数据集定稿示例见表 3-6。

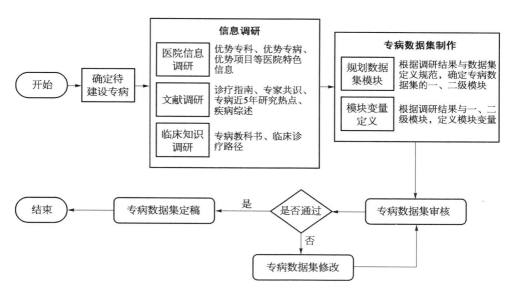

图 3-1　专病数据集设计流程

2. 根据需求建设专病数据库

专病数据集是专病数据库建设的基础,专病数据集的设计会直接影响数据在数据库中的存储与使用形式,也会直接影响专病变量的生产路径与生产方式。如果说专病数据集是生产的模具,那么专病数据库的建设就是依照磨具将每个患

表 3－6　专病数据集定稿示例：层级格式＋层级变量格式

患者信息	
就诊日期	|＿|＿|＿|＿|／|＿|＿|／|＿|＿|（年／月／日）
患者姓名	＿＿＿＿＿＿＿
年　　龄	|＿|＿|＿| 岁
国　　籍	＿＿＿＿＿＿＿（GB/T 2659.1—2022《世界各国和地区及其行政区划名称代码　第 1 部分　国家和地区代码》）
婚姻状况	○未婚　○已婚　○丧偶　○离婚　○未说明的婚姻状况
最高教育程度	○文盲　○小学　○初中　○高中/中专　○大专/大学　○硕士研究生及以上
职业类别/从业状况	○党的机关、国家机关、群众团体和社会组织、企事业单位负责人 ○专业技术人员 ○办事人员和有关人员 ○社会生产服务和生活服务人员 ○农、林、牧、渔业生产及辅助人员 ○生产制造及有关人员 ○军人 ○不便分类的其他从业人员
现住址	＿＿＿省（自治区、直辖市）＿＿＿市（地区、州）＿＿＿县（区）＿＿＿街道（小组）
是否参加临床试验	○否　○是（若是，填写临床试验编号）
临床试验编号	＿＿＿＿＿＿＿

联系人信息

联系人姓名	联系人与患者关系	联系人电话	联系人住址
＿＿＿＿＿	○本人 ○配偶 ○父母 ○兄弟姐妹 ○子 ○女 ○其他＿＿	|＿|＿|＿|＿|＿|＿|＿|	＿＿＿＿＿
＊多条记录新增行			

者的数据进行深度治理后变成磨具所规定的样式、范围与结构。要达到这个目标，首先要实现的是业务元数据与技术元数据之间的统一，即将上述的专病数据集"翻译"成数据库存储所需的表字段样式，即实现业务元数据与技术元数据的统一与映射。

1）专病元数据治理

医疗系统之间存在繁杂的关联关系，无论结构化数据还是非结构化数据，或者外部数据，都需要通过元数据治理最终落地。元数据治理解决的是数据找不到、读不懂、不可信等问题。解决上述问题，首先需要考虑以下场景：

（1）医院的信息系统少则几十，多则上百，专病数据集虽然定义了需要的专病层级及其变量，生产人员也需要考虑多系统均存在某类数据时，数据的取数来源问题——确认可信来源于取数的唯一来源。

（2）临床定义了专病数据集标准，但是当信息部门面对复杂的数据存储字段，无法将临床需求与底层数据关联起来，需要多方反复协调才能最终确认——业务元数据与技术元数据的映射。

以上场景需要解决的根本问题即业务元数据（专病数据集）与技术元数据（数据库物理表结构）之间的打通，使临床人员能够理解 IT 系统中的数据。最后，可通过为普通临床人员提供准确、高效的数据搜索工具，使临床人员可以快速获得准确、可信数据。

元数据映射采用一对一的映射模式：① 将逻辑实体与物理表一对一连接；② 逻辑实体属性与物理表字段一对一连接。具体示例如图 3 - 2 所示。

2）专病元数据来源与生产方式

根据业务元数据确定好技术元数据模型后，即可基于业务元模型与技术元模型进行专病的生产与数据落库。在前一个步骤，确定了业务元与技术元的映射关系及唯一取数来源，通过深度数据治理与加工完成专病库变量的提取，与取数来源的数据类型有密切的关联。

临床数据中心的数据集成包含了结构化、半结构化、非结构化的信息。结构化信息是指以关系型数据库表形式进行存储与管理的数据，该类数据具有结构简洁、数据标准等特点，如患者基本信息的姓名、性别、出生日期等；非结构化数据指数据结构不规范或不完整，没有预定义的数据模型，不便于用数据库二维逻辑来表现的数据，如图像、视频、语音、Word、PDF、PPT、大文本等；半结构化数据是指非关系模型的，有基本固定结构模式的数据，如以 XML、JSON 或 HTML 存储的电子病历文书等。

专病数据集除了包含从临床数据中心获得的治理数据，还包含从患者随访、调查问卷、可穿戴设备等外部数据源获取的数据，内部数据源（临床数据中心）与

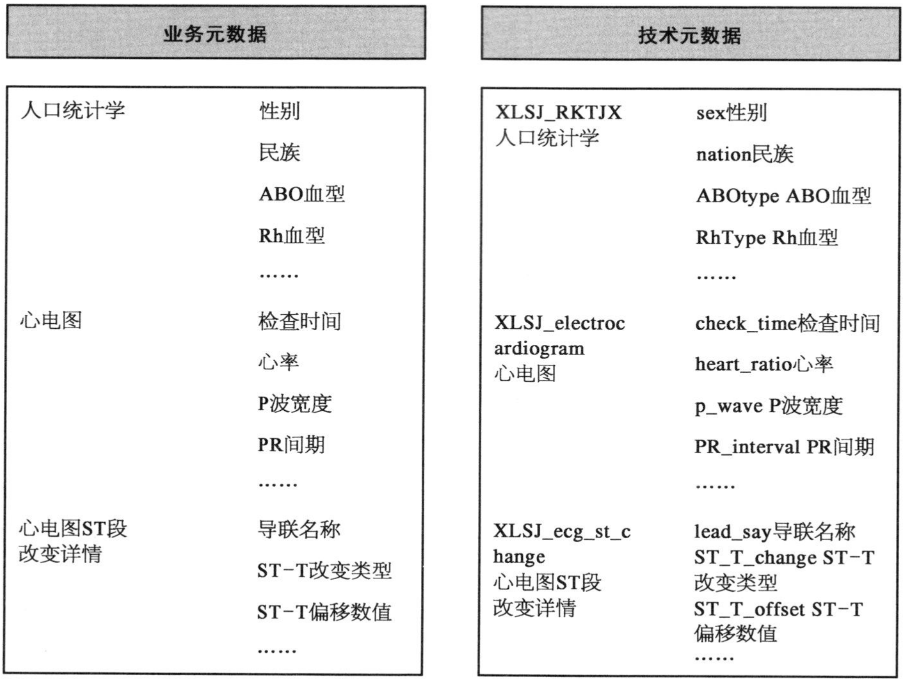

业务元数据	技术元数据

人口统计学	性别	XLSJ_RKTJX 人口统计学	sex性别
	民族		nation民族
	ABO血型		ABOtype ABO血型
	Rh血型		RhType Rh血型
	……		……
心电图	检查时间	XLSJ_electroc ardiogram 心电图	check_time检查时间
	心率		heart_ratio心率
	P波宽度		p_wave P波宽度
	PR间期		PR_interval PR间期
	……		……
心电图ST段 改变详情	导联名称	XLSJ_ecg_st_c hange 心电图ST段 改变详情	lead_say导联名称
	ST-T改变类型		ST_T_change ST-T 改变类型
	ST-T偏移数值		ST_T_offset ST-T 偏移数值
	……		……

图 3-2　元数据映射模式

外部数据源(医院信息系统外的数据来源)的数据之间,同样存在不同的处理方式。

根据专病建设中涉及的不同的数据类型与取数来源,陈列数据的不同处理手段见表 3-7 和表 3-8。

表 3-7　专病常用数据来源及其生产方式:根据数据类型划分

数据一级 分类	数据二级 分类	生产方式
结构化数据	—	1. 若数据值域符合专病使用标准,通常对结构化数据采用直接映射的处理方式; 2. 若数据值域不符合专病使用标准,可在处理过程中通过值域转换、字典归一等手段进行数据治理
非结构化数据	图像	1. 对要使用的图像集使用图形算法进行模型训练; 2. 根据训练结果从图像中提取有效的文字信息; 3. 若文字信息对应为结构化信息,按本表"结构化数据"处理方式处理; 4. 若文字信息对应为非结构化信息,按本表二级分类"大文本"的处理方式进行处理

续　表

数据一级分类	数据二级分类	生产方式
非结构化数据	大文本	对大文本的处理方式比较多样，推荐以下两类： 1. 简易处理手段：使用正则表达式或函数提取文本中需要的信息； 2. 复杂处理手段：根据提取目标对适配文本进行文本标注，使用自然语言处理（NLP）算法对标注文本进行模型训练，根据训练出的模型对文本进行所需信息的提取
半结构化数据	XML、HTML	1. 借助 XPath 等工具对 XML 或 HTML 信息节点进行提取； 2. 若提取出的节点信息为结构化信息，按本表"结构化数据"处理方式处理； 3. 若提取出的节点信息为非结构化信息，按本表二级分类"大文本"的处理方式进行处理
	JSON	1. 借助 JSONPath 等工具对 JSON 信息节点进行提取； 2. 若提取出的节点信息为结构化信息，按本表"结构化数据"处理方式处理； 3. 若提取出的节点信息为非结构化信息，按本表二级分类"大文本"的处理方式进行处理

表 3-8　专病常用数据来源及其处理方式：根据数据来源划分

数据来源	生产方式
内部来源	根据数据类型按照表 3-7 中对应的方法进行处理加工
外部来源	方式一：通过设计好的专病表单进行手工录入 方式二：借助工具进行文件上传，然后根据上传文件进行信息提取＋NLP 处理

从表中可以看出，文本后结构化是科研数据应用的必要前提和基础，非结构化的数据处理，对于专病数据库的使用，最终都会回归到文本的后结构化处理上。在数据治理环节，面向海量多样的临床数据，应通过数据治理引擎，基于自然语言处理、知识图谱、机器学习等 AI 引擎的数据治理模块，实现各类临床数据的结构化、标准化和归一化等处理。针对数据驱动的临床科研场景，能够将医院积存的海量临床数据自动结构化、标准化成可被临床科研直接分析、利用的数据。治理后的结果为后续的临床应用提供了良好的数据基础。

3. 专病数据库的验证

专病数据库的建成，从数据层面，经过了从医院原始系统到临床数据中心再到专病库的过程;从元数据转换层面,经过了从原始系统元数据到数据中心元数据,再通过专病生产的业务元数据映射到技术元数据的过程;从数据加工层面,经过了 ETL 粗加工、字典对照与归一、半结构化与非结构化数据的深度治理与提取等一系列复杂的过程。由于流程的复杂性,必然可能导致在生产过程中的数据质量风险,因此,从专病库规范层面降低质量风险,从数据库的验证层面控制风险是非常有必要的。专病数据库的验证主要包括以数据质量控制为核心的一系列系统流程,详见 3.2.2 小节相关内容。

3.1.2　专病数据库的数据治理

3.1.2.1　数据治理的定义

数据治理的发展由来已久。GB/T 35295—2017《信息技术 大数据 术语》将数据治理定义为对数据进行处置、格式化和规范化的过程。认为数据治理是数据和数据系统管理的基本要素,数据治理涉及数据全生存周期管理,无论数据是处于静态、动态、未完成状态还是交易状态。GB/T 34960.5—2018《信息技术服务 治理 第 5 部分:数据治理规范》中将数据治理定义为数据资源及其应用过程中相关管控活动、绩效和风险管理的集合。国际数据治理研究所(The Data Governance Institute,DGI)的数据治理框架中,数据治理是指行使数据相关事务的决策权和职权。而更加具体的定义则认为数据治理是一个通过一系列信息相关的过程来实现决策权和职责分工的系统,这些过程按照达成共识的模型来执行,该模型描述了谁(Who)能根据什么信息,在什么时间(When)和情况(Where)下,用什么方法(How),采取什么行动(What)。国际数据管理协会(Data Management Association,DAMA)[①]认为数据治理是建立在数据管理基础上的一种高阶管理活动,是各类数据管理的核心,指导所有其他数据管理功能的执行,在 DMBOK2.0 中数据治理是指对数据资产管理行使权力、控制和共享决策(规划、监测和执行)的系列活动。

以上是有关数据治理概念的典型定义,除此之外各领域、各行业都有各自的理解和认识,目前尚未达成一致共识的原因来自几个方面:

(1) 数字经济快速发展。中国信通院发布的《中国数字经济发展白皮书(2021年)》显示,2020 年我国数字经济的规模已经达到 39.2 万亿元,占 GDP 比重为 38.6%。数字经济以数据为核心,快速发展的数字经济促进数据治理的定义和内涵不断丰富并快速发展。

(2) 参与主体日益增多。国家大数据战略在各行业的落地执行,大数据产业

---

① DAMA 是一个致力于数据管理研究和时间的国际非营利性组织。

的蓬勃发展,让更多主体意识到数据治理的重要性并参与其中,根据各行业、各业务场景的特点,数据治理被赋予了不同的含义和作用。

(3)理论研究不断创新。2020 年数据正式被列入生产要素,并通过市场化手段进行要素配置,这一理论突破要求对数据治理的概念进行全新阐述。

(4)立法持续完善。《数据安全法》《个人信息保护法》等一系列法律法规的颁布实施,将对数据治理的概念内涵、推进路径、方法工具、实践方法等方面产生重要影响。

3.1.2.2　专病数据库的数据治理

医疗大数据治理是指对医疗领域产生的大量数据进行收集、整合、存储、管理和分析的过程。专病数据库的构建需要对接不同厂商、不同版本的不同系统,需要深度了解和对接医院的各个信息化系统。在获取各种系统数据后,通过数据集成服务将数据进行清洗、转换,将不同来源的数据集成到源数据存储层,源数据存储层主要是为了将不同厂商、不同数据库类型的异构数据集成至统一的数据模型中,为了使异构数据能够变成统一可用数据,不同主题提供统一的数据来源。医疗大数据治理则为专病数据库中数据采集、共享等任务的完成,提供了数据管理框架,使这些不同来源的数据能够被有效地整合到专病数据库中。

(1)数据质量和一致性。数据治理确保数据库中的数据具有高质量和一致性,这对于专病数据库尤为重要,因为医疗领域对数据的准确性和可信度要求极高。

(2)隐私和安全。数据治理包括确保敏感数据的隐私和安全,这也是专病数据库中必须关注的方面,特别是涉及患者隐私信息的收集和存储。

(3)元数据管理。数据治理涵盖了元数据的管理,这在专病数据库中也是关键,因为它影响数据的可理解性和可发现性。

(4)合规性。数据治理确保了数据的使用符合法规和政策,这对于涉及医疗数据的专病数据库尤为重要。综上所述,数据治理在专病数据库的建设和管理中扮演着重要角色,确保了数据的质量、安全和合规性,从而为医疗研究和实践提供可靠的数据基础。

专病数据库中,围绕数据采集所涉及的数据治理内容如下:

1. 数据汇聚集成

根据需要专病数据库采集数据的范围及要求,以患者为中心集成患者数据。在数据集成环节,根据专病数据集可明确专病库数据采集范围。数据范围通常包括医院各业务系统,如 HIS、LIS、PACS,此外还包括科研课题数据、院外随访数据、生物样本库数据、基因组学数据、可穿戴设备数据等。历史数据集成将在医院提供的备份库进行,实时数据采集将使用数据库复制技术对生产系统数据库业务数据表进行复制,在建立的复制库上进行数据抽取,保证对生成系统数据库性能无影响。数据集成采用 ETL 技术对业务系统源数据进行数据深度清洗、标准化转换、结构化存储到一个全面数据域。进行数据集成时需要符合如下原则:

(1)全量数据集成。临床、运营数据全覆盖,历史数据全量集成(包括历史上存在软件升级或厂商变更前的系统数据)。

(2)实时数据集成。采用数据库复制技术和数据变更捕获技术建立实时复制库,在复制库使用 CDC 机制(数据变更捕获)获取实时变更数据,使用 ETL 技术进行实时数据集成,不影响生产库性能。

(3)病历后结构化。使用自然语言处理、机器学习等技术将病历文书、检查报告等非结构化数据进行结构化转换,建立全结构化数据中心。

(4)数据标准化。元数据统一、数据模型统一、基础字典标准化(包含科室、人员、收费项目等)、医学术语(包含诊断、手术、检验、检查等)归一。参考 ICD-10、LOINC、SNOMED-CT 等国际标准建立医学术语标准体系。

(5)以患者为中心。将患者不同时期、不同系统中的患者诊疗数据关联,建立患者唯一标识,以患者为中心进行数据集成。所集成的数据包括患者基本信息、就诊各类信息、院外随访信息。

(6)数据集成监控。实现科研数据模型维护、元数据管理、主数据管理、临床数据在线探查与分析、数据质量评估分析、数据集成过程监控与管理,真正实现数据管理标准化、集成过程透明化、数据分析可视化。

专病数据库的建立一般需要对患者数据进行集成,根据专病数据库项目需求可做进一步扩展或调整,见表 3-9。

表 3-9　专病数据库项目需求调整

系统名称	数据域	数据范围	结构化
HIS	就诊信息	患者基本信息、门诊就诊记录、住院就诊记录、住院婴儿信息、住院转科记录	是
HIS	医嘱信息	门诊处方、住院用药医嘱、住院非药品医嘱	是
HIS	诊断信息	患者诊断记录	是
HIS	过敏信息	患者过敏记录	是
HIS	费用信息	门诊费用汇总、门诊费用明细、住院结算信息、住院费用明细	是
EMR	病历文书	门诊病历、住院病历、护理病历	是

续 表

系统名称	数据域	数据范围	结构化
检查系统（PACS、超声、病理、心电等）	检查信息	放射学报告、心电报告、内窥镜报告、超声报告、病理报告、其他检查报告	是
LIS	实验室检查	检验报告、微生物报告	是
手麻系统	手术信息	手术记录、麻醉记录	是
护理系统	护理信息	体征记录、护理记录	是
病案系统	病案信息	病案首页、病案诊断、病案手术、病案婴儿	是
体检系统	体检信息	体检记录、体检报告	是

2. 建立患者主索引

临床科研设计有明确的纳排标准要求，只有符合标准的患者才能成为研究样本，进行下一步的数据采集。因此，必须进行以患者为中心的数据全面整合。通过建立统一的患者主索引，支撑多源、多模态的临床数据、组学数据、影像数据、其他行业数据的融合。可以高效智能地协助科研人员对病例进行搜索，同时便于展现统一、完整、连续的患者诊疗信息。

患者唯一标识是指用于临床实际业务并且能够辅助进行患者咨询唯一性识别——患者主索引（enterprise master patient index，EMPI）。EMPI 需要特有的算法和技术用于医疗服务，对患者的基本信息索引的创建、搜索和维护。EMPI 服务是指为保持在多医疗机构中用以标识患者实例所涉及的所有医疗机构中患者实例的唯一性，所提供的一种跨医疗机构的系统服务，实现患者咨询的整合与识别。

1）EMPI 实施路线

患者主索引 EMPI 本质上是一个数据整合系统，它把来自多个不同的系统中的患者标识统一成一个，实现对同一患者仅仅有一个标识对应，同一患者的信息也归并在同一个标识之下。这样就有效地解决了多系统中识别患者身份的问题。所以，在启动患者主索引之前，需要先给参与联合建立主索引的医疗机构分配不同的编码标识，逐步形成主索引 ID 与机构 ID 以及院内 ID 之间的交叉索引表；其次，需要设定用于判定患者是否为一个人的匹配字段及匹配规则。这些条件具备之后，就可以开始执行患者主索引的主流程。

建立患者主索引的主要流程如下：

（1）首先对数据进行清洗、转换和合规性校验，排除一些不可用的数据。清洗：去除不完整、重复或无效的数据。转换：将数据统一到特定格式或标准，确保一致性。合规性校验：确保数据符合相关法规和隐私要求。

（2）其次，将新的患者数据与已生成主索引的患者数据进行对比，根据匹配规则判断是匹配、相似或不匹配。

EMPI的核心是匹配算法，即如何实现患者的高效率识别。常见的匹配算法有基于权重的规则导向法、概率匹配法等方式实现患者身份的识别。例如，如果系统认为社会保险号码比出生日期更重要，那么社会保险号码可能会有更高的权重。然后，系统会比较新患者记录与现有患者记录的每个字段，根据字段的权重得出一个总分。如果总分超过一个设定的阈值，那么系统就会认为这两个记录是匹配的。

若匹配，则使用已有主索引，更新交叉索引及患者信息；若不匹配，则生成新的患者主索引；若匹配结果为相似，则形成待处理相似匹配数据，提醒数据治理人员或者相关业务人员手动处理。

2）患者历史数据清洗与补正方法

根据数据分析的结果，确定数据清洗方案和执行流程，并执行数据清洗和补正工作。具体作业流程如下：

（1）数据质量分析。根据调研分析与业内惯例，将患者数据分为有效数据和无效数据。在分析与判定数据有效性方面，将依据数据的"完整性、一致性、真实性、合规性"来进行分析。

（2）定义转换规则。由于各关联系统的数据格式不一致，历史数据清洗程序需要对数据进行标准化转换处理。

（3）校验清洗数据。在数据质量分析、定义转换规则的基础上，通过 ETL 工具对历史数据进行校验清洗，从而完成历史数据标准化提取。

（4）字段级数据清洗。根据确定的患者标识字段（如姓名、性别、出生日期、身份证号、电话等），进行逐个字段清洗（无效数据）。

（5）记录级数据清洗。如果出生日期和性别为无效数据或"未知"状态，则根据有效身份证号更新患者的出生日期、性别（数据自动补正）。

（6）系统级数据清洗。根据数据合并规则，通过算法程序，完成患者数据的合并处理。

3. 构建字典标准体系

科研数据要求明确统一的医学术语概念，但目前不同医院信息系统的数据结构、疾病、检验、症状、用药、手术操作的名称差异较大且命名不规范。需要构建全面的术语库及不同体系之间的映射。虽然目前大多数医院的临床信息系统经过多年的建设,已经具有较高的信息化水平。但是有关人员、科室、临床等多系统共用的术语编码信息主要由 HIS 系统进行管理,ERP/EMR/RIS 等其他系统通过接口获取并独立进行编码维护。这种方式在信息的完整性、一致性上存在隐患,在各系统的功能和技术实现上存在重复和不统一。

通过梳理、整合医院内部字典资源,建立一套统一的术语编码管理体系实现集中管理(即主数据管理①),并提供统一的信息服务,实现医院内部各个应用系统之间交互消息的语义统一,从而提高各个系统之间业务的协同能力,同时也确保专病数据库的数据质量,确保进入的数据已经过标准化清洗和处理。

1)主数据实施路线

医疗数据可以分为医疗基础数据和医疗指标类数据。对于已结构化基础数据或指标类数据与国家标准、国际标准或行业标准分别进行映射,从而实现已结构化变量的标准化。例如,基础数据变量如诊断、手术编码等可与 ICD-10、ICD-9-CM-3 进行交叉映射,临床信息中所见、操作、微生物、药物等与 OMAHA 术语进行交叉映射,药物名称与国家药管平台药品基本数据库进行映射;对于指标类变量如检验指标项与 LOINC 进行交叉映射。

(1)确定分析主数据对象。只要涉及编码内容的数据关联的主数据,作为初步的主数据对象。完成后,得到主数据对象一览。

(2)主数据对象标准判断。根据建立语义标准中的介绍,主数据一般分为四种标准:国际标准、国家标准、行业标准、院内标准。具体选取哪些标准,需要在实施阶段进行评审。

(3)主数据项目抽取。从各系统中抽出各主数据的项目信息,如果符合国际标准、国家标准、行业标准的,则需要拿到最新的标准数据,以备分析使用。在此过程中,可参考的国际标准、国家标准、行业标准及产品标准,包括但不限于表3-10 所列内容。

表 3-10　标准数据分类、代码及名称

分类	代码系统代码	代码系统名称
国标	GB/T 2260—2007	中华人民共和国行政区划代码
国标	GB/T 2261.1—2003	人的性别代码
国标	GB/T 2261.2—2003	婚姻状况代码

---

① 主数据管理:企业的基于核心事务的高质量数据集,它为企业的不同应用软件提供了一个统一、一致的参考数据映像。[来源:《计算机科学技术名词》(第三版)]

分类	代码系统代码	代码系统名称
国标	GB/T 2261.3—2003	健康状况代码
国标	GB/T 2261.4—2003	从业状况(个人身份)代码
国标	GB/T 2261.5—2003	港澳台侨属代码
国标	GB/T 2261.6—2003	人大代表、政协委员代码
国标	GB/T 2261.7—2003	院士代码
国标	GB/T 2659.1—2022	国家和地区代码
国标	GB/T 3304—1991	中国各民族名称的罗马字母拼写法和代码
国标	GB/T 4658—2006	学历代码
国标	GB/T 4761—2008	家庭关系代码
国际	ICD - 10	疾病诊断编码
国际	ICD - 9 - CM - 3	ICD - 9 手术编码
行标	CV04.50.005	ABO 血型
行标	CV06.00.228	医嘱频次
行标	CV05.10.010	病情转归
行标	CV06.00.220	护理等级
行标	CV05.10.024	手术级别
行标	CV05.10.022	手术切口类别
行标	CV05.10.023	手术切口愈合等级
行标	CV06.00.223	手术体位

（4）分析抽出的数据、得到主数据标准。分析各系统抽出的主数据项目，及各种标准的项目，确定采用哪个来源的数据作为标准，并确定数据源（数据提供者）。通过各系统字典使用情况分析，确定了主数据的标准后，对于没有使用标准的业务系统来说，将面临标准改造工作。原则上需要各系统尽量采用标准主数据，但

实际在改造风险太大的情况时,也有采用建立映射码的方式来解决,映射关系由各系统自行维护或由平台进行维护。

2) 术语标准体系

医学领域存在许多不同的标准体系和术语,这些标准体系有助于医生、研究人员和医疗保健专业人员在交流和记录医疗信息时保持一致性和准确性。以下是一些常见的医学术语标准体系[4,5]:

(1) ICD-10(国际疾病分类第十版):由世界卫生组织(WHO)制定的国际疾病分类系统,用于诊断和编码各种疾病、症状和健康问题。

(2) CPT(当前行动术语):由美国医学协会(AMA)制定的医疗服务和程序编码系统,用于标识医疗操作和过程,通常用于医疗保险账单和报销。

(3) SNOMED CT(系统化医学词汇表临床术语):一种临床术语和编码系统,用于描述医学概念、症状、疾病和治疗,广泛用于电子健康档案(EHR)系统和临床信息交流。

(4) LOINC(逻辑观察标识符命名与编码系统):用于标识医学实验室测试和观察结果的标准化编码系统,以促进健康信息交流和数据分析。

(5) MeSH(医学主题词汇表):由美国国家医学图书馆(NLM)开发的医学主题分类系统,用于检索和组织医学文献。

(6) HL7(医疗信息交流标准):用于医疗信息系统之间数据交换的国际标准,包括 HL7 v2 和 HL7 FHIR(快速医疗信息互操作性资源)等版本。

(7) NANDA-I(国际护理诊断联合会):用于护理诊断和护理干预的国际标准化术语系统。

(8) ATC(解剖学、治疗和化学分类系统):用于药物分类和标识的系统,由世界卫生组织维护,通常用于药物处方和药物信息管理。

这些标准体系在医学领域起到关键作用,有助于确保医学信息的一致性、互操作性和可追溯性,从而提高医疗保健的质量和效率。不同国家和地区可能还有其他特定的医学术语标准体系,但上述体系是国际上广泛使用的一些例子。

4. 医疗文本数据后结构化处理

文本后结构化是医疗大数据应用的必要前提和基础。在数据治理环节,面向海量多样的临床数据,应通过基于自然语言处理、机器学习等 AI 引擎的数据治理模块,实现各类临床数据的结构化、标准化和归一化等处理。针对数据驱动的临床科研场景,能够将医院积存的海量临床数据自动结构化、标准化成可被临床科研直接分析、利用的数据。治理后的结果为后续的临床应用提供了良好的数据基础。

在数据结构化方面,则通过构建多个医学自然语言处理模型,包括但不限于入院病史、既往史、病程记录、体格检查、诊断、症状、超声心动图、胸部 X 线报告、心脏 CT 报告,对各类临床数据进行有效的结构化处理。医学自然语言处理模型可根据具体数据情况进行维护管理,包括模型优化和模型扩展,从而保证本地适应性。

在数据标准化和归一化方面,应采用构建医学知识图谱路径,知识图谱需模拟人类(医务人员)认知中对文本理解和知识体系运作的机制,整合"语义网络"和"本体库"的特点,同时具备处理语义和医学逻辑的能力,包括概念实体、概念关联和语义关联。"本体库"也称"知识图谱""知识库",主流的本体库包括 ICD、SNOMED - CT、LOINC、MedDRA、MeSH、CHPO、RadLex、CFDA 药品库,在今后还需与时俱进,不断扩展完善,如 2021 年底发布的中文医学(含中医)术语系统。在本体库基础上,还需要同时参考真实临床环境中的文本书写表达习惯,运用独创规则匹配联合 NLP 算法,实现概念变体的标准化映射,克服语序颠倒、否定对象判断、不严谨表达、医学概念推理等概念变体上的主要难关,最终实现专病数据的高度有效识别及提取。

基于医院的海量病历文书,使用无监督学习、监督式学习、主动学习、迁移学习、结构学习等机器学习方法建立一整套针对中文医学文本的分层式自然语言处理系统,对医学文本进行信息抽取、结构化转换以及标准化处理,包括分词、词性标记、句法分析、命名实体识别、确信度分类、时序解析、关联抽取、词义解析扩展消歧匹配等环节。通过领域知识的医学知识工程(医学术语网络)及深度学习算法的耦合集成,解决传统自然语言处理技术在医疗领域效果和可拓展性不佳的问题。

1) 自然语言处理

医学自然语言处理的核心目标是从非结构化的医疗文本数据中提取出用户所需的临床信息。这个过程在临床研究中非常常见。临床研究人员通常会定义他们感兴趣的变量,并创建相应的变量表格。数据收集人员会通过仔细阅读病历文书的方式来寻找与这些变量相关的信息,并根据要求将这些信息填入表格中。这个信息提取的过程本质上就是在进行数据"填表",而进行数据"填表"需要在理解医学变量的含义和理解病历文书内容的基础上进行。

在自然语言处理中,"理解变量"对应于文本结构化,而"看懂文书"对应于将文本转化为用户所需的信息列表。在这个过程中,自然语言处理引擎将原始的医疗文本转换为包含实体和依存树结构的形式,如图 3 - 3 所示。通过医学语义网络的帮助,这些实体被映射到标准概念,并进行了消歧和信息补全,然后将实体和依存树中携带的信息填入结构化信息表格。这个信息表格采用标准的结构和术语来一致描述文本中表达的医学概念。每个变量的抽取需求都会被转化为查询表达式，并基于信息结构进行查询，最终得到变量的结果。这种自然语言处理技术的应用，使得从非结构化医学文本中提取关键信息变得更加高效和精确。

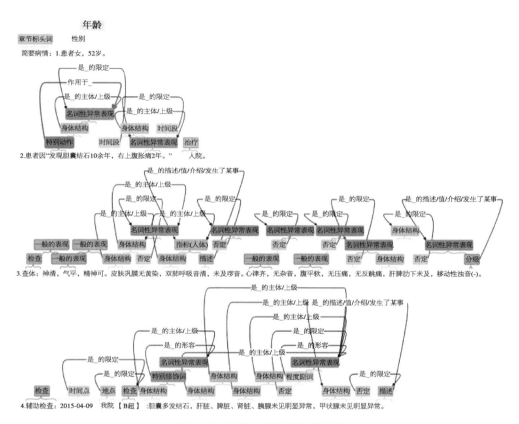

图 3-3　实体与依存树结构示例

临床自然语言处理包括三个部分：

（1）自然语言处理解析器：主要目标围绕解析文本上下文信息展开，将输入的医疗文书数据进行字符编码和格式清洗，经过分词、命名实体识别、依存分析后，识别文本中实体和依存关系，输出依存树。

（2）自然语言处理解释器：主要目标围绕整合上下文信息与外部医学知识信息展开，将解析器输出的依存树结构，进过词义消歧、实体链接、结构映射并结合医学语义网后，输出标准医学信息表结构实例。

（3）医学语义网络：可被理解为医学知识库、知识图谱，主要目标围绕医学知识信息的累积和维护展开，包含两个组成：概念本体库（医学术语）及语义关联，通过本体概念的定义及语义关联，帮助词义消歧、实体链接，提高图结构映射算法识别实体与依存关系并进行标准化结构转换过程中的准确性。详细概念实体的种类和数量分布见表3-11。

表3-11　主要概念实体种类和数量分布

内　容	分　类	数量（约）	来　源	描　述
疾　病	基础、复合	20 000	SNOMED-CT、MedDRA、ICD-10国家临床2.0版	记录于诊断表、病历记录、影像学或病理报告中的常见疾病诊断术语
实验室检查	复合、功能	3 000	LOINC	常见实验室检查和类别名称
药品成分	基础、复合、功能	10 000	SNOMED-CT、ATC	常见药品成分和类别名称
药品商品名	复合	7 000	CFDA 3.0	常见药物商品名
药品剂型	基础	300	CFDA 3.0	常见药品剂型分类
药品厂商	基础	7 000	CFDA 3.0	常见国内外药品厂家
手术操作	复合、功能	300	ICD-9-CM-3	常见手术和检查等操作名称
症状体征	基础、复合	600	SNOMED-CT	记录于诊断表、病历记录、影像学或病理报告中的常见症状体征术语
影像学表现	基础、复合	100	RadLex	记录于影像学报告中的常用临床发现描述
修饰	基础	200	SNOMED-CT	一般医疗用修饰词
单位	基础	1 000	UCUM	计量单位

2）机器学习

通过医学自然语言处理技术和知识图谱等先进技术，能够将病历文书进行结构化处理，并识别其中的医学实体，且将这些实体之间的关联关系形成一个知识图谱。在这个基础上，结合机器学习技术，能够对医院历史上的大量病历文书进行深入学习和分析，以理解其中的逻辑结构和脉络。

以入院记录为例，通过机器学习技术，可以对入院记录的结构进行详细分析，提供了清晰的结构化结果。例如，现病史在入院记录中通常按照时间顺序书写，内容包括了发病情况、主要症状的特点及其发展变化、伴随症状、发病后的诊疗经过及结果、患者的睡眠和饮食情况等一般情况的变化，以及与鉴别诊断相关的阳性或阴性资料等。通过机器学习，能够准确地识别和理解这些信息，从而得出入院记录的逻辑结构。

3.1.3　小结

专病数据库是一种将疾病按病种或术种进行分类，使数据标准化地存放在计算机数据中，以备研究时使用的数据系统。高质量的专病数据库需具备数据采集便捷且准确、检索方便、数据共享与安全、按需提供其他扩展支持等特征。要建设一个高质量的专病数据库，必然历经专病数据采集方案的制定和数据库选型、根据需求建设专病数据库、专病数据库的验证三个阶段。医疗大数据治理作为对医疗领域产生的大量数据进行收集、整合、存储、管理和分析的过程，为专病数据库中数据采集、共享等任务的完成，提供了数据管理框架，使这些不同来源的数据能够被有效地整合到专病数据库中。其中，围绕专病数据库的数据采集，所涉及的数据治理内容包括数据汇聚集成、建立患者主索引、构建字典标准体系、医疗文本数据后结构化处理等。

一个高质量的专病数据库，同样也离不开全面的数据质控，这将在下一节向读者介绍。

3.2　数据质量控制

医院数据是医疗业务在信息系统中运行的产物，也是大数据分析、人工智能、临床辅助决策、科研专病应用等医院数据应用的原材料，数据质量是保证数据二次应用的基础。随着医院数据应用领域深度与广度的拓展，对数据质量的要求也越来越高，医疗数据质量已经成为制约医院数据价值转换的瓶颈。当前阶段，医疗数据的完整性、一致性、唯一性、规范性、时效性等都有不同程度的问题。建立医院专属的数据质量管理体系，实现数据质量的改善和提升，才能支持医院数据应用的持续高质量发展。

数据质量管理是指运用相关技术衡量、提高、确保数据质量的规划、实施、控制等一系列活动。通过开展数据质量管理工作，医院可以获得干净、结构清晰的数据。数据质量管理是一个持续的过程，为满足业务需求的数据质量标准制定规格参数，并且保障数据质量能够满足这些标准。数据质量管理包括数据质量分析、识别数据异常和定义业务需求及相关业务规则，还包括在必要的时候对已定义的数据质量规则进行合规性检查和监控的流程,以及数据解析、标准化、清洗和整合。最后,数据质量管理还包括问题跟踪,从而对已定义的数据质量服务水平协议的合规性进行监控。

由于数据质量管理具有业务特性,因此根据不同的业务场景,需要定义不同的数据质量规范。本章节主要阐述了基于临床数据中心的数据质量管理分类、目标、实施过程与可交付成果,以及基于专病生产的数据质量管理过程与成果,为医院开展相关的数据质量管理措施提供指引。

3.2.1 数据质控体系概述

数据质量管理是一个持续的过程,它以数据"质量管理有章可循、数据评估有据可查、数据结果干净清洁"为目标,以业务需求为驱动,通过数据质量管理方法——戴明环(PDCA 循环),提升数据质量,达到数据质量结果满意(图 3 - 4)。

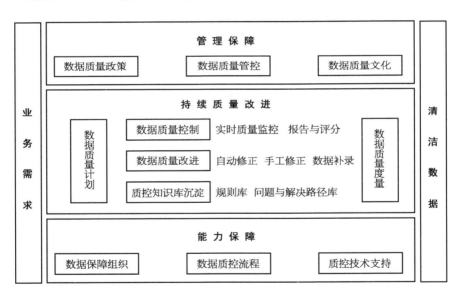

图 3 - 4 数据质量管理框架

3.2.1.1 数据质量定义

ISO 9000 标准对质量的定义为"产品固有特性满足要求的程度",其中"要求"指"明示的、隐含的或必须履行的需求或期望",强调"以用户为关注焦点"。

Won Kim 的论文"*A Taxonomy of Dirty Data*"[6]中,数据质量被定义为"适合使用",即数据适合使用的程度、满足特定用户期望的程度。

从以上定义可以知道,数据质量不是追求数据的完美,而是从数据使用者的需求出发,满足业务、用户需求的数据就是"好"数据。

3.2.1.2　数据质量维度

2013 年,国际数据管理协会英国分会(Data Management Association United Kingdom,DAMA UK)定义了数据质量管理的六个核心维度,以及其他与数据应用相关的数据特性。DAMA UK 将数据质量维度定义为,可用来度量和校验数据质量的一系列可衡量指标或数据项[7]。

临床数据质量包括六个核心的数据维度,见表 3 - 12。

表 3 - 12　基于数据维度的数据质量分类及数据问题产生原因

数据维度	维度定义	主要原因分析
数据完整性	指数据在创建、传递过程中无缺失和遗漏,包括实体完整、属性完整、记录完整和字段值完整四个方面。 从临床数据中心的角度考量,一份完整的医院数据应该可以提供数据使用者多维度、多层次的数据视角。这些视角既包括患者从入院就诊信息到全维度的诊疗信息如检验、诊断、护理等的关联;也应该包含从医嘱到用药、检查、手术等的关联。因此,临床数据中心的数据完整性,应该不限于单个医疗记录的完整性,还应包括全关联性的完整性	1. 业务流程设计:如系统设计时允许填写不完整(如允许未挂号患者开具检验或检查); 2. 信息录入时未从业务系统端进行限制与约束(如患者信息登记时允许住址或联系方式为空); 3. 医院不同系统之间接口设计不严谨(如下达了检验医嘱,但检验系统未保存医院编号,导致无法将医嘱与检验进行关联)
数据及时性	指及时记录和传递相关数据,满足业务对信息获取的时间要求。数据交付要及时,抽取要及时,展现要及时。数据交付时间过长可能导致分析结论失去参考意义。 临床数据中心集成了全院信息系统的数据来支持包括临床辅助决策、三级等评、科研专病等数据应用的需求,不同的应用场景对于数据的实时性有不同的要求,如病案的归档流程会影响患者离院时的单病种付费测算等	1. 由于一些主客观原因,病例未及时完成; 2. 程序故障导致数据同步异常; 3. 院区之间网络同步限制
数据准确性	指真实、准确地记录原始数据,无虚假数据及信息。数据要准确反映其所建模的"真实世界"实体。 医疗数据的数据准确性,包含的内容非常丰富。从数据采集、录入中因为各种因素产生的偏差都可归入数据准确性问题,数据准确性的问题大多数来自数据录入端,从临床数据中心的角度更多的是监控问题推动录入端的改进,无法从根本上解决问题	1. 病历模板默认值未处理; 2. 身份证号码不符合国家规范或身份证信息与患者住址、年龄等不符合; 3. 仪器故障导致的采集数据异常等

续　表

数据维度	维度定义	主要原因分析
数据一致性	指遵循统一的数据标准记录、传递数据和信息,主要体现在数据记录是否规范、数据是否符合逻辑。 医院的业务系统之间或功能模块之间记录、编码、引用不一致。如不同系统模块患者的性别、年龄不一致。医院复杂系统产生的一致性问题在临床数据中心可以通过数据质量管理手段进行发现与解决	1. 业务数据流未闭环,如在检查系统修改的患者基本信息是否同步消息到 HIS 并进行处理; 2. 数据的版本问题未重视,如部分数据经过审核后发生了变更但是历史引用数据未更新等
数据唯一性	指同一数据只能有唯一的标识符。体现在一个数据集中,一个实体只出现一次,并且每个唯一一实体有一个键值且该键值只指向该实体。 临床数据中心的数据唯一性一般指向关键字段信息在数据中存在重复记录	1. 原始数据的唯一性问题主要是由业务系统的缺陷导致。如信息同步传输延迟导致重复保存;系统升级不严谨导致数据丢失或重复;数据库偶发事件如停机等; 2. 临床数据中心在数据同步过程中,由于同步机制或系统故障,有可能导致非源数据故障的数据唯一性问题
数据有效性	指数据的值、格式和展现形式符合数据定义和业务定义的要求。包含数据格式规范性、值域规范性两大类。 临床数据中心一般会集成医院全部的历史数据,其中必然会经历不同业务系统的版本更新、厂商切换等情况。要保证历史数据以及未来的业务数据在临床数据中心存储时标准一致,需要在建设数据中心过程中,实现格式规范的统一与值域规范的统一	1. 旧的业务系统,在设计上存在缺陷,存在原生的数据格式问题; 2. 业务系统升级或切换,使用了不同的主数据标准,体现在数据层就是数据值域混乱; 3. 业务系统定义了主数据,但在使用过程中未进行严格限制,主数据系统未起到规范业务的作用

除了六项核心的数据质量维度,DAMA 还定义了其他数据特性,为数据的管理和应用提供更全面的评估,见表 3 - 13。

表 3 - 13　数据特性

数据特性	定　义
数据可用性	数据是否可理解、简单、相关、可访问、可维护,并具有恰当的精度
除及时性之外的其他数据时间相关问题	数据是否在保持稳定性的同时,能够对合理变更做出响应
数据灵活性	数据是否可比较和兼容,是否具备有用的分组和分类,以支持不同情境下的各种使用需求

数据特性	定　　义
数据可信度	是否建立了合理的数据治理、数据保护和数据安全管理措施,以确保数据的可靠
数据价值	数据的管理和应用是否具备足够的性价比,数据是否具有使用价值,以及数据的使用方式能否充分发挥数据的价值

3.2.1.3　设计贴合业务的质量规则

数据质量规则,需要结合数据的完整性、及时性、准确性、一致性、唯一性、有效性等原则,结合医院数据中心数据情况以及数据应用的需求进行科学制定,数据质量规则的积累是一个长期的过程,已经出版发布的标准如《电子病历共享文档规范》《电子病历基本数据集》《卫生健康信息数据元标准化规则》,信息化测评工作要求如医院互联互通成熟度评价、电子病历应用水平分级测试等,均可作为构建临床数据中心数据质量规则的参考。

除上一节所述的数据质量维度,质量规则还可按照库表维度进行分类,和数据维度结合描述可更好地进行质量规则的标准化管理,见表 3 - 14。

表 3 - 14　基于数据库表维度的数据质量分类与规则示例

库表维度编号	库表维度	规则类型编号	规则类型
1	单表-单字段维度	1.1	完整性-空值率类
		1.2	准确性-格式约束类
		1.3	准确性-语法约束类
		1.4	准确性-长度约束类
		1.5	有效性-值域约束类
2	单表-跨字段维度	2.1	完整性-联合空值率类
		2.2	值域一致性类
		2.3	逻辑一致性类
3	单表-跨行维度	3.1	唯一性-数据唯一性类
4	单表维度	4.1	完整性-表存在性类
		4.2	及时性类

续　表

库表维度编号	库表维度	规则类型编号	规则类型
4	单表维度	4.3	完整性-同比环比类
5	跨表维度	5.1	逻辑一致性类
		5.2	值域一致性类
		5.3	完整性-关联性类

上述规则中,通用类的规则如空值率类、格式约束类、唯一性类具有非医疗行业特异性;而逻辑性、完整性的校验规则与医疗行业本身的属性息息相关,需要特别关注。临床数据中心的数据逻辑性的校验需要包括:

(1) 常识性的判断:如年龄的值域范围,日期时间超出系统范围等。

(2) 领域性的知识判断:如妇产科患者性别不能为男性,女性患者不能有男性专科的诊断等。

(3) 强关联性的逻辑校验:如出入院时间关系、开立医嘱与执行医嘱的时间关系、医院转科数据量/检验检查数据量与就诊人次的关系等,异常逻辑既可能带来数据完整性的问题,也可能带来数据准确性的问题。

3.2.1.4　建立数据质量评分机制

数据质量规则的建立,为"数据评估有据可查"的目标提供了"据"。要实现整个评估目标,需要一套科学可行的数据质量评分机制。评分机制的建立与优化,同样是一个长期的过程。可以通过不同的机制来让质控评价适应不同场景的需求。

1) 规范的阈值体系

不同应用场景对数据存在不同的要求,按照实际的应用场景,为每条规则设定合适的阈值,可有效评估数据对于不同应用场景的适配性。初级管理阶段,可使用单阈值管理,即规则仅存在满足与不满足的情况,满足即计分,不满足则扣分;精细化管理阶段,可使用多阈值管理体系,将数据适配程度划分为高中低等级,每个等级的计分规则独立设置。

2) 数据规则权重机制

数据规则权重,是指根据应用场景的要求,数据对应的质量控制规则的重要级别程度,根据质量规则的分类,可以设计多级权重。例如,采用从最低层级上升式的计分方式,设定单条规则的基础分值为1,使用单阈值管理体系,示例如下:

（1）针对规则类型 1.1，共定义了 100 条规则，其中 90 条规则采用基础分值 1 分，5 条规则认为对数据应用有较大影响分配分值为 3 分，5 条规则认为对数据应用不可或缺分配分值为 5 分。那么规则 1.1 单模块内部规则数为 100，一级模块 m 总分为 130 分，类别 1.1 的内部质量评估可参考以下两个指标：

$$模块\ m\ 异常规则比例 = 模块\ m\ 的异常规则数（不满足阈值定义的规则数）/$$
$$模块\ m\ 规则总数$$

$$一级模块\ m\ 得分比 = 模块\ m\ 规则得分\ /\ 模块\ m\ 总分$$

其中，异常规则比例可以凸显错误规则数量比，模块得分比可以凸显重要程度高的规则异常或正常情况。

（2）规则类型 1.1 属于规则类型 1，规则类型 1 一共具有 5 个小模块，若类型 1 设置总分为 100 分，类型 1.1 权重为 40 分，则该层的指标计算方式如下

$$二级模块得分 = \sum\left[（模块\ n\ 权重\ /\ 模块\ n\ 总分）\times 模块\ n\ 规则得分\right]$$

（3）增加评分层级，遵照（2）中描述的权重设计与总分计算，可将复杂的层级得分最终换算成总体质量评估分值。

该机制既可保障对总体数据质量进行快速评价，也可以将分步计算的细节留存，分析各个子维度的数据质量情况。

3）异常规则熔断机制

权重机制为数据质量分级评价提供了核心的框架参考，异常规则熔断机制则是对极端情况的红线定义。以上述权重机制的步骤（1）示例，规则类型 1.1 共定义了 100 条规则，可以定义当 50% 以上规则异常或 80% 重要规则发生异常时，该组规则类型不得分，凸显问题的严重程度，以便于问题早发现、早解决。

阈值体系为整个质量评估提供了基础保障，数据规则权重机制为质量评估提供了骨骼和框架，异常规则熔断机制解决了极端情况下的数据预警。通过对这三种机制的灵活应用与逐步深入，加上不同维度的数据质量评估报表，即可快速补齐问题短板，堵塞风险漏洞，提升数据质量，促进良性循环。

3.2.1.5　质量改进：执行与优化

发现数据质量问题的分布及明确具体存在的问题之后，需要针对数据质量进行改进处理，在改进过程中，若发现存在数据质量规则不全、不合理，阈值设置不合理等情况，也需要进一步调整质控规则，将质控规则、问题可能的原因、问题解决方案作为知识库沉淀，一方面促进后续的问题快速定位与解决，另一方面可通过质控知识库的沉淀促进数据问题解决的自动化。基于临床数据中心的数据质量管理流程如图 3-5 所示。

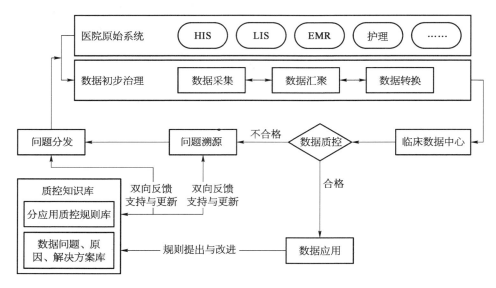

图 3-5　基于临床数据中心的数据质量管理流程

质控知识沉淀：问题发现是解决数据质量问题的起始，问题的溯源与解决才是数据质量管理的终点。除了对数据质量规则的积累，基于问题的溯源及解决方案的积累，也是数据质量管理中的重要一环。由于医院系统的复杂性，参与成员的多样性等因素，数据质量问题的发生往往不是单一因素导致的，因此针对不同类型的数据问题积累问题的可能原因及对应的解决方案，有助于形成数据质量管理知识经验总结、沉淀标准解决方案，优化业务系统的体系完善。针对长期存在的数据质量问题，管理人员需要给出统一的解决方案；针对反复出现的数据问题，则需要评估讨论后增加制度进行约束；对于无法解决的问题，可广泛征集问题解决方案；对于质控中发现的有效经验，可纳入长效机制或经验分享。通过知识沉淀，不断完善质量管理体系，使数据质量达到新水平、新高度。

3.2.2　专病数据库数据质控管理

专病库数据质控旨在确保数据库中数据的准确性、完整性和一致性，为临床科研提供可靠的数据支持。与 3.2.1 中提及的数据质控维度类似，专病库数据质控通常遵循唯一性、完整性、有效性、准确性、一致性、及时性这 6 个数据质量维度。

另外，从关注数据内涵或形式结构的角度，专病库数据质控还可以分为形式质控和内涵质控。

（1）形式质控即对数据的结构和格式进行质控，可包含以下方面：① 数据来源质控：确保数据来自可靠的来源，如医院内相关系统、电子病历、影像系统等。② 数据格式质控：确保数据符合规定的格式标准，如日期、时间、数字格式等。③ 数据完整性质控：检查数据是否存在缺失值、空值或异常值，并进行处理。④ 数据准确性质控：采用数据校验工具对数据进行准确性检验，如逻辑性校验、规则校验等。⑤ 数据一致性质控：确保不同数据集之间的变量命名、编码方式等保持一致。

（2）内涵质控即对数据所包含的信息内涵进行质控，可包含以下方面：① 数据是否具有一致的逻辑，如病史记录内容是否自洽，患者主信息与病案首页记录信息是否一致，患者性别与医嘱是否存在矛盾等。② 数据与临床路径和诊疗规范的一致性：检查数据是否符合临床路径的规定，主诊断与手术记录是否相符等。③ 数据与病历书写规范的一致性：病历是否包含规范要求的内容等。④ 数据与临床实际的一致性：通过专家评审、临床验证等方式，确保数据与临床实际相符合。

综上所述，形式质控和内涵质控都是专病库数据质控的重要方面。通过采用一系列质控方法和工具，可以有效地提高专病库的数据质量，为临床科研提供可靠的数据支持。

3.2.2.1　确保专病库数据质量的建设流程

专病数据库的数据质量问题可能来自以下几个方面：

（1）数据源的多样性：由于数据来自不同的系统、平台和数据源，这些数据可能存在不一致性、重复和错误等问题，从而导致数据质量下降。

（2）数据采集和处理的规范性：数据采集和处理的规范性对数据质量至关重要。如果数据采集和处理没有遵循标准的流程和规范，可能会导致数据缺失、错误和不一致等问题。

（3）数据录入和更新的及时性：如果数据录入和更新不及时，可能会导致数据过时和不准确。

（4）数据的准确性和完整性：数据的准确性和完整性是数据质量的关键因素。如果数据不准确或不完整，可能会导致分析结果出现偏差和误导。

因此，在专病数据库建设的整个流程中，都需要制定和遵循相应的标准操作规范，以确保专病数据库的质量。同时，还应建立数据监测和备份机制，确保数据的可靠性和安全性。

（1）数据收集：确定需要收集的数据类型和来源，制定数据收集表格。

（2）数据清洗：收集数据，并进行初步清洗，去除重复、错误和不完整的数据。在此过程中，需要结合数据结构化、标准化等技术手段，对临床数据进行清洗和处理，使其达到数据质量要求。

（3）数据录入：将清洗后的数据录入专病库系统，进行数据校验，发现并纠正错误和不准确的数据。

（4）建立数据共享与利用的流程和方法，实现与其他相关系统的数据共享，提高数据的利用价值。

3.2.2.2　专病数据库质控

1. 设计专病质量规则

如前所述，专病数据集的设计方式直接影响数据在数据库中的储存与导出形式，因此对专病数据集的设置，需要按照专病数据标准进行专病的定义并为质控预留信息。

国内外临床数据标准和应用的开发机构为专病数据质控提供了相应的工具，即可执行的数据质控规则集。

PCORnet 提供了一种对临床研究数据库进行质量校验的工具集 PCORnet Data Checks。该工具集包含一系列数据验证规则，包括数据类型检查、范围限制、日期逻辑关系等。该工具集还可以识别和处理重复记录、缺失值和异常值，以确保数据的完整性和一致性。Data Checks 所包含的规则类型包含 4 个维度的数据验证规则，覆盖数据一致性（conformance）、合理性（plausibility）、完整性（completeness）、持久性（persistence）。同时，规则具有强制性规则和探索性规则两种类型，便于结合项目实际情况进行使用。

由 OHDSI 开发推广的临床研究数据模型 OMOP，同时提供了数据质量校验工具，基于数据一致性、合理性、完整性三个主要维度对数据进行统计，辅助临床研究数据库的质量控制。

通常专病库数据质控规则集主要包括以下类别的数据验证：

1）数据储存结构的验证

每个表单数据域均存在对应的物理存储表；每个表单变量均存在对应的物理表字段，无变量缺失；若表单设计存在父子层级关系，物理表对应的两张表应存在主外键关联；每张表的设计都应该有唯一标识（表主键）。

2）数据类型及与数据类型相关的验证

由于存在数据的生产加工与转换，有可能存在生产数据类型与定义数据类型不一致的情况，而数据类型会影响专病库变量的使用及进一步的统计分析，因此需要对数据类型进行严格的限制，主要包括以下数据类型的验证。

（1）数值型数据类型（numeric）：分为整型与浮点型，浮点型数据类型需要注意小数点位数是否准确；数值型数据可定义范围类规则，如年龄在 18～60 岁之间；比较型规则，如血压高值＞血压低值。

（2）日期时间型（datetime）：分为日期型、时间型、日期时间型。日期时间型数据一方面需要关注数据库存储格式是否符合定义规范；另一方面需要考虑信息的存储是否存在信息损失，如日期时间型的数据时分秒信息均为"00∶00∶00"等；以及逻辑性验证，如入院时间＜出院时间。

（3）字符串型：可分为定长字符串 char、可变长字符串 varchar、文本 text。一般来说，对于定义了专病数据集变量值域的变量，需要验证：① 存储数据库字段的值域是否在数据集定义的值域范围内；② 存储数据库字段的值域是否能全部覆盖数据集定义的值域范围。

（4）布尔型（bool）：布尔型的数据即值域仅为"是"与"否"两类的数据，需要注意的是，如果值域为"是否未提及"或"是否未知"，数据类型应定义为字符串型。

3）数据准确性的验证

由于生产过程存在加工和转换，对于原始数据的加工提取的结果是否准确，需要经过与加工前的数据进行比对方能确认，该部分的验证主要包括以下两类：

（1）提取后的变量的填充率是否合理：即根据设计者团队的经验，在进行表单设计时，应对该病种下定义的每一个变量的填充率进行指定阈值范围，考虑存在对需要后结构的变量阈值评估不准确的情况，可分为强制型阈值验证与非强制型阈值验证。如简单的结构化取数来源类型如患者姓名、性别等字段的填充率须为 100％，需要后结构化提取的复杂变量如冠脉斑块在心力衰竭病种中建议阈值不小于 10％等，对后结构化变量，可以结合表 3 - 14 中的内容规则，综合判定提取的准确度。

（2）提取的变量值域是否符合原始文本：即数据治理的准确性问题。一般而言，该类验证有两种处理手段：① 人工抽样验证，即根据总体纳排样本确定抽样数量，抽取原文与变量结果进行一一比对，该方法相对损耗人力与时间，适用于工具暂时缺失的情况；② 基于自然语言模型算法，定义文本处理的金标准，将提取结果通过算法进行准确性验证，该方法在算法模型构件上较为消耗人力，可根据医院情况进行具体评估选择合适的方法。

2. 执行质量规则与质量改进

根据数据来源不同，可启动不同的数据验证方式，一般分为实时检查与程序定时检查两类：

（1）实时检查：针对外部来源的数据，当使用者从外部录入指定数据时，可针对录入数据进行实时验证，如核心变量缺失、数据值域录入有误等。实时检查可以有效地发现外部数据的质量问题，保障外部来源的数据质量。

（2）程序定时检查：针对内部来源的数据，根据预设的专病质量规则，在后台设定定时的数据质量验证程序，对已经进入专病数据库的数据进行统一的后台检查，定义检查可有效地发现数据生产过程中可能产生的问题，及时调整生产过程保障内部来源数据提取的专病变量数据质量。

通过计算机逻辑的自动验证,连同人工审查,组成了强大的数据质量保障体系,这些措施发现的问题,经过对应的问题管理机制进行解决,最终得到清洁的专病数据库,用于科研项目的开展。整体专病数据质量改进流程如图3-6所示。

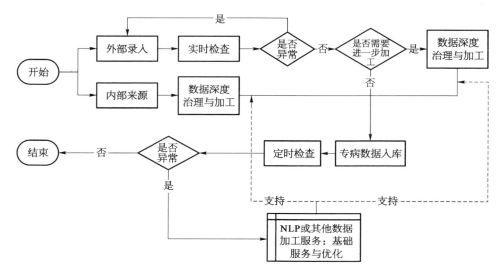

图3-6　专病数据质量改进流程

数据质量管理是指运用相关技术衡量、提高、确保数据质量的规划、实施、控制等一系列活动。对于专病数据库的数据质控,需从数据真实性、数据完整性、数据有效性、数据一致性、数据及时性等多维度,进行数据形式和内涵质控。质控可提前预设质控规则,通过系统质控和人工质控相结合的方式,保障数据质量。

在获得了高质量的专病数据后,数据隐私保护成为数据共享应用前亟待解决的问题。

数据是什么? 互联网上检索会得到很多相似但又不完全相同的定义和解释,百度百科中给出的定义是:数据(data)是事实或观察的结果,是对客观事物的逻辑归纳,是用于表示客观事物的未经加工的原始素材。单纯就临床服务而言,笔者认为上述定义比较准确地诠释了临床数据的属性与内容。临床数据是个体在医疗机构获得诊治服务相关的观察、检查、诊断等事件、结果及消费的原始记录。临床数据不仅记录了特定时间、地点、条件下患者的身体和健康状态(如身高、体重、是否昏迷等);通过检验、检查所获取的详细生理、生化和各种检测结果(如血糖、血压、骨折、脑出血等);临床数据也包括个体在医疗诊治过程中得到的疾病诊断(如疾病名称、严重程度等)、临床处置(如手术类型、麻醉方式等)等具体事件信息;同时还记录了临床服务提供的医疗环境与条件[如血糖检测的方法,计算机断层(CT)扫描类型和机器制造商等]、医护人员(如医生姓名、员工工号等),以及各种医疗服务的收费等在整个临床诊疗过程中的全部医疗信息。临床数据是对临床诊治过程的客观描述,是未经加工的原始记录,也是临床服务发生之后的结果与事实。如果说临床数据具有价值,那么这种价值在于数据背后所隐含的数据信息,且信息量的多少反映了数据价值的高低。挖掘数据隐含信息的过程就是数据分析或数据挖掘的过程,数据分析是数据价值得以实现的必要途径,同时数据分析能力也在数据信息挖掘中起着关键作用。

数据即信息,从原始数据到获取信息的数据分析过程可能很简单,也可能很复杂,假设要知道某家医院一天的门诊量是多少,这就相对简单,但若想进一步了解患者的诊治效果如何,这就很复杂。数据量的多少在一定程度上决定了最终获取的信息量。以上述的门诊量问题为例,假如仅有该医院某一天的门诊挂号和就诊数据,那么无论怎么努力可能最终也只能统计出这家医院一天的门诊量;但假如有该医院一年的门诊就诊数据,那么就可以统计出一年当中日门诊量最多、最少、平均及波动范围等信息;倘若再加入天气、季节和节假日等数据,那么就可以得到不同季节、天气、假期等因素影响下的门诊量变化情况;若再结合门诊类型、就诊科室及疾病诊断,那么更详细的门诊就诊信息就可以被挖掘出来,如预测未来医院门诊量、具体疾病就诊需求变化趋势、患者在不同科室的就诊需求等。反之,数据分析的期望和目标从结果角度对提供数据的内容和数量提出要求,继续以门诊量举例说明,通过一年的门诊量数据可以计算得出平均日门诊量,此信息已经能够较好地反映出该医院的临床需求和业务流量,更多的数据固然可以提供更多细化信息与内容,但数据分析的首要任务是回答问题和设想。因此,开展临床数据分析工作之前需要根据临床问题或研究设想在掌握相关的临床专业知识、了解疾病的诊治流程、熟悉临床数据结构等基础上,合理提取相关数据构建临床数据集用于后续的数据分析和数据挖掘工作。

3.3 数据隐私保护

随着信息化与经济社会日益深度融合,个人信息权益遭受侵害的事件频繁发生,个人信息隐私保护已然成为广大民众最为关切、最为直接、最为迫切需要解决的问题之一[8]。制定个人信息保护法和建立完善的个人信息隐私保护不仅是为了进一步强化对个人信息保护的法制保障,也是推动医疗信息化发展的重要措施。个人信息的隐私保护主要目标在于兼顾"保护个人信息权益"与"促进个人信息合理利用"两者并重。保护的意义在于更加有效地促进利用,尤其是在医疗健康数据应用领域更应认识到隐私保护法规和制度的完善所带来的全新发展契机。本节将重点从国内外政策/规范现状、数据隐私保护管理体系及专病数据共享的隐私保护策略来阐述数据隐私保护的政策、体系、管理和技术实践。

3.3.1　国内外政策/规范现况

随着信息化时代的到来和数字经济的不断发展,个人信息保护已成为广大人民群众最关心、最直接和最现实的利益问题之一。个人信息保护一方面要面临网络信息科技发展的现实需要,即互联网日益追求基于移动手机、大数据、云计算、人工智能、物联网等新技术实践演化出的数字经济、数字社会和数字管理的繁荣前景,数据资源成为新的战略资源,大数据战略上升为国家战略;另一方面由于大数据战略驱动下的网络和数字的创新和应用衍生出层出不穷的问题,特别是未经同意的个人信息处理和愈演愈烈的滥用行为,造成对个人隐私和身份安全的损害或风险[9]。

3.3.1.1　《个人信息保护法》介绍

在数字化浪潮的推动下,个人信息保护的立法陡然加速,2000—2010 年共有 40 个国家颁布了个人信息保护法,2010—2019 年又新增了 62 部个人信息保护法。我国尽管有部分法律法规或规范性文件涉及个人信息保护,但从整体来看,有关个人信息保护立法仍存在立法的碎片化现象,系统的专门立法未能一统标准,而且多数规范性文件位阶偏低,高位阶的规范性文件流于形式或宣示性规定,缺乏可操作的具体规则。对于企业、机构等个人信息处理者的法律义务和责任的判定条款模糊;相关行政执法部门的定位、权限等亦不明确,相关执法部门开展行政管理和执法活动缺乏必要的法律依据。因此,制定个人信息保护法有其现实的必要性,既是进一步加强个人信息保护法制保障的客观要求,也是维护网络空间良好生态的现实需要,还是促进数字经济健康发展的重要举措[10-12]。

2018 年 9 月 10 日,第十三届全国人大常委会立法规划正式发布,个人信息保护法被列入第一类项目(即条件比较成熟、任期内拟提请审议),意味着个人信息保护法将进入专门的立法进程。2020 年 6 月,第十三届全国人大常委会第六十三次委员长会议在北京举行,对外公布调整后的全国人大常委会 2020 年度立法工作计划,明确个人信息保护法将被初次审议,进一步加快立法进程。2020 年 10 月,《个人信息保护法(草案)》公布,并向全社会公开征求意见。2021 年 4 月,第十三届全国人大常委会第二十八次会议对《个人信息保护法(草案二次审议稿)》进行了审议。2021 年 8 月 20 日,第十三届全国人大常委会第三十次会议通过了《个人信息保护法》,并于 2021 年 11 月 1 日正式施行。

从 2018 年 9 月个人信息保护法被纳入"十三届全国人大常委会立法规划",到 2021 年 8 月《个人信息保护法》颁行仅历时三年。我国个人信息保护法的实施,也成为个人信息保护法立法历史进程中的重要一环。

3.3.1.2 《个人信息保护法》解读

《个人信息保护法》构建了完整的个人信息保护框架。其规定明确了立法目的,涵盖了个人信息的范围以及个人信息从收集、存储到使用、加工、传输、提供、公开、删除等所有处理过程;明确赋予了个人对其信息控制的相关权利,并确认与个人权利相对应的个人信息处理者的义务及法律责任;对个人信息出境问题、个人信息保护的部门职责、相关法律责任进行了规定。现就相关重点内容解读如下[13-15]:

1) 设定"权益保护"和"合理利用"并行的立法目的

《个人信息保护法》在第一条中开宗明义,确定了"为了保护个人信息权益,规范个人信息处理活动,促进个人信息合理利用"的规范目的。这种规范设计有两个额外要求:其一,"规范个人信息处理活动"的同时"促进个人信息合理利用",这意味着不能因噎废食,而应同时符合数字化社会的发展需要,保持必要的数据流动、共享,促进数字经济发展;其二,这种规范设计最终需要服务于保护"个人信息权益"这一立法目的。

2) 确认并扩张个人信息的保护范围

《个人信息保护法》第四条第一款规定,个人信息是以电子或者其他方式记录的与已识别或者可识别的自然人有关的各种信息,不包括匿名化处理后的信息。网络安全法、民法典等对"个人信息"均有界定,基本以"识别说"为基础,采取的都是概括＋列举的表述方式。《个人信息保护法》作为专门的个人信息保护法律,在定义方式上有明显的不同,兼具了"识别说"和"关联说",很大程度上反映了个人信息保护的专业性、动态性,结合个人信息处理主体多样、处理活动复杂、个人信息类型易变的现实发展情况,通过内涵和外延较为宽泛的定义方式,最大程度地保证了个人信息保护法能够广泛适用和稳定适用。

3) 确立个人信息处理活动应当遵循的基本原则

《个人信息保护法》在规定中确定了合法、正当、必要、诚信、目的限制、公开、透明、最小必要、质量、责任等原则。例如,《个人信息保护法》第十三条中首次在国内法规定了个人信息处理的合法性基础,包括用户同意、订立合同所必需、人力资源管理所必需、履行法定职责/义务、紧急保护、新闻报道或者舆论监督、合理处理公开信息等多项合法性基础;通过第六条确立目的限制原则,处理个人信息应当具有明确、合理的目的,并应当与处理目的直接相关,采取对个人权益影响最小的方式。收集个人信息应当限于实现处理目的的最小范围,不得过度收集个人信息;通过第二十四条第一款对通过自动化决策方式处理个人信息做出了规定,对备受关注的信息茧房和大数据杀熟问题予以回应。

4) 对个人在个人信息处理活动中的权利进行了充分规定

个人对其个人信息所享有的权利是个人参与个人信息保护的重要手段之一,体现了个人信息多元治理思路。通过原则性条款明确了个人对其个人信息的处理享有知情权、决定权、查询、复制权、可携带权、更正权、删除权、请求解释权等,见表3-15。

表3-15　个人信息原则性条款

权　利	条　款	内　容
知情权、决定权	第四十四条	个人对其个人信息的处理享有知情权、决定权,有权限制或者拒绝他人对其个人信息进行处理
查询权、复制权	第四十五条	个人有权向个人信息处理者查阅、复制其个人信息;个人请求查阅、复制其个人信息的,个人信息处理者应当及时提供
更正权、补充权	第四十六条	个人发现其个人信息不准确或者不完整的,有权请求个人信息处理者更正、补充。个人请求更正、补充其个人信息的,个人信息处理者应当对其个人信息予以核实,并及时更正、补充
删除权	第四十七条	特定情形下,个人信息处理者应当主动删除个人信息;个人信息处理者未删除的,个人有权请求删除;法律、行政法规规定的保存期限未届满,或者删除个人信息从技术上难以实现的,个人信息处理者应当停止除存储和采取必要的安全保护措施之外的处理
可携带权	第四十五条	个人请求将个人信息转移至其指定的个人信息处理者,符合国家网信部门规定条件的,个人信息处理者应当提供转移的途径
请求解释权	第四十八条	个人有权要求个人信息处理者对其个人信息处理规则进行解释说明
死者个人信息保护	第四十九条	自然人死亡的,其近亲属为了自身的合法、正当利益,可以对死者的相关个人信息行使本章规定的查阅、复制、更正、删除等权利
程序性权利	第五十条	个人信息处理者应当建立便捷的个人行使权利的申请受理和处理机制。拒绝个人行使权利的请求的,应当说明理由。个人信息处理者拒绝个人行使权利的请求的,个人可以依法向人民法院提起诉讼

5）明确了个人信息处理者在《个人信息保护法》下的义务

与个人权利相对应的是个人信息处理者的义务，《个人信息保护法》对个人信息处理者的义务做出了集中、详细的规定，构建了完整的义务体系，应当根据具体的处理情形采取必要的措施。因此，个人信息处理者需要持续投入相应的成本、资源履行义务以维持合法、合理的个人信息保护水平。

3.3.1.3　医疗数据隐私管理的挑战

1）原有健康医疗数据应用中对个人信息保护要求

截至 2023 年 12 月，健康医疗数据个人信息保护相关的制度主要包括 10 部法律、1 部行政法规、7 部部委规章、6 个国家标准及 3 个指导性政策文件（表 3 - 16）。健康医疗领域对于个人信息保护的管理要求主要基于法律和标准，这也是世界各国在保护患者健康信息隐私中普遍使用的治理手段。

表 3 - 16　健康医疗数据个人信息保护相关制度

类　型	内　容
法　律	《民法典》第一百一十一条、《刑法》第二百五十三条之一、《精神卫生法》第一章第四条、《治安管理处罚法》第四十二条第六款、《母婴保健法》第三十四条、《医师法》（2022 年 3 月 1 日起施行）第二十三条第三款、《传染病防治法》第十二条、《网络安全法》第二十二条、《数据安全法》第三十八条、《基本医疗卫生与健康促进法》第九十二条
行政法规	《艾滋病防治条例》第三十九条
部委规章	《医疗机构病历管理规定（2013 年版）》《电子病历应用管理规范（试行）》《国家健康医疗大数据标准、安全和服务管理办法（试行）》《人口健康信息管理办法（试行）》《远程医疗信息系统建设技术指南》《临床试验数据管理工作技术指南》《医疗卫生机构网络安全管理办法》
国家标准	GB/T 35273—2020《信息安全技术 个人信息安全规范》、GB/T 25512—2010《健康信息学 推动个人健康信息跨国流动的数据保护指南》、GB/T 39335—2020《信息安全技术 个人信息安全影响评估指南》、《信息安全技术 数据出境安全评估指南（草案）》、GB/T 37964—2019《信息安全技术 个人信息去标识化指南》、GB/T 39725—2020《信息安全技术 健康医疗数据安全指南》
指导性文件	《"健康中国 2030"规划纲要》《关于促进和规范健康医疗大数据应用发展的指导意见》《关于促进"互联网＋医疗健康"发展的意见》

2）标准规范层面

我国在个人信息保护标准层面形成了以《个人信息安全规范》为基础的国家标准体系。我国 2017 年发布国家标准 GB/T 35273—2017《信息安全技术 个人信息安全规范》,针对个人信息面临的安全问题,规范个人信息控制者在收集、保存、使用、共享、转让、公开披露等信息处理环节中的相关行为,遏制个人信息非法收集、滥用、泄露等乱象,最大程度保障个人的合法权益和社会公共利益。更新后的GB/T 35273—2020《信息安全技术 个人信息安全规范》则在具体操作规范上提供了指导与参考意见,增加了"多项业务功能的自主选择""用户画像的使用限制""个性化展示的使用""基于不同业务目的所收集个人信息的汇聚融合""第三方接入管理""个人信息安全工程""个人信息处理活动记录"等内容;修改了"征得授权同意的例外""个人信息主体注销账户""明确责任部门与人员"细化完善了针对个人生物识别信息方面的要求。

GB/T 37964—2019《信息安全技术 个人信息去标识化指南》建立了个人信息去标识化工作的整体原则,包括合规、个人信息安全保护优先、技术和管理相结合、充分应用软件工具、持续改进;指导和规范了去标识化的过程,包括确定目标、识别标识、处理标识、验证批准及有效的监控和审查;提供了可供参考的去标识化的技术,包括统计技术、密码技术、抑制技术、假名化技术、泛化技术、随机化技术等;提供了常用去标识化的模型,K-匿名模型、差分隐私模型及去标识化模型和技术的选择,并给出了相应的参考案例,为个人信息处理相关方提供去标识化的指导。

GB/T 39725—2020《信息安全技术 健康医疗数据安全指南》分析总结了国内外健康医疗信息安全威胁,汇集总结国内外健康医疗信息安全管理的最佳实践和最新研究成果,为国内健康医疗信息安全管理提供具体的指导。通过结合上述两项标准,该指南提出了健康医疗数据场景化应用中个人信息保护在管理和技术方面的安全保障措施。

3.3.1.4　医疗数据隐私保护现状

目前,医疗个人信息保护研究的主题主要集中在隐私保护、患者隐私权、区块链技术在隐私保护中的应用及大数据背景下的隐私保护等方面,其中区块链技术应用于健康医疗数据个人信息保护是当前研究热度增长最快的领域。医疗大数据、电子病历、电子健康档案、移动医疗、互联网医疗、物联网等是个人信息保护研究热点领域。

医院是患者个人信息处理的主要机构,在对个人隐私保护中发挥着至关重要的作用。当前,医院尚未形成体系性的个人信息保护的管理制度,个人隐私保护措施主要体现在各个具体的信息系统管理制度当中。医院在患者医疗信息隐私保护方面,主要从制度规则、技术手段等多方面对患者的医疗信息隐私进行了保护。例如,在制度管理方面,《医疗机构病历管理规定》对医院在临床科研中病历资料的查阅做出了相关规定等。在技术手段方面,主要通过对信息系统建设的信息安全技术要求加以落实,如满足信息系统互联互通测评中的信息安全保护评价指标,通过信息系统安全等级保护测评等[16,17]。

3.3.1.5　医疗系统中隐私保护内容

1) 电子病历系统中的个人信息保护

电子病历系统是医院信息系统的核心。目前,根据我国《医疗机构管理条例》《执业医师法》《护士管理办法》等各种法律法规强调了各类医疗机构对患者隐私的保护,患者病历应指定适当场所及人员保管,在电子病历使用过程中,应在各个操作岗位设定相应的操作权限。《电子病历系统功能规范》中,对患者隐私保护的必要功能要求包括:"① 对电子病历设置保密等级,对操作人员的权限实行分级管理,用户根据权限访问相应保密等级的电子病历资料。授权用户访问电子病历时,自动隐藏保密等级高于用户权限的电子病历资料。② 当医务人员因工作需要查看非直接相关患者的电子病历资料时,警示使用者要依照规定使用患者电子病历资料。"2018 年,国家卫健委印发《关于进一步推进以电子病历为核心的医疗机构信息化建设工作的通知》,也强调医疗机构要加强信息系统安全防护,做好医疗数据安全存储和容灾备份,防控患者医疗信息泄露风险,严格执行信息安全和健康医疗数据保密规定,严格管理患者信息、诊疗数据等,保护患者隐私,保障信息安全,患者信息等敏感数据要储存在境内,地方各级卫生健康行政部门要加强对医疗机构电子病历数据传输、共享应用的监督指导和安全监管,建立健全患者信息等敏感数据对外共享的安全评估制度,确保信息安全。

虽然在管理上建立起了相应的制度,但在具体落实中,仍然存在由于操作上不规范导致的个人隐私泄露等问题,如质检病历的科室只有阅览病历的权限,没有权限修改病历,但在实际操作过程中,医疗从业人员可能未参照病例管理办法操作病例导致病历与患者实际记录不符的情况出现;又或者无使用权限的人员以他人权限或其他方式进入系统,取得患者医疗资料等。一项护理人员对电子病历隐私保护的认知现状调查显示,护理人员对电子病历隐私保护总体认知率偏低[18]。随着个人信息保护法律制度的完善,在管理层面上,医护人员的电子病历隐私保护意识有待加强。

2) 电子健康档案中的个人信息保护

依托基层卫生信息化建设的稳步推进,居民电子健康档案的建设取得了显著进步,建档数与服务覆盖人群不断扩大。2018 年全国基层卫生机构信息化建设调查报告显示,常住人口的健康档案建档率超过 75%,已建健康档案的电子化率达 97.8%。如何激活健康档案在以居民个人为中心的全生命周期健康信息管理服务中的应用是下一步工作重心。国家卫健委、财政部、国家中医药管理局联合印发《关于做好 2020 年基本公共卫生服务项目工作的通知》提出推进居民电子健康档案务实应用,充分发挥电子健康档案的基础信息支撑和便民服务作用。在依法保护个人隐私的前提下,进一步优化居民电子健康档案经居民本人授权在线调阅和面向居民本人开放使用的服务渠道及交互形式。作为个人健康医疗数据的基本载体,电子健康档案汇聚了个人在绝大多数医疗卫生机构的医疗健康信息,是主要的医疗卫生服务信息来源,同时还将纳入个人健康体检、基因测序、物联网、智能设备等个人在医疗卫生机构以外产生的健康相关的数据,这就需要有一个以居民个人为中心的安全存储和授权使用的服务端点,帮助居民实现个人健康数据统一管理,建立高度可靠和安全可信的技术保障基础、运行保障机制[19]。

3）互联网医疗中的个人信息

随着"互联网＋医疗健康"实践的开展,包含患者医疗隐私信息的数据应用场景由原来的医疗机构调阅及管理部门监测向临床科学研究、互联互通、远程医疗、数据汇聚、商保对接、移动应用等领域延伸,扩大了个人医疗数据隐私信息类型、分布场景及泄露渠道。"互联网＋医疗健康"将传统的面对面的医患交互方式转变成数据信息的交换并衍生出了"个人信息控制者",从目前提供医疗健康服务的互联网平台的隐私权保护实践来看,个人隐私信息的保护制度还远未确立。企业牵头的互联网医疗平台,如"微医""春雨医生"等在内的我国目前较大的 20 个互联网医疗平台的隐私权政策梳理显示,互联网医疗平台与用户之间的隐私权协议并未受到应有的关注,互联网医疗平台隐私权协议十分混乱。对于医院为主体建立的互联网医院,在国家卫健委和国家中医药管理局联合印发的《互联网整理管理办法(试行)》中明确提出,医疗机构与第三方机构的合作协议中需明确各方在医疗服务、信息安全和隐私保护方面的权责[20]。

4）临床科研中的个人信息保护

临床科研是健康医疗数据主要应用之一,其中也包括个人信息应用。医院在应用电子病历开展课题研究应用中会采用一定安全措施,包括签署保密协议、数据脱敏、匿名化技术、数据及时销毁等。一项对北京市三级甲等医院研究人员的调研显示,临床研究参与者普遍具备隐私保护意识,但仅有约 1/3 的研究者采取了明确的保护措施。少数研究者曾经从电子病历系统直接获取数据信息,在数据存储过程中,多数研究者信息安全保护措施不足,现有的数据应用过程在信息安全的各个领域(物理安全、数据安全、信息安全)均存在相应问题,尤其在权限管理方面,95.7％被调研研究人员未对研究数据设置访问权限[21]。

3.3.2　数据隐私保护管理体系

3.3.2.1　全生命周期数据隐私保护模型

当前,隐私保护技术的分类大多按保护数据的实现方式来划分,主要包括数据扰乱技术、数据加密技术、数据匿名化技术和访问控制技术,不同的隐私保护技术均有各自适用性与局限性[17,22-25]。也有学者从数据处理的阶段将隐私保护技术进行划分,主要分为数据发布中的隐私保护技术和隐私保护的数据挖掘技术。在数据发布中,通过对原始数据进行扰动、加密或匿名等处理,实现隐私保护,主要的技术可分为匿名化技术、分组技术、加密技术和失真技术,隐私保护的数据挖掘是指在隐私保护的条件下,分别针对关联规则、分类、聚类等,研究高效的挖掘算法,该类技术的着重点在于对隐私数据进行保护处理后如何确保数据挖掘结果的一致性。还有学者从医疗大数据生命周期的四个阶段数据的采集、存储、共享以及分析对应梳理隐私保护技术的方式,构建了全生命周期数据隐私保护模型,如图 3-7 所示。

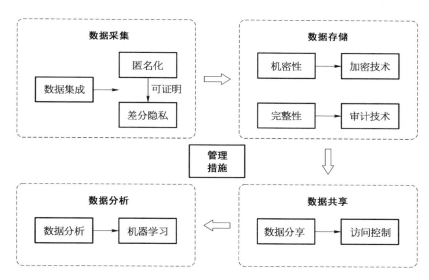

图 3-7　全生命周期数据隐私保护模型

1) 数据扰乱技术

数据扰乱技术,也称数据失真技术,它是使敏感数据失真但同时保持某些数据或数据属性不变的方法,如采用添加噪声、交换等技术对原始数据进行扰动处理,但要求保证处理后的数据仍然可以保持某些统计方面的性质,以便进行数据挖掘等操作。目前,数据扰乱技术中的变换策略主要包括三类:加变换策略、乘变换策略和线性变换策略。虽然数据扰乱技术能在一定程度上保护用户的隐私信息,但该方法仅通过简单的随机数保护,安全性较低且无法返回精确的查询分析结果。

2) 数据加密技术

数据加密技术是当前网络安全技术体系中的重要组成部分,通过对数据进行加密能够有效保证网络通信安全,避免数据被窃取或破坏。数据加密的原理是通过相应的加密手段对数据进行重新编码,将本来的数据隐藏起来,防止数据泄露,从而保证数据安全。数据加密技术的类型主要有对称加密和非对称加密两种,医院网络常用的数据加密技术主要有链路加密、节点加密、端到端加密三种。数字签名认证是医院信息系统中常用的身份认证技术,它以加密技术为基础,采用加密解密算法核实用户身份[26,27]。

3)匿名化技术

数据匿名技术主要用于数据发布场景。在健康医疗数据中,主要通过将要发布的数据表中涉及个人的标志属性删除,不再明显含有患者隐私信息,同时保持了原始数据的分布特征,以实现对患者隐私信息的保护,常用的技术包括:K-匿名、L-diversity、基于熵的 L-diversity、递归(c,1)-diversity、t-Closeness 等。但不足之处在于现有的匿名技术普遍存在过分依赖攻击者的背景知识假设的缺陷,并且对其隐私保护水平无法提供严格有效的证明。差分隐私保护技术的提出,以提供严格隐私证明的差分隐私模型得到学界广泛认可,通过向查询结果中添加定量噪声实现对数据的扰动,以确保在任一数据集中插入、更改、删除记录的操作不会影响查询结果,从而达到隐私保护效果。差分隐私引入医疗领域有效地解决了原有匿名技术存在的这些问题,差分隐私模型不需要特殊攻击假设,不在乎攻击者背景知识,即使攻击者知道除某一记录之外的所有记录,仍能保护用户隐私信息[28]。

4)访问控制技术

访问控制技术主要是根据用户的角色和获取数据目的的不同分配不同的权限,获得不同的数据视图。该技术主要分为基于角色的访问控制技术和基于目的的访问控制技术。目前,大多数使用基于角色的访问控制,通过用户口令等实现登录控制,进而杜绝通过访问控制列表、配置文件等进行资源访问授权。

3.3.2.2　其他新兴隐私保护技术

面对日益增加的数据量和大规模的数据融合应用需求,逐渐成熟的区块链、隐私计算等新型数据保护技术是未来个人隐私保护发展新方向。近年来,以区块链、隐私计算为代表的新一代信息通信技术,正在加速医疗行业与信息科技的创新融合。区块链与隐私计算都属于以密码学为基础的非单一性技术,通过一系列致力于解决信任为基础的技术组合,以求构建安全的、高效的数据计算环境,这些技术的背景和初衷与个人信息保护非常契合。

1)区块链技术

区块链技术是利用区块链式数据结构来验证与存储数据、利用分布式节点共识算法来生成和更新数据、利用密码学的方式保证数据传输和访问的安全、利用由自动化脚本代码组成的智能合约来编程和操作数据的一种全新的分布式基础架构与计算范式。区块链起源于比特币，2008 年一位自称中本聪（Satoshi Nakamoto）的人发表了《比特币：一种点对点的电子现金系统》一文，阐述了基于 P2P 网络技术、加密技术、时间戳技术、区块链技术等的电子现金系统的构架理念，比特币是区块链技术的典型应用。

区块链底层技术平台由基础模块与拓展模块组成。基础模块由共识模块、网络通信模块、存储模块、密码算法模块、智能合约执行引擎等模块组成，保障区块链底层平台的可用性、鲁棒性、安全性。拓展模块为用户提供隐私保护、身份认证、消息订阅、联盟治理、安全审计、运维管理、软硬一体化等功能服务，提高区块链底层技术平台的易用性。区块链拥有以下几个技术特性：

（1）去中心化。区块链技术不依赖额外的第三方管理机构或硬件设施，没有中心管制，除了自成一体的区块链本身，通过分布式核算和存储，各个节点实现了信息自我验证、传递和管理。

（2）开放性。区块链系统是开放的，除了交易各方的私有信息被加密外，区块链的数据对所有人开放，任何人都可以通过公开的接口查询区块链数据和开发相关应用，因此整个系统信息高度透明。

（3）独立性。区块链采用基于协商一致的机制，使整个系统中的所有节点能在去信任的环境自由安全地交换数据、记录数据、更新数据、验证数据，任何人为的干预都不起作用。

（4）安全性。只要不能掌控全部数据节点的 51%，就无法肆意操控修改区块链网络上的数据，这使区块链本身变得相对安全，避免了主观人为的数据变更。

（5）匿名性。除非有法律规范要求，单从技术上来讲，各区块节点的身份信息不需要公开或验证，信息传递可以匿名进行。

作为核心技术自主创新的重要突破口，近年来区块链被广泛应用于金融、司法、供应链管理、医疗等行业。健康数据信息安全和隐私保护是区块链技术在医疗领域应用的一个重要方向，利用区块链技术不可篡改、全程留痕、可以追溯、集体维护、公开透明等特点，能够使医疗数据的存储与访问更加安全，从而保障了医疗数据的隐私安全，在传统医疗信息安全体系中融合区块链技术，将强化医疗信息保护能力与水平，也是医疗行业的个人信息处理者践行《个人信息保护法》责任与义务的技术手段。区块链技术相较于传统技术的优势如下：

（1）个人信息的防篡改与防丢失责任。与传统的分布式存储有所不同，区块链分布式存储的独特性主要体现在两个方面：一是区块链每个节点都按照块链式结构存储完整的数据，传统分布式存储一般是将数据按照一定的规则分成多份进行存储；二是区块链每个节点存储都是独立的、地位等同的，依靠共识机制保证存储的一致性,而传统分布式存储一般是通过中心节点往其他备份节点同步数据。没有任何一个节点可以单独记录账本数据,从而避免了单一记账人被控制或者被贿赂而记假账的可能性。也由于记账节点足够多,理论上讲除非所有的节点被破坏,否则账目就不会丢失,从而保证了账目数据的安全性。

(2)网络边界安全防护责任。基于区块链的统一数字身份与认证体系,采用区块链的分布式数字证书、数字签名体系,确保数据访问者身份的合法性。同时,区块链的节点分散,每个节点都具备完整的区块链信息,而且可以对其他节点的数据有效性进行验证,因此针对区块链的 DDoS 攻击将会更难展开,即便攻击者攻破某个节点,剩余节点也可以正常维持整个区块链系统,进一步增强了网络边界防护能力。

(3)数据流管控责任。利用区块链实现统一身份认证、访问路径管理、数据鉴权授权、数据交换全周期区块链存证,可对每一次数据请求、数据使用行为进行历史访问溯源,精细到每一条的请求时间、请求内容、获取的数据等。不同于数据库日志,这些数据一旦写入便无法进行更改、删除,这种穿透式的智能数据流管控模式为数据共享提供了强有力的安全保障,构建了安全、自律的数据共享环境。

(4)个人信息处理存证和举证义务。区块链技术拥有目前其他单一技术无法实现的防篡改能力,因此在区块链上存储的账本数据具有非常强的可信度。若将区块链的节点数量增多,并将部分节点延展到具有公信力(如公证机构、司法机构、政府机构等)的机构进行背书,区块链上的数据很有可能成为服务与司法的电子证据。我国的《个人信息保护法》明确举证责任分配制度采用的是举证倒置原则,因此区块链技术将为医疗行业的个人信息处理者带来电子数据的存证和取证能力。

(5)个人信息可携带权的技术保障。数字经济时代,数据正成为越来越重要的基础性和战略性资源。数据作为生产要素被写进中央的政策文件,以发挥数据要素的倍增效应,促进数字经济的发展和社会的数字化转型。《个人信息保护法》赋予个人信息的主体拥有复制、删除、转移的数据权力,并明确数据处理者应具备数据转移、删除的技术能力同时,保障数据转移过程的安全性和准确性,对此区块链技术的数字身份认证、点对点加密传输、多节点数据哈希摘要交叉验证等先进特性,正好为个人信息处理者提供践行这一法定责任的绝佳技术路径,同时,区块链在数据确权、鉴权的独立能力为医疗健康大数据提供数据流通基础技术保障。

2)隐私计算

隐私计算是指在保证数据提供方不泄露原始数据的前提下,对数据进行分析计算并能验证计算结果的信息技术。广义上是指面向隐私保护的计算系统与技术,涵盖数据的产生、存储、计算、应用、销毁等信息流程全过程,想要达成的效果是使数据在各个环节中"可用不可见"。隐私计算的技术流派有可信执行环境、安全多方计算、联邦学习等。保护隐私通用的方法可分为基于密码学、基于失真与基于限制发布等类型。

（1）可信执行环境：是数据计算平台上由软硬件方法构建的一个安全区域，可保证在安全区域内部加载的代码和数据在机密性和完整性方面得到保护。该方案计算性能较高，但需要将数据集中处理，主要依赖硬件安全，目前代表性的有IntelSGX、ARMTrustzone。

（2）安全多方计算：是指针对无可信第三方情况下，安全地进行多方协同的计算问题，即在一个分布式网络中，多个参与实体各自持有秘密输入，各方希望共同完成对某函数的计算，而要求每个参与实体除计算结果外均不能得到其他参与实体的任何输入信息。安全多方计算的常用的底层技术有混淆电路、不经意传输、秘密共享、同态加密等。

（3）联邦学习：是一种多个参与方在保证各自原始私有数据不超出数据方定义的私有边界的前提下，协作完成某项机器学习任务的机器学习模式。

隐私计算的核心技术理念是数据流转与共享过程极小化泄露任何原始数据，其主要是防止数据中个人信息、隐私信息的泄露，因此隐私计算的技术目标与《个人信息保护法》的立法目的高度相符，而且对个人信息数据的保护路径与《个人信息保护法》的主要原则也在高度结合。

（1）最小化可用原则适配：以安全多方计算为例，安全多方计算协议作为密码学的一个子领域，其允许多个数据所有者在互不信任的情况下进行协同计算，输出计算结果，并保证任何一方均无法得到除应得的计算结果之外的其他任何信息。安全多方计算的核心思想是不接触明文数据，在加密算法和协议的框架内直接对加密数据进行计算得出结果。其特点包括输入隐私性、计算正确性及去中心化等，主要适用的场景包括联合数据分析、数据安全查询、数据可信交换等。

（2）数据共享中的防泄露责任适配：《个人信息保护法》明确要求个人信息处理者采取相应的加密、去标识化等安全技术措施，以保障处理的个人信息安全。隐私计算对信息安全的保护，不仅仅是在数据处理技术上使用匿名、去标识化和数据加密等方法，还在于更深维度的原始数据和个人隐私信息不出私域，最大程度降低个人数据与隐私数据的泄露风险。以安全多方计算为例，基于加密电路、不经意传输、同态加密等多种隐私计算方法，能为个人信息提供非常高的安全性；若在隐私计算的基础上，融合区块链技术的计算过程智能监管、数据鉴权确权等特性，将是对个人信息安全保护的最优保障方案。隐私计算不仅是目前通过技术手段保障个人信息不被泄露、篡改、丢失的先进解决方案，更是医疗数据共享开放与数据安全矛盾最佳技术对冲工具。

3.3.3　专病数据共享的数据隐私保护策略

3.3.3.1　传统专病数据共享遇到的挑战

临床科研对于推动医学进步及发展必不可少。临床科研是指对临床医学资源的发掘、收集、整理及利用,其中大样本、多中心临床研究是目前疾病诊疗及药物开发的主要循证证据来源。临床科研离不开高效率的医疗数据采集和汇总,但临床医生的大数据研究之路却布满了荆棘。在开展临床科研的过程中,往往面临数据收集难,数据完整性、准确性、及时性差,非结构化数据多难以统计分析,且不同医疗机构间数据无法互通互联等问题,这使得临床科研成为一项要耗费大量人力、财力和时间的工作,严重制约了科研成果的产出。

多年来的大数据分析和云计算技术给临床带来了技术和科研效率上的提升。然而,临床科研平台成员机构的区位、行政跨越性较强,加之医疗数据的特殊性,临床专病数据无法通过网络实现自动互联、采集。对于大量样本数据的采集,传统上大致采用两种方式:一种是分中心根据研究课题的具体需求,在较长周期内手工筛选病例入组,获得医院同意后将样本数据做相应去标识化后统一导出,接由平台的数据上传功能手动导入平台,平台通过数据治理模块对手动上传的数据进行集中处理后汇集到专病库进行科研分析;另一种方式则是利用软件工具实现分中心机构的病例自动入组、数据自动标准化采集,定期导出标准化样本数据,再通过软件工具自动上传到中心平台,实现样本自动采集、标准化前置处理。相比第一种传统方式,第二种方案虽然在人力减轻、样本入组便捷性、数据标准化提升等方面有较大的突破,但远远未能解决数据安全、隐私安全、数据伦理、样本实时性等需求带来的业务挑战。

传统的多中心科研数据大多采用集中式存储与分析的模式,在样本数据采集阶段采用脱敏或去标识化的方式保护隐私。这种模式下,全量或经处理的数据副本从一个控制者转移到另外一个主体,随之带来数据合规处理、数据泄露、个人数据合规使用等数据安全与隐私保护问题,在现阶段如何降低或阻断数据安全风险缺乏有效的管理手段和技术实践。

3.3.3.2　隐私技术实践

在临床科研平台的信息化平台建设过程中,引入区块链、隐私计算、人工智能、大数据等新一代信息技术,构建一套原始临床数据不出院的数据共享机制,利用隐私计算模型快速实现标准化数据筛选、病例样本入组及不涉及原始数据的计算结果采集。同时,通过区块链技术对计算模型、计算过程、计算结果进行自动存证与监管,并引入数据资产价值评估体系对成员单位科研贡献精准量化和区块链数据贡献存证。

（1）统一身份认证系统：基于区块链构建统一身份认证体系，对科研协作平台中各用户身份进行授权、上链、鉴权等操作，对包括药械研发机构、学术出版商、医疗机构等成员单位实行名单管理、科研通道管理、用户角色-权限管理。

（2）标准数据模型：以国际通用 OHDSI/OMOPCDM 等为医学标准数据模型，结合国内普遍在使用的医学术语资源库/知识图谱，对各成员单位分散、异构的数据进行数据标准化处理，以匹配医学科研对数据通用、完整、标准化的要求。

（3）数据可信安全共享机制：各成员单位可灵活制定参与联合计算的数据范围、传输时间和使用对象。通过区块链建立可信执行环境，结合联邦计算，对不同机构的数据进行数据融合分析，实现科研数据安全共享和隐私保护，数据"可用不可见"。所有传输共享记录可安全追溯，实现数据流通过程全程监管。

（4）研究参与方之间通过安全机制进行参数计算：按照特定规则联合多方数据进行的可编程分布式计算，实现数据聚合应用时的隐私保护。通过安全多方计算可随时、灵活发起一次数据计算请求，无须识别、获取某数据集的使用权，只需通过对方确认多方计算的算法、目的，批准同意之后，无须下载数据亦可完成常用的统计分析方法。安全多方计算的模型可采用求和/平均数/标准误/方差分布式计算、安全比较、中位数/众数/极值安全多方计算、Logistic 回归分析等联合查询与联合分析算法。

（5）数据价值流转：基于区块链的科研协作平台，对科研数据流转进行全周期存证和追溯，为各方科研贡献精准量化，在科研结果产生时通过区块链的智能合约功能自动按规则量化分配科研成果，让平台参与方能从数据共享流通中获益，实现数据价值流转。

3.3.3.3 实践效果

通过融合大数据、区块链、隐私计算等新一代信息技术，满足了大数据时代医学研究对于高质量数据及数据检索、匹配、集成，以及跨机构数据互联等需求，实现了医学研究全程数据安全、隐私、高效、可追溯、强监管。

提高临床研究的效率与质量：相比于传统方法，利用区块链和隐私技术构建的数据安全协作平台在保障网络安全、数据安全、隐私安全的前提下，实现临床数据的高效协同，使各成员单位间的数据高效安全地互通，为科研提供大样本量数据，将大幅提升多中心临床研究的效率和质量。

总的来看，我国已经建立了覆盖法律、政策文件、部委规章，以及国家标准的患者健康医疗隐私数据安全制度框架体系，规制内容也在不断完善。然而，在制度的具体操作性、健康医疗数据隐私边界的明晰度，以及法规实施与实际操作的协调性方面，仍然面临着一系列挑战。

　　在制度建设方面,需要进一步加强对体系的系统梳理,确立一套完善而明确的管理制度规范,以推动隐私保护措施的落地实施。

　　此外,医疗数据的应用仍然存在许多亟待解决的问题,如合规脱敏数据的程度如何界定并不明确。不同数据集脱敏的边界也需要明确定义。因此,亟须制定更具可操作性的医疗数据应用规范和指南,以便推动其落地实施。

　　随着区块链等新技术的发展,也可以为个人信息保护提供更多创新解决方案。在大数据时代,企业将会拥有更加完善的制度和技术手段来保障个人信息的安全。

参考文献

［1］金涛,王恺. 我国疾病数据库的建设情况概述［J］. 现代预防医学,2018,45(6):1114-1117.
［2］陈浩,齐德广,周来新,等. 临床研究的"第四范式"——生物大数据时代的临床研究管理模式创新［J］. 中华医学科研管理杂志,2017,30(4):241-243,254.
［3］岳和欣,湛永乐,边峰,等. 临床队列研究的数据标准与共享［J］. 中华流行病学杂志,2021,42(7):1299-1305.
［4］李亚丹,李军莲. 医学知识组织系统——术语与编码［M］. 北京:科学出版社,2019.
［5］李小华. 医疗卫生信息标准化技术与应用［M］. 北京:人民卫生出版社,2017.
［6］Kim W, Choi B J, Hong E K, et al. A taxonomy of dirty data［J］. Data Mining & Knowledge Discovery, 2003, 7(1): 81-99.
［7］Askham N, Cook D, Doyle M, et al. The six primary dimensions for data quality assessment: Defining Data Quality Dimensions［J］. International Journal of Computers Communications & Control, 2013, 16(3): 46-51.
［8］郭少峰,吴鹏. 40部法律难约束个人信息泄露,行业标准将出台［N］. 民主与法制时报,2012-04-09(C01).
［9］方安,王茜,王蕾,等. 我国患者医疗数据隐私保护制度体系及其现实挑战［J］. 医学信息学杂志,2020,41(5):11-17.
［10］许可. 个人信息保护法的深远意义:中国与世界［J］. 中国人大,2021(18):39-40.
［11］孙朝,尤一炜,李玲. 个人信息保护法出台记:历经十八载,执法"九龙治水"争议多年［N］. 南方都市报,2021-821(GA07).
［12］齐爱民. 中华人民共和国个人信息保护法学者建议稿［J］. 河北法学,2019,37(1):13.
［13］龙卫球.《个人信息保护法》的基本法定位与保护功能——基于新法体系形成及其展开的分析［J］. 现代法学,2021,43(5):84-104.
［14］张馨天. 个人信息保护法违法处理个人信息行政责任规则的新特点［N］. 法治日报,2021-11-10(11).
［15］王利明,丁晓东. 论《个人信息保护法》的亮点、特色与适用［J］. 法学家,2021(6):1-16,191.
［16］马诗诗,于广军,崔文彬. 患者医疗信息隐私保护现状与需求调查［J］. 中华医院管理杂志,2018,34(1):55-58.
［17］赵蓉,何萍. 医疗大数据应用中的个人隐私保护体系研究［J］. 中国卫生信息管理杂志,2016,13(2):191-196.
［18］李德华,伍蓉梅,刘敏,等. 护理人员对电子病历隐私保护的认知现状调查［J］. 中国卫生事业管理,2017,34(5):367-369.
［19］俞建明,郑加明,施怡,等. 互联网居民健康档案查询的个人隐私保护方案设计［J］. 中国卫生信息管理杂志,2016,13(5):448-450.
［20］马勇,张晓林,胡金伟,等. "互联网+医疗健康"中的个人信息保护问题探讨［J］. 中华医院

管理杂志,2019,35(1):19 - 24.

[21] 李雪迎,沙若琪,姚晨,等. 利用医院电子病历数据开展临床研究的信息安全策略[J]. 中国食品药品监管,2020(11):48 - 55.

[22] 洪建,李锐,徐王权. 医疗健康数据隐私保护技术综述[J]. 中国数字医学,2015,10(11):83 - 86.

[23] 李晓晔,孙振龙,邓佳宾,等. 隐私保护技术研究综述[J]. 计算机科学,2013,40(S2):199 -202.

[24] 王明月,张兴,李万杰,等. 面向数据发布的隐私保护技术研究综述[J]. 小型微型计算机系统,2020,41(12):2657 - 2667.

[25] 郭子菁,罗玉川,蔡志平,等. 医疗健康大数据隐私保护综述[J]. 计算机科学与探索,2021,15(3):389 - 402.

[26] 孙央. 数据加密技术在医院网络安全中的应用研究[J]. 数字通信世界,2020(3):38,50.

[27] 唐杰,谭军. 数据加密技术在医院计算机网络通信安全中的具体应用[J]. 中国信息化,2018(9):50 - 52.

[28] 屈晶晶,蔡英,夏红科. 面向动态数据发布的差分隐私保护研究综述[J]. 北京信息科技大学学报(自然科学版),2019,34(6):30 - 36.

第4章

临床专病数据库的建立

在日常的临床服务过程中,患者的就诊行为会有诊断、治疗、处方、生化免疫检查等一系列临床信息产生,这些数据信息不仅是临床诊疗的客观记录,而且通过对临床数据的整理、归纳和总结还能够提升疾病认识,提高疾病诊断的准确性,预测疾病进展,评估治疗有效性和安全性等。因此,作为医学研究的宝贵数据资源和科学证据,临床专病数据库的建设和使用自然成为开展疾病研究的常用方法和手段。本章 4.1 节简要介绍临床专病数据库的意义及我国目前在该领域的现状,后面两节以糖尿病疾病为例,详细介绍临床专病数据库的建立过程,数据库进行科学研究的基本思路和方法策略,以及数据分析中的研究方向和具体示例等。

4.1　临床专病数据库

从 20 世纪 90 年代后期开始,我国各级医院信息化系统建设步入快速发展阶段,特别是进入 21 世纪之后,医疗信息化在我国医疗卫生领域得到广泛应用[1]。经过二十多年的建设和发展,医院的医院信息系统(HIS)、电子病历系统(EMR)、影像归档和通信系统(PACS)、实验室信息管理系统(LIS)等信息系统中累积了海量的临床诊疗信息,这些大量医疗信息数据可以在临床诊疗、医院管理、科学研究等工作中发挥巨大作用。

4.1.1　建设临床专病数据库的意义

临床专病数据库是集中管理某种单一疾病病例信息的数据库,有关人员可通过对大量具有科研价值和实用意义的相关病例信息进行系统化和规范化的管理,实现对该疾病既往病例信息的快速查询和统计分析,从而进行临床回顾性研究,辅助临床诊疗或满足临床教学/科研的需要[2]。通常临床专病数据库会积累到一定数量且患有相同某种疾病患者的临床诊治信息,这些大量的临床信息不仅包括患者在诊治该疾病过程中所产生的电子病历数据,同时也包含患者在某时间范围内数据库接入或纳入的所有医疗机构中全部的疾病诊断、检验和检查、处方药物、手术等各种医疗信息系统中记录的临床数据。不同于传统临床研究处理数据时往往面临信息繁多、人力物力耗费大、准确度较低等问题,临床专病数据库的疾病分型和分期统一、诊疗措施相近、病例书写相对一致,具有易于集中管理和有利于后结构化数据提取的优势[3]。目前,临床专病数据信息对于特定疾病和患病人群的医学研究及临床诊治发挥着越来越重要的作用,其潜在和隐含的数据价值也逐渐被发现和重视。

临床专病数据库一般专注于某个特定疾病及患者人群的临床信息数据,临床数据的收集也都围绕该疾病展开,因此会收集到相当多数量的疾病患者的就诊和诊治情况,其中包括该疾病的不同分型和亚型、不同发病阶段、不同的临床表现等非常全面、专业和详尽的疾病临床信息。来源于医院电子病历系统的诊疗数据保证了时间的连续性和持续性,临床专病数据库可以完整记录患者整个临床诊疗过程的各种数据信息,尤其是对于长周期、慢性疾病等需要长期和持续观察的疾病,临床专病数据库的持续更新与扩展充分确保了疾病研究分析的连续性、临床数据的实时性及未来的可及性。再者,从医疗信息化系统获取的临床数据是现实医疗环境下产生的真实医疗数据,其中不仅包括生化、免疫等检验检查结果,更有医务人员的专业判断、诊断等,这些数据和信息具有一定的法律效力,因此在一定程度上真实世界的临床数据更具有真实性、可靠性和可信性。近年来以真实临床世界数据开展的医学研究所获得的真实世界证据越来越得到医学、医疗监管、药品审批等相关领域和部门的认可,我国国家药监局在 2020 年初发布了《真实世界证据支持药物研发与审评的指导原则(试行)》。为进一步促进真实世界证据在药品注册申请中的应用实践,提高研发效率,2023 年药审中心又组织制定了《真实世界证据支持药物注册申请的沟通交流指导原则(试行)》。当今世界正处在以海量真实世界数据为基础的循证医学时代,基于真实世界数据的临床研究成为推动医学高质量发展的新动力。而临床专病数据库是开展真实世界研究的重要基础[3]。

4.1.2　我国临床专病数据库建设

进入 21 世纪以来,我国各级医疗机构在医疗信息化方面进行了大规模的基础设施建设,许多医疗机构已开始尝试并开展基于本单位单中心、多中心联合及区域医联方式的临床专病数据库建设工作。尽管目前临床专病数据库的建设尚未得到广泛普及,但已经成功建设的实例能够为未来的临床专病数据库建设提供参考借鉴与宝贵经验。这些成功的临床专病数据库案例不仅展示了数据库建设的可行性和实际应用价值,还为疾病临床管理与医学研究等提供了高质量的数据资源支持。接下来介绍两个已建成的临床专病数据库实例。

4.1.2.1　北京协和医院结肠癌专病数据库[4]

北京协和医院结直肠专业组 2016 年 1 月正式建立北京协和医院结肠癌专病数据库,该数据库为前瞻性登记的临床数据库,与全院的医院信息系统 HIS 相关联,可于病历录入界面设置提取字段(如外院辅助检查报告提示的病变部位等),并自动同步录入临床科研数据管理系统,最终由全职科研助理进行信息的二次核对及随访信息录入,数据库纳入标准为:入院诊断为结肠癌并行结肠癌手术的患者,排除标准:病理诊断为非结肠癌(如直肠癌)患者,或者 TNM 分期为 0 期或分期未知患者。

2016 年 1 月 5 日—2022 年 5 月 11 日,北京协和医院结肠癌专病数据库共登记符合标准 1 682 例行手术治疗的结肠癌患者的临床数据录入及随访工作,通过对患者基本信息、病变特征、手术与病理信息、术后并发症及随访相关等 33 个数据条目的统计分析显示数据库的整体完整性有较强优越性:纳入分析的条目中缺失率小于 1% 和小于 5% 的条目分别占比 81.8% 和 93.9%。该数据库完全失访患者的比例仅为 1.7%,同时也提示数据的连续性和完整性较好。保持较高的随访率主要依赖于专职科研助理每 6 个月对患者进行 1 次定期随访(包括电话随访、门诊随访),此种由专人负责随访的模式对随访数据的一致性和完整性更有保障。该数据库的数据准确性保证有两点优势:① 与全院 HIS 相关联,可高效获取标准化的信息,保障了数据条目的统一性、完整性,减少了统计分析过程中的数据损失;② 由专人负责数据维护与核对并对患者定期随访,发现登记错误能及时更正,保障了数据的真实性、连续性。

4.1.2.2　上海市儿童罕见病登记数据库[5]

上海于 2020 年底启动建设上海市儿童罕见病临床医学研究中心,该中心主要围绕儿童罕见病注册登记系统、罕见病多中心临床研究平台等展开建设与优化,旨在探索由多学科跨专业协同合作的全生命周期诊疗体系。2022 年,由上海交通大学医学院附属上海儿童医学中心牵头,参照中国国家罕见病注册系统技术体系开发建设上海市儿童罕见病登记数据库。上海市儿童罕见病登记数据库在 2008—2021 年间共收录 6 341 例罕见病患者,收录病例覆盖 109 种疾病。

上海儿童医学中心前期利用结构化数据复制集成技术(oracle golden gate,OGG)从医院临床数据中心(CDR)、医院信息系统(HIS)、实验室信息管理系统(LIS)、电子病历系统(EMR)复制数据,构建了院级科研数据库,并通过数据仓库技术(ETL)和自然语言处理技术(NLP)实现了患儿信息变量的结构化和标准化。不同于手动录入填报,上海市儿童罕见病登记数据库采用自动抓取方式,即通过 NLP 技术主动抓取该科研数据库中指定病种的变量数据,并填充到罕见病登记数据库的病例报告表(CRF)表单中,从而完成登记数据库的数据生产。该数据库采用主动抓取院内结构化的科研数据信息方式构建,可实现数据库建设的自动化,提升效率。由医院医疗数据复制产生的科研数据库不仅可满足不同临床专病队列建设需求,同时还避免了目标数据库直接抓取 CDR/HIS/LIS/EMR 系统数据而带来的潜在信息安全危害。值得关注的是,数据库建设中数据抓取规则为识别纳入病种的国际疾病分类编码第 10 版(ICD - 10)和/或疾病名称,取并集。但是既往由于部分罕见病种 ICD 编码不规范及疾病名称书写不一致等因素,对数据库自动抓取信息的准确性和完整性带来了较多挑战。数据库建设过程中,通过对 ICD 编码的审核校对及对临床科室的培训,规范了疾病诊断名称及疾病编码分类,全面推动了医院在罕见病诊疗标准化方面的改进。

4.2　糖尿病临床专病数据库的创建及数据治理

创建糖尿病临床专病数据库的想法始于 2016 年,笔者当时使用上海交通大学医学院附属瑞金医院的医疗信息系统中累积的糖尿病患者诊疗数据进行研究分析,得到一些通过传统方式很难获得且很有意义的医学研究结果。为获取更多临床数据信息开展更深入和广泛的糖尿病疾病研究,后期寻求上海申康医院发展中心医联工程的支持,在多种机缘聚会经过多次协调及完成软、硬件条件准备之后,2018 年 8 月,申康与瑞金医院签订了《建设医联糖尿病患者数据库的合作协议》,至此"上海糖尿病临床专病大数据"平台(简称"糖尿病大数据")成功启动。

上海申康医院发展中心的医联工程于 2008 年建成运行,它是上海市级医院临床信息服务共享系统项目,多年建设医联工程已经汇聚了上海市 37 家市级医院的临床诊疗数据,医疗数据每日采集持续更新[6,7]。截至 2021 年底,医联工程数据中心采集海量临床诊疗数据记录达 13.13 亿份,检验检查报告 11.62 亿份,医疗数据超 4.3 PB[8]。从医联工程数据库中提取诊断为糖尿病的患者在数据库中所有诊疗信息组建成糖尿病大数据库。截至 2022 年底,糖尿病大数据库已导入 2013—2022 年间 212 万糖尿病患者(其中 137 万上海本地医保患者)1.5 亿次诊疗过程产生的电子病历数据,数据信息涵盖患者的就诊、诊断、检验检查、处方用药、手术等电子病历信息[9]。

医联工程数据库存储的数据来自各家医院的原始临床数据,数据包含患者、医疗人员、医疗机构等隐私信息,为确保数据安全和保护隐私信息,根据《数据安全法》《个人信息保护法》等数据信息相关的法律法规,医联工程数据导入糖尿病大数据平台之前,原始临床数据按规范进行数据脱敏、信息加密、数值转换等多层严格的数据安全处理。同时,考虑到患者的扩展追溯、数据异常排查等后续分析需要,隐私数据安全处理主要包括但不限于:患者信息、患者联系方式、患者住址、医生信息、医嘱下达人/执行人信息、病例的就诊医疗机构信息、检验检查的报告人信息、检测人信息、手术的主刀医生、护士信息等。通过上述数据安全处理,最大可能避免患者等隐私信息泄露并保证数据安全。

如图4-1所示,在医联工程网络安全体系下建立的糖尿病大数据工作区域使用医联工程的堡垒机设备,数据分析人员通过内网链接堡垒机,然后在堡垒机管控下登录访问数据分析工作站。数据分析工作站配置了数据分析需要的相关系统和软件工具,数据分析人员可以像在本地环境一样使用上述系统和软件工具。在数据分析工作站和堡垒机两处均有安全配置,禁止安装新的软件工具、禁止开通新的网络端口和服务、禁止对外复制数据,同时堡垒机具有记录相关操作并提供审计日志的功能。数据分析结果需经审批之后,由管理员按照规定流程下载和导出[8]。

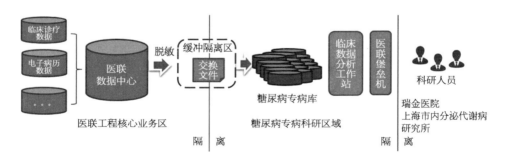

图4-1　糖尿病临床数据分析平台架构

来源于37家市级医院的糖尿病大数据由于临床习惯、诊疗传统等诸多历史和各种原因造成糖尿病数据库同一字段下各家医院有不同的信息表达方式,因此需要对糖尿病数据进行标准化、统一化及结构化处理,特别是对关键的临床数据(如诊断名称),需要人工进行仔细鉴别和确认。药品等数据描述信息需要提取和分类,如原始药品处方:"♯拜唐苹片",首先要识别其药品商品名为"拜唐苹",然后转换标注为"阿卡波糖",最后分类为"α-糖苷酶抑制剂类降糖药"。原始数据的清洗和整理,一方面要保留医疗数据的原始状态和原始内容,另一方面也要对数据格式和内容进行标准化处理,对相同字段内容进行统一化,同时也需要对数据内容进行鉴别和修正,提取和格式化信息等。数据治理在整个数据分析流程排在第一位,真实临床医疗数据治理往往需要花费非常多的时间和精力,从不同角度反复验证其正确性和准确性,数据治理是数据分析得以顺利开展的前提保障,也是得到高质量数据分析结果的源泉。

4.3　糖尿病临床专病数据库的数据分析

人类对于糖尿病的认识有着悠久历史,公元前 1500 年古埃及的埃伯斯纸莎草书中有描述口渴和排尿过多的疾病症状。我国在《黄帝内经》等中医经典也有关于"消渴病"的记载[10,11]。现代医学"糖尿病"的英文全称是 diabetes mellitus,diabetes 来源于希腊语 diabaino,其字面意思是"流过"或"通过",用来描述糖尿病是一种多尿消耗性疾病,患者不停喝水,但水就像水管开口一般不停地流出;后来糖尿病患者的尿液有甜味被发现,因此添加 mellitus(拉丁语,"像蜂蜜一样甜")更加全面地定义该疾病[12,13]。目前,医学界认为糖尿病是一种具有多基因遗传背景并与生活方式和环境因素密切相关的慢性代谢性疾病。传统意义上,根据糖尿病的致病原因大体上可以分成四种类型:1 型糖尿病、2 型糖尿病、妊娠糖尿病和特殊类型糖尿病。其中 2 型糖尿病也被称为"非胰岛素依赖型糖尿病"或"成人型糖尿病",占所有糖尿病的 90%～95%[14]。

糖尿病虽早有记载,但工业革命以前却未在人群中广泛流行。直到近现代,科技进步和工业发展极大地改变了人们的生活方式,机器生产极大程度地替代了手工作业和体力劳动,脑力劳动负荷过重及缺乏运动成为当今社会的常态。与此同时,工业化精细加工食品也改变了人们传统的饮食习惯和食品构成,高糖高脂性食物的过量摄入加剧了肥胖、糖尿病等疾病的发生。世界卫生组织(WHO)网站记录了全球糖尿病患病人数从 1980 年的 1.08 亿迅速增长到 2014 年的 4.22 亿,且中低收入国家糖尿病患病率上升速度远超高收入国家[15]。2022 年,国际糖尿病联盟发布的统计报告显示:全球 20～79 岁人群的糖尿病患病率为 10.5%(约 5.36 亿人),预计到 2045 年将上升至 12.2%,患病人数将达到 7.83 亿人[16]。

4.3.1　我国及上海糖尿病的历史与现状

我国自改革开放和加入 WTO 之后经济取得巨大发展,居民生活发生了显著变化,但肥胖、糖尿病等慢性代谢疾病的患病率也随之呈现明显增长。从 20 世纪 80 年代开始陆续开展的几次全国范围糖尿病患病率调查结果显示我国糖尿病患病率在不到 30 年的时间内从低于 1％迅速增长到超过 10％。

如图 4-2 所示，从 1980 年第一次全国糖尿病调查到最近的 2015—2017 年调查，在过去的四十年间七次全国范围流行病学调查结果显示我国糖尿病患病率增长了约 20 倍[17-23]。其中，2010 年国家疾病预防控制中心联合中华医学会内分泌学分会在全国范围内调查了 98 658 名年龄大于等于 18 岁成年人的糖尿病患病情况，此次糖尿病调查结果显示成年人糖尿病患病率为 11.2％，知晓率仅为 30.1％，医治率 25.8％[21]。2013 年，中国慢性病及其危险因素监测研究在全国 31 个省（自治区、直辖市）的 298 个县（市、区）开展，研究纳入 17 万余名 18 岁及以上成年人，统计结果指出，成年人糖尿病患病率为 10.9％，糖尿病前期流行率为 35.7％，糖尿病患者知晓率为 36.5％，治疗率为 32.2％，血糖有效控制率为 49.2％。2013 年调查结果与 2010 年相比，糖尿病患病的知晓率、治疗率和血糖有效控制率均得到一定程度的提高，结果也显示，糖尿病患病率男性高于女性（11.7％ vs. 10.2％），城市高于农村（12.6％ vs. 9.5％），且 60 岁及以上老年人的糖尿病患病率已达 20.2％[22]。2015—2017 年，中华医学会内分泌学分会及各地区分会在全国 31 个省开展了甲状腺、碘营养状态和糖尿病的流行病学调查，调查纳入 18 岁及以上且在采样点居住 5 年以上人口总计 75 880 人，使用 2018 年美国糖尿病学会诊断标准的调查结果显示，中国成年人糖尿病患病率为 12.8％，其中自报糖尿病为 6.0％、新诊断糖尿病为 6.8％、糖尿病前期为 35.2％；若使用世界卫生组织的诊断标准，中国成年人糖尿病患病率为 11.2％。美国糖尿病学会诊断标准与世界卫生组织诊断标准的主要差异在于前者的临床生化检测包括空腹血糖、餐后 2 小时血糖和糖化血红蛋白，后者未把糖化血红蛋白纳入其中[23]。

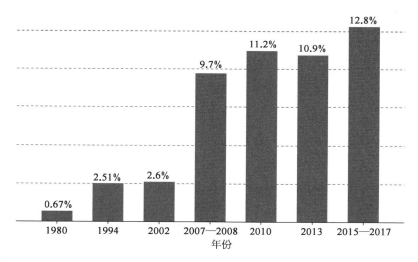

图 4-2　历年全国糖尿病患病率调查结果

关于上海地区的糖尿病患病情况,上海市糖尿病研究协作组于 1978 年 8 月已经完成了上海地区 10 万人口的糖尿病调查工作。调查共纳入 101 624 人,确诊糖尿病患者 1 028 人,糖尿病患病率为 10.12‰,标准化上海糖尿病患病率为 9.29‰,男女糖尿病患病率分别为 10.53‰和 9.72‰,男女糖尿病患病率性别比为 1.08[24]。上海市疾病预防控制中心于 2017 年对上海市 7 个区 21 496 名 35 岁及以上常住居民进行调查研究,结果以世界卫生组织诊断标准计算的 2 型糖尿病患病率为 21.70%,以美国糖尿病学会诊断标准计算 2 型糖尿病患病率为 23.24%,且患病率随年龄增长呈明显上升趋势,糖尿病知晓率、治疗率和治疗控制率分别为 57.18%、51.31%和 39.53%[25]。相较于全国糖尿病患者情况,上海糖尿病患者的知晓率和治疗率都显著高于全国平均水平,这可能与上海相对丰富且便利的医疗资源有关,但是糖尿病患者的血糖有效控制率却不乐观,可能会导致糖尿病病情加重及并发症的发生。

4.3.2　糖尿病临床数据分析

临床数据是个体在医疗机构获得诊治服务相关的观察、检查、诊断等事件、结果及消费的原始记录。临床数据是临床诊治服务过程中的客观描述,是未经加工的原始记录,也是临床服务发生之后的结果与事实。如果说临床数据具有价值,那么这种价值在于数据背后所隐含的数据信息,且信息量的多少反映了数据价值的高低。挖掘数据隐含信息的过程就是数据分析或数据挖掘的过程,数据分析是数据价值得以实现的必要途径,同时数据分析能力也在数据信息挖掘中起着关键作用。开展临床数据分析工作之前需要根据临床问题或研究设想,在掌握相关的临床专业知识、了解疾病的诊治流程、熟悉临床数据结构等基础上,合理提取相关数据构建临床数据集用于后续的数据分析工作。

根据国内外临床专病数据分析的进展及笔者在上海糖尿病临床专病大数据方面的工作体会,本节从医学研究、临床分析及人工智能三个方向简要介绍说明临床数据研究的发展与前景。

4.3.2.1　医学科学研究

传统医学流行病学研究一般采用随机对照试验方法,随机对照试验也是目前临床试验和医学研究公认的金标准,通常研究人员在入组患者之前需要制定严格的纳入和排除标准,这些限制条件有利于排除干扰因素,提升临床试验的统计效力(efficacy),但同时也降低了临床试验结果外部验证的有效性(effectiveness),很多基于经典流行病学研究得到的临床结论无法真正推广和应用到实际的临床实践中。现代流行病学研究的大样本、多中心、双盲等条件的实施并没有从根本上解决这个问题,反而更加重临床试验的实施难度,这也是近年来临床试验费用迅速攀升的主要原因。科学且严谨的统计研究策略在具体操作和实施过程中是否严格执行、是否人为干扰、是否能够随机等现实问题也降低了临床试验的可靠性。利用真实临床诊疗过程中患者在现实世界产生的临床数据开展的真实世界研究(real-world study)在很大程度上解决了上述传统临床试验的困难和窘境。目前,越来越多的研究者、制药公司及政府机构认识到使用真实世界临床数据开展临床研究的重要性[26,27]。从地区与区域公共卫生的角度,真实世界临床数据记录了当地常住居民各种疾病的发生与患病情况及发展趋势,这为系统掌握当地居民健康状况提供了直接数据证据。随着医疗信息化在医疗领域的广泛应用,近二三十年来大量的电子病历被记录、收集和存储,这些临床数据不仅包括医务工作人员给出的诊断、处方、检验和检查等信息,也记录了患者的疾病症状、治疗反应、是否复发等情况,海量的临床数据为开展真实世界研究提供了丰富的临床数据资源。真实世界研究使用患者真实临床诊疗数据进行研究分析,研究人群直接来自现实临床环境,通过可靠的科学设计构建回顾性队列评价临床相关的获益与风险,研究结果的外部有效性会更高。

　　医学临床试验设计及研究方法等经历了百余年的不断发展和完善,无论是观察性研究还是实验性研究,都已建立起完整系统的临床研究策略与方法体系[28]。基于真实临床诊疗数据的真实世界研究一方面可以作为传统临床试验和研究的有力补充,另一方面在分析和解决现实临床关切、解答医学问题及药物临床试验等方面可能是更便捷、更经济的选择工具。美国食品药品监督管理局(FDA)于2017年开始先后发布了《使用真实世界证据支持医疗器械监管决策》《真实世界证据计划的框架》和《使用真实世界数据和真实世界证据向FDA递交药物和生物制品资料》等诸多法规支持真实世界研究用于新药的申报和申请,欧盟药品局总部与欧盟药品管理局联合成立大数据工作组,旨在使用大数据改进监管决策并提高证据标准,其中真实世界证据是大数据的一个子集。我国国家药品监督管理局于2020年开始相继发布《真实世界证据支持药物研发与审评的指导原则(试行)》《真实世界数据用于医疗器械临床评价技术指导原则(征求意见稿)》《用于产生真实世界证据的真实世界数据指导原则(试行)》和《药物真实世界研究设计与方案框架指导原则(征求意见稿)》等相关指导文件,以及政策法规来引导和鼓励利用真实世界临床数据进行药品研究。

　　目前,我国各级医院的医疗信息化系统已不需要传统的手工记录,而且相较于流行病学的现场调查,临床数据省去了收集、录入等环节工作。真实临床数据在数据分析过程中根据其自身的特点需要特殊处理流程,对于来自不同医院,甚至不同地区的临床数据进行整理与合并时,不同医院的就诊流程、诊疗习惯等都要提前了解和熟悉,不同医院信息字段的整合需要逐个审核,确保格式、标准等完全统一,尤其是同一患者在不同医院之间就诊时所持有的就诊卡、就诊类型、身份信息等要进行转换与合并处理。临床专病数据为开展医学临床研究提供了便利,极大节省了经费,但纷杂的临床数据也必须经过严格的前期处理,利用常识、逻辑和医学知识反复推敲、相互验证,临床数据的清洗与整理的完整和准确无误是确保后续临床研究能够顺利开展并得到可靠研究结果的前提和保障。

上海糖尿病大数据来源于申康医联工程所管辖的 37 家市级综合和专科医疗机构,其医疗评级几乎都是三级甲等医院,而且各医疗机构的总部、分院、门诊部等几十家分布于上海的各个区,从地理位置、医院等级、就诊可及性等综合考虑,现有上海糖尿病大数据所收录的百余万糖尿病患者应该在很大程度上代表了上海糖尿病疾病基本情况和患者的诊治现状。但也要考虑现实社会中,上海还有其他三级、二级、社区、私立及外资等共几百家医疗机构也在服务糖尿病患者,特别是年龄较大的老年人更有意愿在社区和地段医院就诊;糖尿病患者中包括上海本地居民、常住人口和流动人口及来自江浙皖的外地患者;糖尿病门诊患者的身高、体重、血压、是否吸烟等信息在电子病历中没有记录;糖尿病住院信息中会有家族史、病程等详细相关信息。总之,利用真实临床数据开展真实世界研究中都存在或多或少的信息不足与条件局限,在课题设计与具体实施真实世界研究的过程中要反复揣摩、谨慎思考,以专业、常识、逻辑及深挖具体实际情况来降低真实世界数据带来的偏倚影响,确保临床研究结论的可靠性和代表性。

1) 糖尿病患者癌症风险分析

糖尿病的癌症发生风险一直在临床上得到高度关注,但近十几年来仅有几篇医学研究报道。因为癌症的发病率相对较低,每十万普通人群每年新发癌症患者总数仅为二三百人,如果从短期随访观察研究角度要得到糖尿病患者人群的癌症情况,理想条件是拥有一个十万或以上级别的大样本糖尿病患者观察队列,这样才方便统计各种类型癌症在糖尿病人群中的发病率及相关风险。倘若要完成上述课题设计,采用传统调查方式的人力和物力成本显然都是巨大的。上海糖尿病大数据保存有糖尿病患者十年的疾病就诊记录,借助庞大的数据信息优势能够计算出糖尿病患者罹患各种癌症的相关风险。通过入组 41 万 2 型糖尿病患者观察跟踪到糖尿病患者共发生 8 485 例癌症,然后统计分类 23 种常见癌症类型在糖尿病患者人群中的癌症数据,进而计算给出各种癌症的标准化发病率(standardized incidence ratio, SIR)。最终研究结果显示,2 型糖尿病患者的总体癌症风险均显著增加(男性和女性 SIR 分别为 1.34 和 1.62),且不同癌症类型的风险在男、女患者中存在差异,男性糖尿病患者罹患前列腺癌的风险最高(SIR=1.86),其他高风险癌症还有肝癌、胰腺癌和甲状腺癌等;女性糖尿病患者癌症风险最高的是鼻咽癌(SIR=2.33),其他还有肝癌、食管癌、肺癌和甲状腺癌等[29]。该研究成果提示糖尿病患者,特别是已具有某些癌症高风险特征的糖尿病患者需要高度关注相关风险,定期体检,早发现早治疗。

2) 降糖药胰岛素导致胆道癌风险

胆道癌是一种发病率低、死亡风险高的癌症,临床上分为三种亚型:胆囊癌、肝内胆管癌和肝外胆管癌,之前有欧洲研究团队曾尝试分析降糖药胰岛素与胆道癌的相关风险,但因发生终点事件胆道癌的人数太少而未能得到研究结果[30]。在上海糖尿病大数据筛选出 20.3 万例 2 型糖尿病患者构成回顾性原始观察队列,再根据降糖药胰岛素使用情况分成胰岛素使用组和未使用组,利用倾向性评分同时构建 1:1 匹配的胰岛素使用组和未使用组的匹配队列。采用 Cox 回归统计分析计算得到原始队列及匹配队列胆道癌发生风险比(hazard ratio,HR)及 95% 置信区间(confidence interval,CI)。匹配队列中接受胰岛素治疗的 2 型糖尿病患者的肝外胆管癌风险显著增加(HR:4.10;95%CI:1.54~10.92;$P=0.005$),而胰岛素治疗未对肝内胆管癌和胆囊癌产生影响;原始队列中也得到相同的结果,胰岛素使用组的肝外胆管癌的风险升高(HR:2.38;95%CI:1.33~4.27;$P=0.004$),同样也未观察到胰岛素使用与肝内胆管癌和胆囊癌有显著风险关联[31]。

3) 糖尿病的共病网络分析

糖尿病的共病和并发症是威胁糖尿病患者健康,甚至导致死亡的主要风险因素,临床上一直高度关注糖尿病并发症的防范、控制与治疗。但因并发症疾病种类繁多且不同患者之间存在很大的个体差异,临床研究中常常采用相对笼统和简单的疾病分类方式(如大小血管病变、神经病变等)以便于后期的统计分析。上海糖尿病大数据有糖尿病患者相对较长时间内罹患各种疾病信息,通过数据整理最终汇总了 25.6 万男性和 24 万女性 2 型糖尿病患者各种疾病的糖尿病共病数据集,采用机器学习网络分析方法针对 177 种细分疾病构建形成一个由 132 个节点和 697 个边组成的男性糖尿病共病网络及 144 个节点和 868 个边的女性糖尿病共病网络,系统地分析糖尿病共病随患病时间延长而发生的变化趋势,原发性高血压(I10)和脂蛋白代谢紊乱及其他高脂血症(E78)在整个糖尿病所有并发症中占据非常大的比例,并可能在糖尿病致残致死结局中起到非常关键性的作用。这一发现提示糖尿病临床诊治过程中在降糖的同时也要关注患者血压和血脂的控制与达标(图 4 - 3)[32]。

4.3.2.2　临床业务分析

现阶段我国各级医疗机构,特别是公立医院,承担着保障居民卫生健康安全的社会责任,同时通过提供医疗服务满足客户需求获取相应经济收入,这也是医院能够持续运行的保障。医疗服务本身有其特殊性,它是建立在一种信息不对称下的市场交易,这种信息不对称不仅体现在医护与患者之间,在某种程度上还存

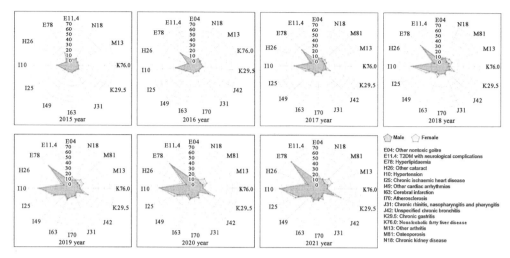

图 4 - 3　糖尿病共病随时间变化趋势[32]

在于医疗体系的各层级之间。正是由于医疗信息的不对称性及高度专业性导致患者就医时往往无法正确选择恰当的医疗服务,如小病当大病看、多家医院比较看、托关系找朋友等。另外,医院的行政和专科划分也在一定程度上让医疗信息无法客观呈现,导致卫生监管部门和上级管理者对真实临床状况无法准确获取,也就无法给出合理判断与决策。就大型西医体系的医院而言,临床分工和专业化已经达到极高程度,通常医院都会设有几十个临床科室,各科室之间相对独立,虽有部分疾病可同时在不同科室诊治,但绝大多数疾病有其对应的临床专科,临床专科和分工大大提升了临床诊治效率,但也导致医疗体系更加复杂。

卫生主管部门和医疗单位管理层对具体临床信息的获取往往依赖于下级和下属的汇报,但汇报信息是否真实、是否可靠、是否全面等往往缺乏客观独立的信息评价标准和评估体系,这就导致现今临床业务常常以流量数据作为管理和评价依据,如某医院去年接诊了多少患者、门诊和住院量各是多少、检验检查多少、手术情况等。至于临床业务的能力、诊治效果,处方是否合理等真正有关医疗服务的核心问题,却因为缺乏必要的技术手段和评价方法与标准而无法进行评估和评价。未来医疗信息化的进一步发展与临床数据分析能力的提升可能会对临床业务评价、疾病诊疗管理、患者就医等诸多方面提供一次飞跃式的发展良机。

是机遇也是挑战。如何通过数据挖掘与数据分析全面准确地呈现真实的临床业务能力和诊治效果是非常值得研究的课题。乳腺癌是严重危害女性健康的恶性肿瘤,其发病率逐年上升。上海交通大学医学院附属瑞金医院外科乳腺疾病诊治中心于 2015 年初建立基于大数据技术的上海交通大学乳腺癌数据库实行智能化的病例录入、个体化检索和实时在线统计[33]。根据乳腺癌数据库 2009 年 1 月—2018 年 12 月期间的 8 210 例非晚期乳腺癌手术患者数据统计分析显示乳腺癌术后 5 年和 10 年总生存率分别为 94.2% 和 90.7%,其中 5 年生存率高于国内的 83.2% 和美国的 90.2%[34]。乳腺癌数据库纳入的患者 100% 得到跟踪和随访,这确保了数据信息的完整性,其分析结论更加可靠,数据的临床价值也无比珍贵。瑞金医院乳腺中心利用临床数据分析直观呈现科室卓越的临床业务能力。试想如果临床数据分析可以在更多疾病、更多科室和更广区域应用,那么无论对于医生个人,还是科室,甚至医院都可以通过分析呈现临床诊治信息,获得真实的临床诊治效果和临床业务水平。

正所谓餐馆的菜好不好吃是由顾客的意愿及买单决定,不取决于厨师的学历、背景和资历。除了上述乳腺癌例子中的生存率评价指标、临床手术方式、术后治疗方案、患者治疗费用、住院时间等更多维度信息一定会让临床业务评估和评价更准确、更全面、更系统。医疗是一个具有特殊属性的行业,在我国逐渐步入老龄化社会的今天,各家医院、各个科室与各级医护人员已在面临前所未有的压力,真实临床数据分析的目的不是让负重前行的临床更加内卷,而是要通过展现真实临床状况让临床诊治效率更快提升,通过跟踪真实临床诊治效果让更多精于医术的医生得到应有的认可与准确的评级,通过全面掌握真实临床信息让行政监督和监管能够更及时、更合理地有的放矢。2023 年 12 月,*NEJM Catalyst* 杂志发表了中山大学附属第一医院从大数据驱动角度对临床专科的服务能力进行客观评价,并提出针对性改进建议的相关研究成果,该研究基于数据驱动的术科绩效评价模型对该院 2019—2022 年间 267 411 份电子病历进行分析,开展提升临床服务能力的数据挖掘与案例研究,不断改进医疗质量与服务效率[35]。

临床数据分析的广泛应用一定会让医疗服务更透明、更公开,在临床业务的管理评价、资源调配、监督防控等领域中也一定会大展拳脚,有所作为。下面利用已公开发表的糖尿病大数据临床数据分析实例说明在临床业务分析过程中的思考。

1) 糖尿病患者他汀类药物处方分析

心血管疾病是糖尿病的主要并发症,也是导致糖尿病患者死亡的主要原因,因此在糖尿病治疗中对于心血管并发症的预防与控制极为关注,最新《中国 2 型糖尿病防治指南》(2020 年版)中指出:"他汀类药物降低低密度脂蛋白胆固醇(LDL - C)可以显著降低心血管事件的发生风险,建议对于没有明显血管并发症但心血管风险高危或极高危的 2 型糖尿病患者使用以预防心血管事件和糖尿病微血管病变的发生。"[36] 为了解他汀类药物在临床上的真实使用情况,利用上海糖尿病大数据对近 70 万 2 型糖尿病患者在 2015—2021 年间的药物处方统计分析,数据分析结果令人担忧,他汀类药物在 2 型糖尿病患者中的使用率仅有 31.5%,已有心血管疾病的极高危患者使用他汀类药物治疗的也只有 51.6%,以上的临床分析结果揭示出 2 型糖尿病实际临床治疗中存在的重大缺陷和问题[37]。与上海的研究结果类似,对在北京地区 6 家医院就诊的 1 518 例 2 型糖尿病他汀类药物使用情况开展的非干预性观察性研究发现:他汀类药物使用组占比为 45.9%,既往他汀类药物使用组为 10.9%。北京地区的调查分析结果是他汀类药物使用组血脂达标率优于既往他汀类药物使用组和未使用组,北京地区 2 型糖尿病患者中他汀类药物的使用也明显不足[38]。国家药品集中采购使得患者使用他汀类药物的经济负担显著下降,最便宜的他汀类药品月费用甚至不到 10 元[39]。在这样的医疗条件下,如何及时发现疾病诊治中存在的问题和不足无疑成为提升临床治疗效率,提高医疗规范与标准化的监督重点。基于真实临床数据开展的研究分析可能为临床监管、医疗评价、行政审查等开辟了一条可行的路径。

2) 糖尿病综合诊治分析

正如《穿透财报,发现企业的秘密》一书中谈到的:认识和了解一家公司第一重要的指标是它的股票市值,它最能够代表一家公司规模和影响力。相同的,在各种糖尿病临床就诊数据当中何为第一重要指标,笔者认为是就诊量。就诊量不仅反映了医疗机构的声誉和处置能力,在一定程度上也体现了临床的诊治水平,其背后的基本逻辑不言而喻。目前几乎所有公立医院都是开放式的,患者选择去哪家医院就诊有绝对的自主权,所以好的口碑和声誉也必然导致就诊需求供不应求。但如何更加高效地解决患者需求,合理安排就诊流程,提高临床效率且充分利用现有临床资源的前提是需要了解和掌握患者真实的就诊需求,然后才能做出适当的调整和资源配置。图 4-4 分析了糖尿病患者在不同科室之间的就诊频次和组成比例,从图中可以明显看出糖尿病患者在内分泌科之外的心血管科、急诊科、消化科、肾脏科等科室也有很高的就诊需求[9]。一般情况下,患者若要完成多个科室的就诊必须挂多个号,反复排队多次,目前上海部分医院增设的糖尿病高血压门诊、糖尿病心血管门诊等特色门诊解决了糖尿病患者多次就诊需求,这种特色门诊为患者提供了更高效的临床服务。

4.3.2.3　人工智能在糖尿病临床的开发与应用

近年来,人工智能(AI)技术的快速发展影响和改变了很多行业的传统生态,医疗行业的影像识别、辅助治疗决策、护理监测、药品研发等很多临床细分领域 AI 都逐渐发挥重要作用[40]。AI 技术的开发和发展离不开数据资源,我国在医疗大数据领域有着先天优势和条件,对于 AI 技术的需求和应用也有着广泛的市场基础,尤其是未来伴随人口老龄化的医疗领域亟须 AI 技术的介入,通过 AI 技术减少医护人员的工作量,降低人工成本,而且利用 AI 技术的科研创造也会提高医疗

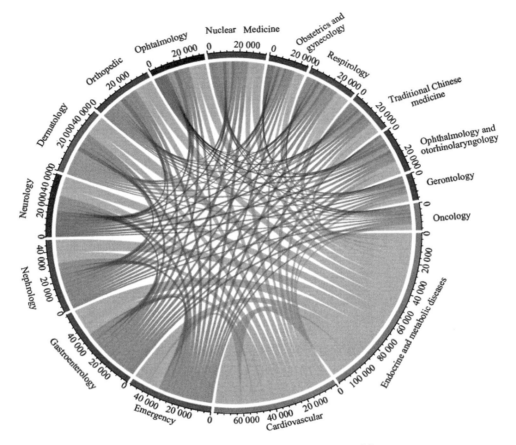

图 4-4　糖尿病患者在不同科室就诊分析[9]

效率,提升医疗服务质量,造福广大人民群众。目前,在糖尿病视网膜病变筛查、血糖监测与预测、糖尿病管理 App、智能胰岛素注射系统、糖尿病并发症风险预测等糖尿病的管理与治疗方面,AI 技术都有成功的案例展示。

1) 糖尿病视网膜病变筛查

糖尿病视网膜病变是常见的糖尿病慢性并发症,主要是由于长期高血糖导致眼部视网膜的微血管病变,患者早期临床症状并不明显,病情严重时通常会造成视力损伤甚至失明。通过对高风险人群的眼底检查,早发现、早治疗是避免永久性视力丧失的有效手段。《中国 2 型糖尿病防治指南》(2020 年版)建议糖尿病患者应在诊断后进行首次眼病筛查,并在诊断后的 5 年内应进行综合性眼病检查,即使无糖尿病视网膜病变的患者也要至少每 1～2 年复查 1 次,以便早期发现糖尿病视网膜病变并进行干预。随着居民老龄化及糖尿病患病总人群的增加,糖尿病患者的眼底筛查已成为临床的极大负担。2018 年 4 月,美国 FDA 批准了 Digital

Diagnostics 公司的 IDx-DR 糖尿病视网膜病变筛查软件,该软件通过基于眼底照片的检测结果在无须临床医生对图像进行诊断的条件下,可对成年糖尿病患者视网膜症状提供筛查决策,它也是美国 FDA 批准的第一款采用新一代人工智能技术的筛查软件产品。美国 10 个初级护理点招募了 900 名没有糖尿病视网膜病变史的受试者(其中 892 名受试者完成了所有程序),与威斯康星州眼底影像阅读中心的专家给出的结果进行比对,IDx-DR 系统的灵敏性为 87.2%,特异性为 90.7%,成像率为 96.1%,稳健性明显优于初级护理终点目标[41]。此研究结果说明,人工智能有能力将专业级诊断引入初级医疗机构,降低成本的同时改善糖尿病视网膜病变的早期检测,从而减轻和避免后续导致失明和视力丧失的风险。

2020 年,我国国家药品监督管理局批准通过了深圳硅基智能科技有限公司的"糖尿病视网膜病变眼底图像辅助诊断软件"和上海鹰瞳医疗科技有限公司的"糖尿病视网膜病变眼底图像辅助诊断软件",这是我国人工智能技术首次应用于眼科图像辅助诊断。其中,鹰瞳科技公司研发的糖尿病视网膜病变的诊断软件敏感度和特异性分别达 91.75% 和 93.1%,足以与眼底病专家媲美。将该软件安装到眼底照相机上,可实现糖尿病视网膜病变的筛查,切实提高基层医院的诊断水平,有利于糖尿病视网膜病变的早发现和早治疗,该案例已成为人工智能从技术到临床应用的成功典范[42]。

2)糖尿病辅助管理

通常情况下,确诊的糖尿病患者需要终身服药并进行血糖监测等自我健康管理。在我国现有医疗条件下,医护人员虽然能够根据患者具体情况及时调整降糖药以控制患者血糖升高,也会开展糖尿病相关的教育活动,但更多的院外血糖监控与管理主要依赖于患者自身意愿和自我管理。加强糖尿病患者与医护人员的沟通交流,增强院外患者的自我监控与管理,这些都是糖尿病慢病管理的主要工作任务。其中,定期复诊不仅可以增加医护与患者的交流,提高患者治疗依从性,而且定期复诊和检验检查也可以及时发现病情变化,促进治疗方案的调整,改善患者健康状况。上海市第一人民医院对糖尿病患者建立基本信息资料和疾病相关生活方式档案,2021 年正式使用基于互联网技术和语音识别技术的人机交流人工智能语音随访系统,对患者进行智能语音随访,提醒患者复诊并根据患者具体情况协助预约挂号。与传统人工随访相比,人工智能语音随访系统可进行电话重拨及短信提醒等功能,有效提高了患者的电话接听率和信息获取率从而促进患者定期复诊,同时人工智能语音随访系统也降低人工随访成本,显著提高了患者的复诊率[43]。

我国糖尿病患者人群总量在不断扩大,但现有公立医院的医疗资源和医护人员相对不足,无法满足日益增长的临床需求,借助人工智能技术的新型随访模式不但缩短随访耗时、节约人力和降低医疗成本，而且通过增加定期随访患者会更加重视日常生活方式调整，有较好的用药依从性，血糖控制程度也会更好。良好的糖尿病慢病管理可以有效预防并降低糖尿病并发症的发生，兵器工业总医院内分泌科利用智能手机 App 及可穿戴智能便携式检测设备对住院治疗后出院的 255 例糖尿病患者随机分成三组开展相关研究，常规组仅给予常规出院指导和门诊干预；对照组是在出院指导的基础上，通过医学人工智能软件，由患者自行管理生活和监测血糖；试验组是在对照组的基础上，定期随访指导或门诊复诊，对糖尿病患者进行 5 个方面综合治疗：糖尿病教育、饮食治疗、运动锻炼、血糖监测、药物调整。6 个月后，三组血糖、血脂、BMI 指标均明显改善，且试验组、对照组明显优于常规组，试验组指标改善优于对照组；试验组自我管理能力总分及饮食控制、运动管理、监测血糖、药物使用评分均高于对照组[44]。该研究说明医学人工智能可以有效地延续院内管理，使患者出院后能有效地控制血糖、血脂、血压、体重等，提高患者自我管理能力及正确认识疾病的能力，提高患者生活质量，为患者长期健康管理提供了实例。

3）辅助临床诊断与疾病预测

过往的研究证实 AI 在医学影像解读方面有巨大潜力和应用前景，能够成功完成解读 X 射线、MRI 磁共振成像及 CT 计算机断层扫描等医学影像，并且可以更快、更精确地给出诊断报告，在减轻医生工作量的同时也减少了人工的诊断错误[45,46]。除影像数据外，AI 也可以对多种不同形式的医疗数据进行判断及预测，利用多来源、多形式数据信息不仅可以增强医学诊断和预测结果的准确性，而且还能够通过长期监测病情进展来增强有效治疗及慢性疾病的管理能力。未来，AI 很可能会被广泛使用在大量医疗数据中寻找疾病模式和风险因素以帮助患者在临床疾病出现之前进行疾病预防和干预。

国内外应用 AI 技术对糖尿病及糖尿病并发症的诊断和预测已有很多报道，国内两篇关于使用机器学习方法预测糖尿病的研究文章分别于 2021 年和 2023 年发表在《数字技术与应用》杂志上，两篇文章的基本思路都是通过各种机器学习算法来对糖尿病进行预测，虽然两个研究最终得到不同的最佳预测模型和方法，但都取得了不错的预测效果[47,48]。

但是未来无创血糖技术的发展可能对于糖尿病的直接诊断会越来越便捷，因此相对于糖尿病的发生预测，糖尿病的并发症预测可能会更有临床需求和现实意义。糖尿病足是一种严重的常常被患者所忽视的糖尿病并发症，患有糖尿病足部溃疡的患者在 5 年内死亡风险是未患有足部溃疡糖尿病患者的 2.5 倍。超过 50% 的糖尿病溃疡会被感染，其中大约 20% 的中度或重度糖尿病足感染导致某种程度的截肢，且糖尿病患者相关截肢术后 5 年死亡率超过 70%[49]。利用临床大数据采用机器学习方法对糖尿病足预测已有很多研究报道,机器学习算法的分类功能能够从算法层面筛选出更多对糖尿病足具有诊断和预测意义的潜在因子,有效帮助糖尿病足的防治和临床决策。AI 技术在影像方面的强大优势,如糖尿病患者足底红外热成像的图像分割、糖尿病足缺血和感染的识别、糖尿病患者足底温度监测等很多方面取得优于传统的效果,为糖尿病足的治疗决策提供了多维度的证据支持,从而改善糖尿病足的治疗效果及预后[50]。

妊娠糖尿病是怀孕女性在妊娠期间发生的常见疾病,妊娠糖尿病对母亲和婴儿都有很大危害,患病孕妇易发生妊娠高血压、先兆子痫、剖宫产、胎膜早破等风险,新生儿易患呼吸窘迫综合征、高胆红素血症、低血糖症、巨大胎儿等并发症,且子代未来患糖尿病和肥胖的风险显著增加,若能早期筛查并识别妊娠糖尿病的高危人群进行早期干预会有效减少其对母亲和胎儿的影响[51]。2022 年 1 月,中华医学会发布了《妊娠期高血糖诊治指南(2022)》推荐对所有首次产前检查的孕妇进行空腹血糖筛查,对有糖尿病高危因素的孕妇应加强健康宣教和生活方式的管理,其中妊娠糖尿病的高危因素,包括肥胖(尤其是重度肥胖)、一级亲属患有糖尿病、冠心病史、慢性高血压等[52]。国内外已开展很多妊娠糖尿病风险预测研究,这些研究使用电子病历作为数据来源,临床数据提供了准确的病史及怀孕期间的多项血液检查结果,基于此临床电子病历数据构建的风险预测模型都较好地准确预测。2022 年,日本研究人员利用日本全国出生队列研究分析了 82 698 名怀孕母亲的孕前和孕早期的生活方式、家庭收入、心理健康问卷等各种与妊娠糖尿病相关的数据,采用多种人工智能机器学习方法(随机森林、梯度提升决策树和支持向量机)分析后显示梯度提升决策树方法的准确率最高[53]。

除了上述提到的糖尿病足和妊娠糖尿病,其他临床上更为常见的糖尿病并发症,如糖尿病肾病、糖尿病神经病变、糖尿病血管病变等,都有很多相关研究报道[54,55]。计算机替代医生进行临床诊治服务一直以来都是 AI 在医学领域所追求的终极理想,AI 在疾病的评估、诊断和预测等方面已取得相当好的效果,这些都取决于正确地选择合适的计算机算法,如深度学习虽然对非结构化数据(图像、声音、自然语言等)是有效的,但在表格数据方面决策树模型会更容易获得良好的预测且计算成本低很多[56]。未来计算机能否更多进入临床不仅取决于医学统计及AI 技术的发展,也和现实社会中逐渐增长的医疗需求有着非常大的关系。

参考文献

[1] 季兴东,邵扣霞. 医院信息化迅猛发展的历史回顾和分析[J]. 泰州职业技术学院学报,2018,18(5):78-80.
[2] 顾颖. 专科病例数据库建设现状与对策[J]. 中华医学图书情报杂志,2011,20(11):20-22.

［3］冯雨萱,郑锐,于广军. 我国临床专病数据库建设情况概述[J]. 上海医药,2024,45
(9):1310-1318.

［4］李珂璇,孙振,邱辉忠,等. 北京协和医院结肠癌专病数据库的建立:单中心数据库经验[J].
协和医学杂志,2023,14(3):566-574.

［5］李牛,李磊,陈会文,等. 上海市儿童罕见病登记数据库建设和阶段性数据总结[J]. 临床儿
科杂志,2024,42(2):102-109.

［6］于广军,杨佳,泓郑宁,等. 上海市级医院临床信息共享项目(医联工程)的建设方案与实施
策略[J]. 中国医院,2010,14(10):9-11.

［7］母晓莉,徐俊,鞠伟卿,等. 基于医联大数据的实时数据平台的建设与应用[J]. 中国卫生信
息管理杂志,2018,1:73-76.

［8］姚华彦,何萍,崔斌,等. 基于医联工程的糖尿病大数据中心建设及其在疫情防控中的应用
[J]. 中国数字医学,2022,17(9):37-40.

［9］薛彦斌,齐季瑛,张子政,等. 上海糖尿病临床专病大数据库建设与真实世界研究[J]. 上海
交通大学学报(医学版),2023,43(9):1145-1152.

［10］Karamanou M, Protogerou A, Tsoucalas G, et al. Milestones in the history of diabetes mellitus:
The main contributors[J]. World Journal of Diabetes, 2016,7(1):1-7.

［11］孙孝忠.《黄帝内经》对糖尿病的认识[J]. 光明中医,2011,26(7):1313-1314.

［12］Ahmed A M. History of diabetes mellitus[J]. Saudi Medical Journal, 2002, 23(4):
373-378.

［13］Lakhtakia R. The history of diabetes mellitus[J]. Sultan Qaboos University Medical
Journal, 2013,13(3):368-370.

［14］ElSayed N A, Aleppo G, Aroda V R, et al. Classification and diagnosis of diabetes:
Standards of care in Diabetes-2023[J]. Diabetes Care, 2023, 46(Suppl 1):S19-S40.

［15］World Health Organization[EB/OL]. [2024-11-26]. https://www.who.int/news-room/
fact-sheets/detail/diabetes.

［16］Sun H, Saeedi P, Karuranga S, et al. IDF diabetes atlas: Global, regional and country-level
diabetes prevalence estimates for 2021 and projections for 2045[J]. Diabetes Research and
Clinical Practice, 2022, 183:109-119.

［17］全国糖尿病研究协作组. 全国 14 省市 30 万人口中糖尿病调查报告[J]. 中华内科杂
志,1981, 20(11):678-683.

［18］Pan X R, Yang W Y, Li G W, et al. Prevalence of diabetes and its risk factors in China, 1994
[J]. Diabetes Care, 1997, 20(11):1664-1669.

［19］李立明,饶克勤,孔灵芝,等. 中国居民 2002 年营养与健康状况调查[J]. 中华流行病学杂
志,2005,26(7):478-484.

［20］Yang W, Lu J, Weng J, et al. Prevalence of diabetes among men and women in China[J].
NEJM, 2010, 362(12):1090-1101.

［21］Xu Y, Wang L, He J, et al. Prevalence and control of diabetes in Chinese adults[J].
JAMA, 2013, 310(9):948-959.

［22］Wang L, Gao P, Zhang M, et al. Prevalence and ethnic pattern of diabetes and prediabetes
in China in 2013[J]. JAMA, 2017, 317(24):2515-2523.

［23］Li Y, Teng D, Shi X, et al. Prevalence of diabetes recorded in mainland China using 2018
diagnostic criteria from the American Diabetes Association: National cross sectional study
[J]. BMJ, 2020, 369:m997.

［24］上海市糖尿病研究协作组. 上海地区十万人口中糖尿病调查报告[J]. 上海第一医学院学
报,1980,7(2):137-138.

［25］黎衍云,杨沁平,吴菲,等. 上海市 35 岁及以上居民 2 型糖尿病流行现状及影响因素分析
[J]. 中国慢性病预防与控制,2021,29(10):729-734.

［26］李洪,魏来,贾继东,等. 观察性临床研究是随机对照临床研究的重要补充[J]. 中华肝脏病
杂志,2015,23(5):389-392.

［27］王雯,谭婧,任燕,等. 重新认识真实世界数据研究:更新与展望[J]. 中国循证医学杂
志,2020,20(11):1241-1246.

［28］刘雅莉,谢琪,刘保延,等. 临床试验百年历程概述[J]. 中国循证医学杂志,2016,16

（11）：1241 - 1249.

[29] Qi J，He P，Yao H，et al. Cancer risk among patients with type 2 diabetes：A real-world study in Shanghai，China[J]. Journal of Diabetes，2019，11(11)：878 - 883.

[30] Schlesinger S，Aleksandrova K，Pischon T，et al. Diabetes mellitus，insulin treatment，diabetes duration，and risk of biliary tract cancer and hepatocellular carcinoma in a European cohort[J]. Annals of Oncology，2013，24(9)：2449 - 2455.

[31] Qi X，He P，Yao H，et al. Insulin therapy and biliary tract cancer：Insights from real-world data[J]. Endocrine Connections，2022，11(3)：e210546.

[32] Zhang Z，He P，Yao H，et al. A network-based study reveals multimorbidity patterns in people with type 2 diabetes[J]. iScience，2023，26(10)：107979.

[33] 沈坤炜，李宏为. 真实世界研究与乳腺癌网络数据库建设[J]. 外科理论与实践，2017，22(5)：369 - 370.

[34] 陈小松，李帅，吴佳毅，等. 基于大型综合医院单中心乳腺癌手术病人 10 年诊治和生存分析[J]. 外科理论与实践，2021，26(2)：149 - 158.

[35] Cheng S，Zhang W，Long S，et al. Data-driven surgical performance measurement and improvement：An exploration in an academic medical center in China [J]. NEJM Catalyst，2023，4(s1).

[36] 中华医学会糖尿病学分会. 中国 2 型糖尿病防治指南（2020 年版）[J]. 中华糖尿病杂志，2021，13(4)：315 - 409.

[37] Jing R，Yao H，Yan Q，et. al Trends and gaps in statin use for cardiovascular disease prevention in type 2 diabetes：A real-world study in Shanghai，China[J]. Endocrine Practice，2023，29(10)：747 - 753.

[38] 郭立新，孙灿，李全民，等. 北京地区 2 型糖尿病患者他汀类药物使用状况调查[J]. 中华糖尿病杂志，2022，14(5)：433 - 439.

[39] 边俊玉，石秀锦，杜海燕，等. 国家药品集中采购政策下他汀类药物和依折麦布的应用分析[J]. 中国医药，2023，18(11)：1698 - 1702.

[40] 刘蓬然，霍彤彤，陆林，等. 人工智能在医学中的应用现状与展望[J]. 中华医学杂志，2021，101(44)：3677 - 3683.

[41] Abràmoff M D，Lavin P T，Birch M，et al. Pivotal trial of an autonomous AI-based diagnostic system for detection of diabetic retinopathy in primary care offices[J]. NPJ Digital Medicine，2018，1：39.

[42] 李朝辉，吴畏. 重视人工智能在眼科领域的应用[J]. 解放军医学院学报，2022，43(10)：1010 - 1013.

[43] 朱烨，朱立颖，杜瑞，等. 人工智能语音随访系统在 2 型糖尿病患者中的应用[J]. 上海护理，2023，23(7)：28 - 31.

[44] 冯颖倩，王梦君，吕思清，等. 医学人工智能在 2 型糖尿病健康管理中的应用[J]. 中华养生保健，2023，41(21)：11 - 16.

[45] Ghaffar Nia N，Kaplanoglu E，Nasab A. Evaluation of artificial intelligence techniques in disease diagnosis and prediction[J]. Discover Artificial Intelligence，2023，3(1)：5.

[46] Kumar Y，Koul A，Singla R，Ijaz M F. Artificial intelligence in disease diagnosis：A systematic literature review，synthesizing framework and future research agenda[J]. Journal of Ambient Intelligence Humanized Computing，2023，14(7)：8459 - 8486.

[47] 肖薇. 机器学习算法在糖尿病预测中的应用[J]. 数字技术与应用，2021，39(4)：104 - 106.

[48] 谢妮妮. 机器学习算法在糖尿病预测中的应用及分析[J]. 数字技术与应用，2023，41(2)：53 - 57.

[49] Armstrong D G，Boulton A J M，Bus S A. Diabetic foot ulcers and their recurrence[J]. NEJM，2017，376(24)：2367 - 2375.

[50] 杨启帆，杨镇玮，白超，等. 机器学习算法构建糖尿病足预测模型的研究进展[J]. 血管与腔内血管外科杂志，2023，9(4)：460 - 464.

[51] 吕绍淦，葛声. 妊娠糖尿病风险预测模型的研究进展[J]. 中国医刊，2023，58(10)：1064 - 1067.

[52] 中华医学会妇产科学分会产科学组，中华医学会围产医学分会，中国妇幼保健协会妊娠合

并糖尿病专业委员会,等. 妊娠期高血糖诊治指南(2022)[第一部分][J]. 中华妇产科杂志,2022,57(1):3－12.

[53] Watanabe M,Eguchi A,Sakurai K,et al. Prediction of gestational diabetes mellitus using machine learning from birth cohort data of the Japan Environment and Children's Study[J]. Scientific Reports,2023,13(1):17419.

[54] 钟雪萍,夏文芳. 人工智能应用于糖尿病领域的研究进展[J]. 华中科技大学学报(医学版),2023,52(5):719－725.

[55] 唐伟,张子成. 人工智能在糖尿病诊疗中的研究进展[J]. 实用老年医学,2023,37(9):882－885.

[56] Grinsztajn L,Oyallon E,Varoquaux G. Why do tree-based models still outperform deep learning on typical tabular data? [C]//Proceedings of 36th International Conference on Neural Information Processing Systems,2022,35:507－520.

第 5 章

临床大数据分析与试验设计

了解临床实验设计方法，并掌握临床数据分析手段，是一线医护和研究人员高效利用临床资源所必须掌握的背景知识。本章首先介绍临床研究的基本研究对象和类型；接着，结合临床统计的相关知识和案例，具体介绍针对不同临床数据类型和研究情景，应如何选择相应的合适检验和分析方法；最后，以模拟 RCT 和基于机器学习的因果推断为例，指出此领域未来的可能发展空间和潜力。

5.1　临床研究对象与分类

临床研究是指在人群（也可被称为受试者、患者或志愿者）中进行的药物试验或治疗方法效用评估的系统性研究[1]。通过量化和比较试验组与对照组的结果，观察药物试验或治疗（或手术）方法对疾病治疗的作用，以及其在发挥效用的过程中可能产生的不良反应。临床研究的主要目的是证实药物或治疗手段的有效性和安全性，从而为特定药物和治疗手段的实践和推广提供量化指标支持。

针对具体临床研究对象，临床研究主要有三大类型：新药试验、新医疗器械试验和新疗法或手术方法试验。

（1）新药试验：以患者或健康志愿者作为受试对象，在一定控制条件下，科学探索药物剂量与疗效的关系，并综合评价该药物对特定疾病预防和治疗的有效性和安全性。

（2）新医疗器械试验：以患者或健康志愿者作为受试对象，在一定控制条件下，科学探索和评价该医疗器械对特定疾病诊断、预防和治疗的有效性和安全性。

（3）新疗法或手术方法试验：以患者或健康志愿者作为受试对象，在一定控制条件下，科学探索和评价该疗法或手术方法对特定疾病诊断、预防和治疗的有效性和安全性。

5.2　　真实世界临床研究数据来源与样本量设计

　　真实世界的临床研究数据一般为来源于患者或健康志愿者的人体测量值、生物化学指标水平或组织样本数据。正因为以人为受试对象，真实世界临床研究的设计必须遵循伦理道德准则，并提前设定合理明确的筛选标准，以最大限度地保护受试者的权益。受试对象的选取必须严格契合临床试验的研究问题和研究目的，并明确定义临床试验的各种观测指标，既要有有效性指标，也要有安全性指标，缺一不可。在临床研究中，为了尽量避免研究者与受试者的主观因素对试验结果的干扰，盲法（blind method）是纠正偏倚的一个重要手段。根据设盲的程度，临床研究也可被分为开放性试验、单盲试验（仅受试者不知自己所接受的是何种药物、器械或手术治疗）、双盲试验（参与临床研究的医护人员和受试者均不知受试者所接受的是何种药物、器械或手术治疗）和三盲试验（参与临床研究的医护人员、受试者及数据收集和分析人员三方都不知受试者所接受的是何种药物、器械或手术治疗）。

　　临床研究设计需符合随机、对照、重复和均衡四个基本原则[1]。其中，可重复性是临床研究中值得重点关注的原则。通常，一个设计合理的、具有可重复性的临床研究需要满足可重复试验这一特点，即在相同的试验条件下的独立重复试验的次数应足够多。合理设计样本量是确保临床研究具有可重复性的充要条件。样本量的初步估计通常由临床研究效应量和数据统计特征（包括统计分布、统计检验显著水平、统计检验效能、单侧或双侧检验及患者和健康志愿者分配比例）决定，伴随试验中的脱落率、剔除率和依从性变化导致的受试者的减少，样本量估计需随之调整变化。

5.3　　定性数据简介

5.3.1　定性数据的特征

　　描述性研究通常代表了临床研究中的第一步：对病症现象、状态和规律的观察和总结。定性数据又是描述性研究的重要组成部分，也被称为描述性统计。因而，定性数据（descriptive statistics）通常是对一组数据其含有特征的有效总结和呈现；该组数据可以为某临床样本（sample）或某人群（population）的相关健康指标，也可以为其对某种药物、监测和手术的治疗反应。

定性数据的描述主要包括三个部分：① 对该组数据分布（distribution）的描述；② 对该组数据主要中心趋势（central tendency）的描述，常用指标变量包括平均值、中位数和众数；③ 对该组数据差异性（variability）的描述，常用指标变量包括值域（range）、四分位距（interquartile range）、标准差（standard deviation）和方差（variance）。本节重点介绍临床数据的主要类别及每种类别下定性数据的具体应用。

（1）值域：也称极差或全距，为样本中最大值和最小值之差。

（2）四分位距：上四分位数和下四分位数之差。

（3）方差：数据组中各数值与其均值离差平方的平均值，能较好地反映数据组的离散程度。记总体方差为 σ^2，样本方差为 S^2，其计算公式为 $S^2 = \sum (X - \overline{X})^2 / (n-1)$。

（4）标准差：方差的算数平方根，记为 S。

5.3.2　定性数据的主要分类

1）连续型数据（continuous data）

顾名思义，连续型数据的值具有连续性，即它可以在变量值所属区间内任意进行取值。临床连续型数据一般可以通过测量获得，如某人的身高、体重、体温、血压、胰岛素水平。对于连续型数据，可使用平均值（有时可以使用算数平均值）、中位数和众数来反映"集中趋势"，即样本数据中针对此变量，大多数人会趋向集中的某一数值；可使用值域、四分位距、标准差、方差描述"离散趋势"，即样本数据与平均数之间的差别。一般来说，数据之间若分隔较散，它的方差、标准差等数值都会较大；若聚集较集中，则方差、标准差较小。若临床研究中涉及连续型数据且该连续型数据整体符合正态分布规律，则一定需要平均值和标准差对数据进行描述。

2）分类型数据（categorical data）

分类型数据又被称为离散型数据，是指一组具有明确定义且可区分的不同类别或标签的数据，它的值一般不具有连续性。分类型数据可被细分为三类：① 二元型数据（binary data），如性别（男、女）；② 名义型数据（nominal data），如受教育程度（小学、初中、高中、大学、研究生及以上）；③ 序数型数据（ordinal data），如肿瘤分级方式（一级、二级、三级、四级、五级）。针对分类型数据的描述通常涉及统计频数和计算频率。

5.3.3　定性数据的可能概率分布

数据的概率分布：统计概率分布是在统计分组的基础上，把总体的所有单位数按组进行归并排列，形成各组单位数在总体中的分布。它可以有效表明数据的分布特征，从而帮助临床科研人员进行后续的疾病规律的学习、靶点的寻找、药物有效使用量的确认和治疗手段的改进。临床统计研究中,连续型数据的代表分布有均匀分布、正态分布、t 分布和伽马分布(又可以细分为指数分布和卡方分布)。分类型数据的主要分布有二项分布、伯努利分布和泊松分布。根据数据特征选择符合假设条件的概率分布有助于更为准确地描述和衡量随机事件的可能性。

(1)均匀分布:又称矩形分布或对称概率分布,即在相同长度间隔的分布概率是等可能的。临床统计情境中,数据呈现均匀分布的可能性极低。

(2)正态分布:即假设数据服从一个位置参数为 μ,范围参数为 σ^2 的正态分布,一般也被称为高斯分布。正态分布是临床统计数据中较为常见的一种概率分布形式,如中国某省立医院中所有住院患者的身高数据。正态分布一般要求样本数量足够多,且总体方差已知。

(3)t 分布:是基于小样本数据,来估计呈正态分布但方差未知的样本均值的方法。在临床研究设计中,若招募到的受试人群有限,基于 t 分布的假设比正态分布假设更为合适。

(4)伽马分布:即基于伽马概率密度函数的分布假设,含有形状参数 α 和尺度参数 β,描述了某随机变量直到第 α 件事发生所需的累积时间分布。指数分布和卡方分布是伽马分布的特殊形式。

(5)二项分布:即重复 n 次独立实验的发生结果为二元的,如手术成功与失败。

(6)伯努利分布:即只有两种可能结果的单次随机试验,又名两点分布或 0-1 分布。当实验次数 $n=1$ 时,二项分布即为伯努利分布。

(7)泊松分布:描述了在连续时间或空间单位上发生随机事件平均次数的概率分布。

5.3.4 使用似然比描述定性数据

似然比(likelihood ratio)是临床统计中非常有效的诊断指标之一,指特定试验或治疗手段结果的患病人群百分比除以相同试验结果的健康人群的百分比。一般情况下,似然比的计算与列联表分析结合紧密,最基础的 2 乘 2 格表见表 5-1。

表 5-1　似然比的计算与列联表分析

试验(或治疗检测手段)结果	疾病(或症状):阳性	疾病(或症状):阴性	所收集分析的疾病样本总数
阳性	a	b	a+b
阴性	c	d	c+d
所收集分析的试验检测结果总数	a+c	b+d	a+b+c+d

用假设数据来阐述似然比的一般计算,见表 5 - 2。

表 5 - 2　似然比的计算与列联表分析(例)

试验(或治疗检测 手段)结果	疾病(或症状): 阳性	疾病(或症状): 阴性	所收集分析的 疾病样本总数
阳性	10	25	35
阴性	5	60	65
所收集分析的试验检 测结果总数	15	85	100

根据定义,似然比＝(特定试验或治疗手段下患病人群)/(相同试验下的健康人群)＝(真阳性率)/(假阳性率)。表 5 - 2 中的真阳性率(即患有疾病且试验结果为阳性)＝10/15,假阳性率(即不患有疾病但是试验结果为阳性)＝25/85。

因此,可以说该试验(或治疗检测手段)的阳性似然比＝(10/15)/(25/85)＝2.27(保留两位小数)。同理,该试验的阴性似然比＝(5/15)/(60/85)＝0.47(保留两位小数)。理想状态下,试验异常的结果应该在患者中频率更高,即高阳性似然比,而试验正常的结果应该更多地出现在健康人群中,即低阴性似然比。似然比接近 1 一般对临床研究的决策制定没有帮助。上面的例子只展示了二分类试验似然比的情况,多种试验手段和疾病结果的情况下也可以同样计算似然比,即分层似然比。大多数医生熟悉灵敏度和特异度在临床统计中的应用,但是灵敏度和特异度经常会夸大试验的益处,似然比更能显示试验结果的丰富性,进而影响对临床试验手段的选择处理。

5.4　卡方独立性检验、费舍尔精确性检验和 T 检验

在收集到关于样本分布的相关信息之后,分布检验一般用来确定样本统计结果推论之总体时犯错的概率。简而言之,通过与随机变量概率分布进行比较,分布检验可以针对所发现的结果在概率和统计意义上给予有效评估,一般 P 值即为参考标准。从统计意义上来说,P 值为结果有效代表总体可信度的一个递减指标,其值越大,越不认为分析样本中变量的关联能够代表总体中各变量关联。在多数研究领域,0.05 为一般可接受错误的边界水平。下面所列出的三种检验方法是针对不同分布,在临床统计中比较常用的检验标准。

(1)卡方独立性检验(Chi-square test):是通过比较理论频数和实际频数吻

合程度,来衡量两个及以上样本率以及两个分类变量的关联性的方法。卡方独立性检验要求数据符合三个前提假设:① 每个观测值都会且只会落入一个类别中;② 每个观测值之间相互独立;③ 最好在样本总体个数大于等于 40,且每个类别的期望频数大于等于 5 时使用。

(2)费舍尔精确性检验(Fisher exact test):是基于超几何分布计算的,用于检验一次随机试验的结果是否支持对于某个随机试验假设的检验方法,又细分为单边检验和双边检验。在临床统计实际应用场景中,当样本量小于 40 或至少有一个变量的期望频数小于 5 时,推荐使用费舍尔精确性检验。

(3)t 检验:是基于 t 分布理论进行两组平均数差异的检验方法,一般用于样本含量较小,且总体标准差未知的正态分布数据,又细分为独立样本 t 检验、配对样本 t 检验和单样本 t 检验。

卡方独立性检验、费舍尔精确性检验和 T 检验一般都可以通过简单计算,并结合计算数值和相对应的表格,获得 P 值,并根据 P 值对原假设进行接受或否定。作为临床研究工作者,现在有很多分析软件能够直接帮助获得检验值,所需要注意的是根据实际分布假设、总样本量和期望频数,对具体方法做出正确的选择。

5.4.1 极大似然估计原理

极大似然估计是建立在极大似然原理基础上的一个统计方法,展示了概率学与统计学的紧密结合。它是利用已知数据集,通过寻找最大概率使模型参数尽可能最接近真实值。极大似然估计使用样本估计整体的方法,提供了一种给定观察数据来进行模型参数估计的方法。这也是广义线性模型中参数估计的核心方法之一。

5.4.2 线性回归模型和广义线性回归模型

线性回归模型:在临床统计当中,经常需要研究一些现象或症状发生的影响或相关因素。当无法直接得到因变量 Y 的真实分布时,可以借助实际观测到的自变量 X 来描述 Y 的变化。这也就是广义线性回归模型的核心思想,即通过采集关于 X、Y 的样本,基于样本的分布来拟合 Y 的真实分布。线性回归模型有三种主要临床应用场景:① 用于描述自变量和因变量之间的因果关系,如某种药物见效的分子生物学机制;② 通过概括大量数据信息揭示现象和趋势,如通过每年从公立医院药房开出的二甲双胍的总剂量,揭示我国 2 型糖尿病患者数量分布的南北差异;③ 基于分析后所得到的自变量和因变量关系,应用新数据得到预测结果,如通过药物三期试验时分析得到的药物剂量和副作用严重程度的预测模型,指导该药物在临床治疗中的使用。由此可见,线性回归在临床统计中的应用场景极广,其具体方法值得学习掌握。

简单线性回归模型：一元线性回归的理论模型为 $Y = \beta_0 + \beta_1 X_1 + \varepsilon$，其中 X_1 表示已知的自变量，可以是连续数据、离散数据或两者的组合；Y 为因变量，也称响应变量或输出变量。公式中的 β_0 为截距项；β_1 为未知参数，即拟合过程中需要估计的参数；ε 为随机误差，即对数据真实分布的干扰噪声。回归方程一般使用普通最小二乘法对未知参数进行求解，使得残差平方和或均方误差最小。因而，要使简单线性回归模型适用于特定场景，一般需遵从常用相关假设，包括线性假设、正交假设、独立同分布假设和正态分布假设。当自变量从一个变成多个时，一元线性回归即成为多元线性回归。现实应用中，多使用多元线性回归，因为响应变量一般都需要由多个自变量进行描述，其理论模型为 $Y = \beta_0 + \beta_1 X_1 + \beta_2 X_2 + \beta_3 X_3 + \cdots + \varepsilon$，变量释义和变量分布假设与一元线性回归一致。

广义线性模型：是简单线性回归的普遍化，能解决简单线性回归模型无法处理因变量离散或非正态分布的特殊情况，能够有效对正态分布、二项分布、泊松分布、伽马分布等的随机因变量进行建模拟合和统计推断。广义线性模型将随机变量期望变换后的线性模型和原期望的非线性模型进行链接和转化。一般情况下，链接函数（link function）在此过程中间起到桥梁作用，根据不同数据类型，不同的链接函数可以根据实际情境确定相匹配的广义线性模型的均值结构[2]。

广义线性模型案例：

1）基于泊松分布的广义线性模型案例

参考文献：Lage et al. (2016) "Association between dental caries experience and sense of coherence among adolescents and mothers". *International Journal of Pediatric Dentistry*.

Chau et al. (2018) "Interpreting Poisson Regression Models in Dental Caries Studies". *Caries Research*.

Table 3. Multivariate models of SOC and other independent variables associated with dental caries among adolescents.

Dependent variable : dental caries								
Model 1: Adolescents' SOC				Model 2: Mothers' SOC				
	PR adjusted	95% CI	P		PR adjusted	95% CI	P
Age (years)				Age (years)				
13	1			13	1		
14	1.06	0.92–1.22	0.376	14	1.06	0.92–1.21	0.411
15	1.12	0.95–1.32	0.173	15	1.14	0.96–1.34	0.127
Visible plaque				Visible plaque				
Absent	1			Absent	1		
Present	1.77	1.53–2.04	<0.001	Present	1.59	1.37–1.84	<0.001
Adolescents' SOC				Mothers' SOC				
≤46	1			≤49	1		
>46	0.46	0.39–0.55	<0.001	>49	0.44	0.36–0.53	<0.001
Economic status				Economic status				
More favorable	1			More favorable	1		
Less favorable	1.56	1.35–1.80	<0.001	Less favorable	1.57	1.36–1.81	<0.001

PR, prevalence ratio; CI, confidence interval, $P < 0.05$.
*Model adjusted for the sex of adolescents.

研究背景：该论文是一项口腔流行病学领域的调查研究。已有的研究表明，精神压力与青少年磨牙行为频率的升高有一定程度的关联性，从而可能导致牙齿磨损和龋齿的产生。基于此，本研究的主要研究问题为家庭和青少年的精神压力与青少年口腔健康之间的相关性研究。

主要变量：自变量包括主要预测变量精神压力［使用生活满意度问卷（sense of coherence，SOC）］，协变量为性别、年龄、家庭经济状况和是否有牙菌斑；因变量为基于牙齿照片和世界卫生组织 WHO 的口腔健康标准所得出的 DMFT 分数（为 0～7 分的有序型、计数型数据）。

基于泊松分布的统计模型为

$$P_x(K) = e^{-(\lambda t)}(\lambda t)^k / (k!) \qquad (5-1)$$

主要发现：家庭和青少年的精神压力都分别与口腔健康显著相关（P 值均 <0.001），个人感觉对生活更有掌控感的青少年龋齿更少，口腔更加健康。

2）基于二项式分布的广义线性模型案例

参考文献：Liang et al. (2014) "Binary logistic regression analysis of solid thyroid nodules imaged by high-frequency ultrasonography, acoustic radiation force impulse, and contrast-enhanced ultrasonography". *European Review for Medical and Pharmacological Sciences*.

研究背景：该论文使用回顾型数据和二元 Logistic 回归比较了三种实性甲状腺结节诊断手段，高频超声技术、超声脉冲辐射力成像技术（ARFI 成像）和超声造影技术（CEUS）对甲状腺结节良性或恶性的预测准确度。

主要变量：自变量为成像造影技术下与甲状腺结节相关的变量，如结节的边界特征、形态特征、回声反射性、钙化度、影像剪切波速、强化峰值等。因变量为根据组织切片这一"金标准"所得到的结节良性或恶性的二元数据。

基于二项式分布的统计模型

$$\ln \frac{p}{1-p} = \beta_0 + \beta_1 X_1 + \beta_2 X_2 + \beta_3 X_3 + \cdots + \varepsilon$$

主要发现：成像造影技术对甲状腺结节良性恶性的诊断准确度较高，和"金标准"相比能达到其 85.1%。因此，上述三种成像造影技术在甲状腺结节组织切片无法获得的时候，是很好的非侵入性诊断手段。

临床研究者需要在随机试验前正确计算样本量，一般需要根据研究背景、研究假设、模型种类、数据特征等进行综合评估和方法选择。尽管因变量有多种数据类型，涉及样本量计算的时候通常需要考虑四个组成成分：Ⅰ类错误、把握度（也称为统计功效）、对照组事件发生率及期望治疗效果频数（或治疗组事件的发生率)。

样本量计算相关四元素的定义:

Ⅰ类错误(α):在治疗效果相同的前提下,检测出统计学显著差异的可能性(即临床研究结果产生假阳性数据的可能)。一般情况下,在 95% 的置信区间的设定下 $\alpha = 0.05$。

Ⅱ类错误(β):在治疗效果差异真实存在的前提下,没有能检测出统计学显著差异的可能性(即临床研究结果产生假阴性数据的可能)。

把握度 ($1-\beta$):在治疗效果差异真实存在的前提下,检测出统计学显著差异的可能性。

样本量的计算公式可以根据数据类型呈现不同的公式表达,就二分类的随机试验来说,样本量的计算公式为

$$n \approx \left[\frac{2(z_{power} + z_{1-\alpha})}{2(\mu_1 - \mu_2)/\delta} \right]^2 \qquad (5-2)$$

式中:z_{power} 和 $z_{1-\alpha}$ 分别代表基于 Z 分布的标准正态分布对应的百分位数值;$\mu_1 - \mu_2$ 为两组样本组间平均数的差异。

5.5　广义线性模型和临床研究应用

5.5.1　二分类逻辑回归的临床研究统计基础知识

二分类逻辑回归,又称二元 Logistic 回归(binary logistic regression),是使用逻辑函数(通常使用 Sigmoid 函数)将线性回归模型的输出转化成概率,进而处理二分类问题的一类临床统计模型。针对二分类逻辑回归的响应变量(即因变量)可以是药物或医疗器械或手术所对应的疾病诊断、治疗和预防结果,如患者否是出院、入院,是否死亡,疾病是否复发,癌症是否扩散,等等。二分类逻辑回归的使用对统计数据有以下三个基本前提要求:① 自变量在统计意义上需具有相对独立性;② 连续型自变量与因变量的逻辑函数的对数概率(即 logit)之间需存在线性关系;③ 自变量之间不存在多重共线性。

二分类逻辑回归的基本表达式为

$$\text{logit}(P) = \ln \frac{p}{1-p} = \beta_0 + \beta_1 x_1 + \beta_2 x_2 + \cdots + \beta_m x_m \qquad (5-3)$$

式中:β_0 为常数项;β_1、β_2、$\cdots$、β_m 为偏回归系数。在使用统计分析软件完成二分

类逻辑回归拟合之后,即可以联合使用偏回归系数值和其对应置信区间,对自变量和因变量之间是否具有显著相关性进行判别,同时对因变量中疾病或事件发生的概率进行量化。以自变量 x_1(假设 x_1 为某连续型自变量)为例,可以将分析结果解释为"控制其他因素的前提下,随着 x_1 自变量每增加一单位(unit),因变量中疾病或事件发生的概率 P 升高 $\exp(\beta_1)$ 倍"。

5.5.2　多分类逻辑回归的临床研究统计基础知识

多分类逻辑回归(multinomial logistic regression)是二分类逻辑回归的拓展。实际临床研究中,当因变量水平数大于 2 且需考虑结果的顺序时,如肿瘤分期(Ⅰ期、Ⅱ期、Ⅲ期、Ⅳ期)、药物疗效(显著有效、有效、无效、无效且有副作用)、某血液生物指标(偏低、正常、偏高),针对这类数据需采用有序 Logistic 回归(ordinal logistic regression)。当因变量水平数大于 2 但不需要考虑结果的顺序时,如 2 型糖尿病人用药(二甲双胍、阿卡波糖、那格列奈、格列喹酮),针对这类数据需采用无序 Logistic 回归(unordered logistic regression)。

多分类逻辑回归的本质就是通过建立多个二元逻辑回归,来描述和量化各分类与参考分类相比各因素的作用。比如,使用肿瘤分期这一四分类因变量为例,可建立三个二元逻辑回归,分别描述Ⅳ期与Ⅰ期相比、Ⅲ期与Ⅰ期相比、Ⅱ期与Ⅰ期相比,某药物或治疗手段对肿瘤治疗的作用。参数估计过程中所涉及的前提条件、模型评估标准及参数的解读等均与二元逻辑回归类似。

5.6　临床研究中模型的选择、检验和判断

模型的选择和构建是临床研究完成后,进入数据分析的第一步,涉及选择恰当的数学关系来描述自变量、协变量和因变量之间的联系。一般来说,模型构建是基于研究问题、临床研究设计及数据分布特征共同决定的。在临床医学研究中,线性回归和上述重点介绍的二元和多元逻辑回归是运用最为广泛的模型。随着数据类型的拓展、大数据平台的成熟及 ChatGPT 大语言模型的推广和运用,临床研究中模型的选择也更为复杂。例如,除了线性回归模型、多项式回归、LASSO回归等广义线性模型,图卷积神经网络、Transformer、多模态数据整合分析方法也开始在临床研究中大量涌现并被应用。但是需要强调的是,临床研究中模型的选择应以需解决的研究问题和假设(即评估新药品、新医疗器械或新手术和治疗方法的有效性和安全性)为基础出发点,而不是模型的新颖或复杂程度。

在选择合适的模型完成参数估计之后,需要对模型进行评估,通常使用到的

指标包括均方误差（mean square error，MSE）、均方根误差（root mean square error，RMSE）、决定系数（或判定系数，R^2）等。这些指标能帮助评估模型对数据的拟合优度和预测的准确性。例如，决定系数反映了因变量的变异中有多少百分比可由自变量来解释，数值范围为0～1。模型拟合后所得到的决定系数越接近1，表示模型的拟合优度越好。

最后，结合具体研究问题（如模型中需要包含哪些具体混杂变量、交互变量和中介变量）、模型拟合优度评估及实际应用，临床研究通常需要从多个模型中选择一个最佳模型，其中常用到的评估指标是赤池信息量（Akaike information criterion，AIC）和贝叶斯信息量（Bayesian information criterion，BIC）。AIC建立在熵的概念基础上，一般AIC值越小，模型拟合优良性越高。BIC建立在边际似然的概念基础上，一般BIC值越大，模型拟合优良性越高。临床研究的设计与后续分析的准确性和可重复性紧密相关，科学的临床研究设计和严谨的分析必须互为依靠，从而为后续新药品（或新医疗器械、新手术和治疗方法）的实际推广和应用做好准备。

5.7　真实世界临床研究设计和分析的新趋势

5.7.1　仿真/模拟目标 RCT

5.7.1.1　仿真/模拟目标 RCT 的研究概述

随机对照试验（randomized controlled trials，RCT）是研究和验证临床科学研究问题的理想首选方法。但是，在真实世界临床研究中，RCT常因为经费高、研究时间耗时长、违背伦理等风险而难以开展[3]。因而，观察性研究通常会成为临床研究的主要证据来源。结合相应的临床统计分析手段（如研究对象的筛选标准制定、倾向性评分匹配、逆概率加权等）及优化模型（如根据研究背景加入合适的混杂变量、交互变量、中介变量等）的选择，观察性研究可以在一定程度上模拟RCT研究设计和分析特征。然而，由于没有能够完全贯彻RCT的"随机"实验设计理念，临床观察性研究的分析结果一般仍带有明显偏倚，最终影响药物、手术或医疗器械临床效力和效果的评估，并有可能进一步影响其推广应用。

因此，哈佛大学公共卫生学院的赫尔南（Miguel Hernan）教授团队提出并持续完善了仿真/模拟目标RCT（emulation of RCT/emulate target trial）方法框架，其主要目的是在基于真实世界的临床数据的前提下，尽可能地缩小RCT研究和观察性研究结果之间的效力和效果差异。该仿真/模拟目标RCT方法框架强调基于真实世界数据的观察性研究需模拟 RCT 的关键特征,包括采用与 RCT 相同的纳排标准、治疗策略、分配程序(倾向性评分、逆概率加权等)、随访时间、结局定义、因果分析策略和分析计划[3,4]。

5.7.1.2　RCT DUPLICATE 项目

RCT DUPLICATE(Randomized Controlled Trials Duplicated Using Prospective Longitudinal Insurance Claims:Applying Techniques of Epidemiology)是由美国 FDA、哈佛大学布列根和妇女医院(Brigham and Women's Hospital)及 Aetion 公司于 2018 年联合发起的针对仿真/模拟目标 RCT 效果进行观察评估的研究项目[4]。本研究的主要目标是通过利用医疗索赔数据重复 37 个 RCT 项目,进一步评估和完善基于真实世界观察性研究效力和效果的判断标准。本项目已发表的相关文献阐述了其研究的主要目标,包括:① 确定在新药审批及药品上市后适应证扩展环节,真实世界观察性研究是否可以补充甚至取代作为金标准的 RCT 及如何起到补充作用;② 探讨何种类型的临床问题可以利用真实世界观察性研究进行分析,且如何进行相关研究设计和统计分析;③ 规范真实世界观察性研究的研究流程步骤及相关统计分析步骤。研究主要目标的评估标准包括监管一致性、估计值一致性和标准化差异方差的计算。研究结果显示基于这 37 个 RCT 的数据,仿真/模拟目标 RCT 和真实世界观察性研究结果虽然未达到监管一致性,但满足估计值一致性。这也一定程度上证明了仿真/模拟目标 RCT 在临床研究中的有效性。

5.7.1.3　仿真/模拟目标 RCT 的限制性和研究展望

仿真/模拟目标 RCT 的主要设计理念是,基于真实世界观察性研究,通过假设一个目标解决临床研究问题,参照该目标临床实验进行观察性研究的实验因素设计,并合理使用因果推断方法,从而使其达到 RCT 实验的效果[5]。保证仿真/模拟目标 RCT 有效需重点考虑:① 有效实现研究对象/受试者入组、干预以及随访时间的同步;② 有效模拟随机化。使用观察性研究,无法保证入组和干预的同步,也无法保证随访时间的同步(有的受试者可能稍早或稍晚才加入观察性研究队列),这会引入受试者和恒定时间偏倚,是仿真/模拟目标 RCT 分析时需要重点关注和解决的问题,而混合效应模型是解决该问题的方法之一。受限于观察性研究的本身设计特征,仿真/模拟目标 RCT 无法从临床实验层面实现真正的随机化。但是,研究者发现通过设定洗脱期、匹配受试者、调整时依协变量及使用高维倾向性评分方法,可以较好程度地达到仿真/模拟目标 RCT 的目的。

目前基于已有研究证据,仿真/模拟目标 RCT 方法框架仅可以作为观察性研究方法学质量的评价工具。因为无法实现 RCT 的真正随机化,且存在真实世界观察性研究测量偏倚等劣势,其在临床药物、手术或医疗器材效力和效果评估等级上仍无法与 RCT 相比。不可否认的是,仿真/模拟目标 RCT 这一临床研究设计方法于近几年才提出,已有的效用评估数据非常有限,相信伴随此方法框架的完善、纵向随访数据质量的提升、临床统计方法的不断发展,仿真/模拟目标 RCT 的使用范围可能会得到进一步的拓展。

5.7.2 基于机器学习的因果推断

5.7.2.1 因果关系的基本框架

因果关系是统计学中定义随机变量之间的一种关系。若设 X 和 Y 是两个随机变量,X 是 Y 的因,且 Y 的取值一定会随 X 的取值变化而发生变化,即因果关系 $X{\to}Y$ 存在。因果关系一般可以分为两类:结构因果框架(structural causal model)和潜在结果框架(potential outcome framework)。结构因果框架一般由因果图和结构方程组构建,通常能使用数学符号详细地表示出随机变量之间的因果关系。与结构因果框架不同,潜在结果框架将个人级别的因果量定义为潜在结果,所对应的个体因果效应可以理解为在临床统计研究中,该单位变量在实验组和对照组时分别对应的两个潜在结果的差。孟德尔随机化、倾向性评分匹配、逆概率加权均是临床统计中进行因果推断的常用方法,但伴随着人工智能和大数据的发展,与机器学习算法相结合的因果推断可能是未来临床统计研究和分析的整体趋势。

5.7.2.2 使用机器学习进行因果推断的基本思路

因果推断[6](或因果效应估测)一般包括因果效应的识别和估测,在完成因果识别的目标之后,一般需要进行曲线拟合估测协变量和响应变量的数据分布。在这里,机器学习模型,尤其是深度学习模型,包括卷积神经网络(CNN)、图神经网络(GNN)、Transformer 及集成学习模型,都可以发挥重要作用。与传统线性回归模型方法相比,机器学习方法能够有效利用隐变量模型的特性对特定假设条件进行忽略或放宽,使数据特征学习充分发挥作用。此外,机器学习的应用范围更广,能对更多非线性因果关系进行建模和数据映射。目前,已有反事实回归网络(counterfactual regression networks,CRFNet)、基于集成学习和贝叶斯理论的贝叶斯加性回归树(Bayesian additive regression tree,BART)、因果效应变分自编码器(causal effect variational autoencoder,CEVAE)等一系列基于不同机器学习框架的因果推断模型[6],建议有兴趣的读者查阅相关文献进行深入学习。最后,泛化能力和可解释性是评估基于机器学习框架的因果推断模型的重要指标。在临床研究和分析中,科研团队也希望基于某特定临床样本所做出的因果推断结论具有较好的可推广性和适用性。使用反事实数据增强、添加负样本、归纳偏置等机器学习方法,可以有针对性地提高因果推断的泛化能力。

　　伴随着人工智能及大数据收集和存储技术的迅猛发展,真实世界临床研究设计和分析愈加存在向大数据驱动的决策过程发展的趋势。在严谨研究设计的前提及高质量数据收集的基础上,临床研究工作者需要不断更新和完善相关机器学习和深度学习框架,提高从大数据分析中提取有效信息、解决临床科研问题的能力。

参考文献

［1］胡良平,陶丽新. 临床试验设计与统计分析［M］. 北京:军事医学科学出版社,2013.

［2］乔治·邓特曼,何满镐. 广义线性模型导论［M］. 林毓玲,译. 上海:格致出版社,2012.

［3］Wang S V, Schneeweiss S, Franklin J M, et al. Emulation of randomized clinical trials with nonrandomized database analyses:Results of 32 clinical trials［J］. JAMA,2023,329 (16):1376 – 1385.

［4］Franklin J M, Patorno E, Desai R J, et al. Emulating randomized clinical trials with nonrandomized real-world evidence studies: first results from the RCT DUPLICATE initiative［J］. Circulation,2021,143(10):1002 – 1013.

［5］Gomes M, Latimer N, Soares M, et al. Target trial emulation for transparent and robust estimation of treatment effects for health technology assessment using real-world data: Opportunities and challenges［J］. Pharmacoeconomics,2022,40(6):577 – 586.

［6］郭若城. 因果推断与机器学习［M］. 北京:电子工业出版社,2023.

第 6 章

医疗大数据的临床应用与科研分析

医疗大数据对医生临床决策支持有重要的作用。在数字医疗环境下,如何充分利用患者临床数据,帮助医生减少临床不良事件,提高医疗救治质量,减少患者不必要的死亡及医疗干预措施的延迟,对智慧医院建设有重大意义。本章在详细介绍临床数据中心基础上,讨论了医院科研数据采集及应用特点,通过案例介绍了利用大数据进行患者疾病预测预警的方法及应用效果;最后介绍了以公共数据库 MIMIC 为代表的临床数据库及利用公共数据库进行临床科研的研究进展。

6.1　医疗大数据的整合处理

在当今数字化时代,医疗数据的生成速度呈指数级增长。医院、诊所、实验室及各种医疗设备都产生了大量的数据,这些数据包含了患者的诊断、治疗、生理参数、基因组学等信息,被定义为医疗大数据[1]。然而,这些数据通常被分散存储于不同的系统和数据库中,难以实现有效的共享和利用。因此,医疗数据整合处理成为医疗领域重要的研究方向。

6.1.1　医疗数据的来源和类型

医疗数据的来源包括临床记录、实验室结果、医学影像、遗传学数据及患者自己的健康记录等多个方面。这些数据可以分为结构化数据和非结构化数据。结构化数据是指可以以数据库表格形式存储的数据,如患者的基本信息、实验室结果等;非结构化数据是指无法以规则化形式表示的数据,如医学影像、文本病历等。

医疗数据整合面临着多个挑战：首先是数据的分散性和异构性[2]，不同机构和系统中的数据格式和标准各不相同，导致数据整合困难；其次是数据的安全和隐私问题，医疗数据涉及敏感信息，需要保障数据的安全性和患者的隐私；此外，医疗数据的质量和准确性也是一个关键问题，因为医疗数据往往存在缺失、错误和噪声[3]。

医疗信息集成不足严重阻碍了医院临床信息系统价值发挥，需要寻求有效的临床信息建设策略以改进医疗工作效率，确保临床质量水平提升和医疗成本降低。随着临床电子病历应用深入，医疗信息具有"量大、类型多变、密度低、价值大"大数据特征，医疗大数据分析技术为医院临床电子病历应用智能化和决策支持功能突破提供了希望曙光，大数据分析特别是非结构化临床信息（如医疗影像、临床文档等）分析技术为临床电子病历智能化提供了理想手段，针对描述性定性特征分析及数据挖掘预测技术的应用为电子病历智能化提供了广阔前景[4]；各种新型非关系数据库系统 NoSQL 为传统的临床信息系统向大数据应用转变提供了基础，大数据技术为医院临床信息集成整合及改进信息化建设成本效率提供了可能[5]。

这种非结构化数据是传统的医疗数据库不能处理的。

6.1.2　医院数据中心建设

6.1.2.1　临床数据中心

临床数据中心整合了来自异构临床信息系统的患者临床数据，实现了患者临床信息的集成，能够实现对不同临床信息系统的患者相关临床数据和管理指标的实时分析统计，克服了传统临床信息系统数据分析"只见局部，不见整体"的缺点[6]。例如，某医院临床数据中心汇集了各临床科室近 500 万条就诊患者临床数据，涵盖了医嘱、检查、检验、输血、手术、护理等 15 个主题域，这些数据有结构化数据、自由文本、各种分析结果、影像信息等，通过数据清洗、归并和整理，目前可以产生近 600 个关键指标（KPI）。通过这些指标，可对临床过程和医疗质量进行实时管理，及时发现临床医疗中的问题，并通过信息系统各种提醒警示进行校正。

临床数据中心收集了从医疗管理层到各种操作层指标，在临床过程中，这些指标与临床信息系统实际信息相比对，向管理层和操作人员提供数据看板并进行告警、警示信息提醒；向临床业务系统提供 7×24 小时实时自动的数据服务，通过对患者各种数据分析综合得到临床风险指数并对偏差进行纠正。临床数据中心正在成为医院临床工作中有价值的信息工具，成为医护工作人员的有力帮手。图 6-1 是基于数据中心的门诊医疗管理系统应用界面，通过门诊医疗管理应用，管理部门能够实时了解科室门诊人次、诊间设置、检查预约、门诊预测及收治病种情况。针对人流高峰,能够帮助管理部门实时配置和调整医疗资源,保障医疗秩序。

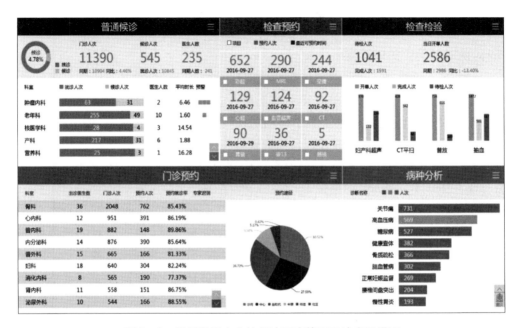

图 6-1　基于数据中心的门诊医疗管理系统应用界面

临床数据中心前端应用主要包括:① 管理层的数据看板,包括门诊、住院医疗管理的关键指标,以可视化的方式向医疗管理人员展示;② 临床主要病种相关指标统计分析,主要提供上海申康规定的 42 个病种的相关指标,通过临床数据中心数据可进行实时统计分析;③ 向医生、护士工作站提供临床决策分析,包括用药、感染控制及临床路径的相关提醒和患者医疗安全警示。通过临床数据中心实现医疗管理和临床决策支持信息化是目前临床数据中心建设的重点。

6.1.2.2　数据中心建设特点

(1) 数据范围宽。将分散在业务系统的零散的患者临床进行了集成整合,利用 ETL 和业务数据变更技术(CDC),将业务系统数据分主题域进行集中存储,形成了覆盖全院临床业务的临床数据中心。数据中心不仅覆盖了收费、医嘱、药学、检查、检验等业务,也包括患者历史病案、床边检查、重症监护及患者随访信息。同时,临床数据中心提供了 39 个服务接口,供业务系统数据调阅,提供了具有移动医疗、药师查房、门诊管理等 10 个上层应用,具有业务覆盖范围宽广、数据反应实时特征。

(2) 数据分析速度快。从决策支持的视角看,信息的访问可及性及数据分析的速度是两个至关重要的问题,临床数据中心能够实现秒级临床业务信息数据实时同步,并且对500多万患者数据实现主题分析,通过数据中心缩短了临床决策反应时间,从小时到秒级反应。数据中心建设之前,基于业务运行系统,仅有30%左右的关键医疗指标能实现即时决策,通过数据中心,所有关键指标数据能达到95%的即时反应,不仅医疗质量管理部门,医生和护理也能随时看到质量变化指标,随时辅助医护进行临床决策[7,8]。

（3）多学科协作。医院数据中心建设成功必须提及的一个关键因素是多学科的协作与共同参与,与传统的临床信息系统开发主要使用者参与不同,临床数据中心建设从开始规划就采取了多学科团队协作,医院管理者、医生、护士、科研人员及统计分析人员组成专家团队,计算机软件开发人员不能离开组织团队进行软件设计,这种机制保证了临床数据中心设计是面向具体问题的,使用者的需求对软件能产生决定性影响。

6.1.2.3　效果评价

将临床数据中心定位为医院临床决策支持的基础设施,能实现对临床过程中患者医疗健康状态进行事前事中分析,提升电子病历应用的临床决策水平。通过患者实验室化验报告信息、患者生命体征、手术麻醉信息、护理信息等关键数据分析患者的健康状态,向医护人员提供实时告警信息（图6-2）。对于特定诊断,医生、护士通过计算机网络提供治疗措施护理任务执行警示信息,这种警示或任务列表对于医疗质量保障具有重要作用,下一步还将对ICU患者的特护进行警示,提供基于大数据的ICU患者抢救风险预测。

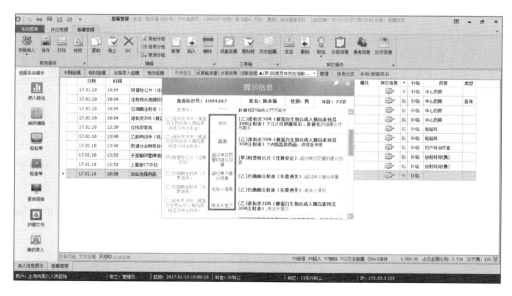

图6-2　患者用药医嘱安全警示界面

手术操作中抗感染。临床数据中心对于危重患者抢救和手术患者的联合用药感染控制有重要作用，通过复杂的数学模型算法，能否监测患者联合用药感染风险，定位感染区域，并自动进行告警，以便医护人员采取预防感染措施，由于临床数据中心数据的实时性，能对感染控制采取事先预防措施，成为医疗质量保障的重要支撑[9]。

从医疗管理视角看，需要全面掌握临床工作过程信息，对医疗活动的成本效益进行分析，实现医疗资源的合理配置。临床数据中心不仅收集了临床检查、实验室患者临床信息，而且对手麻、ICU等临床数据进行了归类整合，中心的数据获取能力及对于医疗过程资源模型计算能力将为精细化临床医疗管理奠定良好基础，也为医疗保险支付提供数据依据[10]。

6.1.3　医疗科研数据采集面临的问题

6.1.3.1　信息集成整合问题

（1）数据孤岛。国内医院电子病历应用水平评级促进了临床业务系统的互操作能力。按照电子病历评级规定，三级以上应用水平都要求具有基本的临床信息集成能力，临床数据互联互通共享协同基本能够实现，特别是临床数据中心基本解决了业务系统数据共享互通。临床科研需要关注医疗设备器械数字化接口，例如患者生理参数监测设备每天产生大量数据，由于不同器械设备由厂家独立开发，各种临床设备产生监测数据集成整合需要设备接口标准及生产厂家协作，医院临床器械种类繁多，生产年代处于不同时期，数据接口不规范，导致患者生命体征数据记录的整合不得不付出大量劳动[6]。

（2）数据标准化。各种临床数据在语义语境一致有效也是问题。原因是不同信息系统设计目的不同，数据采集时术语语义并不一致，需要进行临床数据治理。建立临床概念术语框架体系，对概念术语进行系统分类，对术语概念进行匹配是数据集成的基础工作。目前医院电子病历已经有多种术语代码标准体系，如国际疾病编码 ICD、系统化临床医疗术语 SNOMED、观测指标标识符逻辑命名与编码系统 LOINC 等标准体系，医院电子临床病历应用中应大力推进标准化术语体系应用，目前临床数据标准化程度不高情况下，医院临床科研平台需要根据具体问题[11]，做好相关术语概念的对照映射，提升临床电子病历数据标准化质量。

（3）患者数据隐私保护。美国国会通过了《医疗保险流通与审计法案》（HIPAA），在允许医疗信息使用同时又保护患者隐私。我国的网络安全保护和个人信息安全保护法明确规定要切实保护消费者的个人信息安全，医院临床科研数据要充分考虑患者隐私数据保护。在电子病历应用中，通常将患者数据储存在私密受限位置,访问者付出一定的成本费用允许经过批准的研究人员访问数据;临床研究数据需要对患者标识进行去隐私处理,包括删除数据某些信息和修改数据信息,以达到既不影响科研需要又能保护患者隐私的目的。

6.1.3.2 数据准确性问题

患者电子病历数据包括实验室报告各种指标、医疗设备实时监测的患者生理数据、患者费用数据、医疗过程中各种医嘱及电子病历记录的文本数据。这些临床数据进入科研数据库,需要对数据质量评估进行数据预处理。

从数据准确性角度,问题数据分为三类:错误数据、缺失数据及不精确数据。

(1)错误数据。指在临床科研中不能置信的数据。不可信数据的移除是重要一步,可以通过算法标识出错误数据并进行去除。例如,医疗器械信息采集中,实时动态波形信号可以通过算法对明显偏离正常的数值进行识别,予以剔除。

(2)数据缺失。数据缺失是数据分析中常见问题,医院临床信息系统中存在大量数据缺失。导致数据缺失的原因完全是随机的,如实验室检测设备故障无法为患者测量服务,某些数据项不适合患者身份或不愿填,由于某种原因,护士对患者状态评估遗漏。对于这类数据,根据具体情况采用忽略、手工填写、算法自动填写三种处理方法。

(3)数据不精确。主要是临床业务系统中概念不一致造成的,需要在源头上进行解决,不断提高医院电子业务系统术语概念一致性,培训医护人员提高临床数据采集质量。

6.1.3.3 科研模型复杂性

科研数据利用核心问题是数据分析模型建立,这是将数据转化成知识的关键。面对多源、高通量、多模态数据需求,计算机机器学习、AI算法分析等技术有了用武之地。当前临床研究集中在结果预测、状态评估、各种类型数据(包括生理学参数和自由文本数据)分析模型建设等方面,信息工作者需要与临床研究者、统计分析及生物分析人员协同,为临床提供高质量电子病历数据。

同时,医院临床数据源还包括:① 基因数据,患者的基因组学数据和基因表达数据,科研数据库建设应与生物医学样本库结合;② 自由文本记录挖掘,患者电子病历中大量的文本记录,运用 NLP 技术可以提升对疾病预测的准确性;③ 动态影像、音频等时态数据处理。这些非结构化信息与结构化电子病历数据都是医院临床研究数据的重要来源。

临床数据分析信息系统与临床业务信息系统建设目的不同,电子病历数据需要经过数据整合、转换、清洗等前处理阶段,才能用于临床研究;对电子病历数据重新组织,建立课题数据模型,适应临床研究课题设计架构,是电子病历数据二次分析的关键。同时,医院临床科研中要注重电子病历数据与生物医学样本、患者基因生物信息数据的融合,实现临床业务数据的科研转化,发挥电子病历数据潜力和价值。

6.1.4　医疗大数据应用分析

1) 临床医疗模式分析

临床过程模式分析功能是指利用大数据分析系统对过程数据进行分析并改进的能力。医疗行业数据分析在医院内部通过数据进行诊疗过程分析,以发现大量临床电子记录数据之间的关系,为今后的循证临床实践提供参考。临床数据分析系统为临床医疗过程全程大数据、实时诊疗数据及患者电子病历可视化数据的全景分析提供了新途径[12],特别是对于区域医疗能够观察到患者以前在其他医院的入院情况,支持在医疗成本和效果之间的平衡,帮助医院进行未来医疗科研。

2) 非结构化数据分析

对于存储于分布式数据库系统的数据,需要进行数据过滤、清洗、转换并集成整合,建立临床数据中心。存在于多个部门的非结构化数据,采用 NoSQL 数据库进行数据存储,非结构化或半结构化管理的核心是 Apache Hadoop 开发环境的实现,MapReduce 能够将大的工作任务分解为一组离散的任务,将分析后的数据集中存储,并提供可视化展现和医疗决策支持访问。

医疗大数据分析与传统数据分析系统的差别在于大数据分析具有非结构化数据的分析能力,临床影像、医生处方等非结构化数据占临床数据总量的 80% 以上,对这一部分的数据进行处理分析,能够得到相关指证。比如,对医学影像分析,通过与相关疾病典型影像特征对比,得到患者疾病诊断,这对医院改进临床效率、控制医疗成本有极大益处[13]。

3) 管理决策支持

管理决策支持功能强调日常医疗服务过程分析以支撑管理决策并采取相关措施。一般来说,管理决策支持依赖于医院信息共享互联互通及信息数据分析能力,对于重大疾病循证分析综合评判对临床医疗质量管理有重大价值,依据电子病历数据分析开发个性化诊疗方案有助于提升医院精准医疗水平。

从机构组织层面对医院信息系统产生的大数据进行分析,对于跨部门操作流程进行改进具有重要意义,综合性数据分析能帮助管理者全面了解组织机构存在的薄弱环节并采取对应措施,从实践看,建立临床数据中心数据仓库并与实际生产系统实时交互,对于医疗质量水平提升和患者临床安全具有重要保障作用。

4) 预测分析功能

通过医疗大数据使用统计分析工具建立评价模型,对疾病发展转归进行预测是医疗大数据应用的重要方面。大数据的预测功能强调通过大量数据分析对未来趋势进行预测,医疗机构的数据分析平台需要与临床数据中心、预测分析算法(如回归分析、机器学习、神经网络等)等相结合,向医护工作者提供可视化界面,支持医疗管理和临床决策。临床大数据中心的建设能够通过历史数据对未来提供参考,有助于医院精细化管理和精准化医疗。

在医疗机构,对二次住院预测分析大大降低了病情的不确定性,如重症中心ICU患者全程生理参数数据监控分析,进行关键指标的警示和交互干预,使医护工作更有效率,优化了相关操作,降低了医疗风险。同时,有利于形成医护患协同的患者全过程的疾病管理分析,产生最佳医疗实践的疾病诊治流程。

　　5)数据闭环追溯

医疗数据信息如费用成本数据、临床数据、药学信息、患者行为数据、设备传感数据等均需要实时采集或尽量实时采集。传统临床信息系统数据分散在各个应用系统中,数据不一致,产生冗余矛盾,而且不同部门的设备或不同临床信息应用内部信息数据孤立使临床过程工作流优化也存在困难。数据的闭环追溯有利于以患者为中心的临床需求和部门服务与设备应用的监控。大数据分析提供了全流程、全方位的解决能力,业务系统的数据可实时与数据中心数据交互,通过大数据算法进行深度评价分析,医护工作者可即时监控患者状态、追踪相关的警示信息并采取相应措施,对医疗安全和用药安全有重要价值。

此外,还可以探索和应用新兴的技术,如区块链和边缘计算,来改善医疗数据整合处理的效果。区块链技术可以提供去中心化的数据存储和交换机制,确保数据的不可篡改性和可追溯性。边缘计算技术可以将计算和分析移到数据源的边缘,减少数据传输和隐私泄露的风险。医疗数据整合处理的研究还需与法律和伦理问题相结合,制定相关的政策和规范。同时,需要建立多学科的研究团队,包括数据科学家、医生、法律专家等,共同解决医疗数据整合处理中的挑战和问题。总之,医疗数据整合处理在医疗领域具有广阔的应用前景。通过应用大数据技术,可以从海量的医疗数据中挖掘出有价值的信息和知识,为医学研究、临床决策和个性化医疗提供支持。然而,在实际应用中仍然面临一些问题和挑战,需要继续研究和创新来克服。随着技术的不断发展和进步,相信医疗数据整合处理将为医疗领域带来更多的机会和改变。

6.2　医疗大数据的疾病预测与个性化诊疗

通过对整合后的医疗数据进行分析,可以提供更准确和个性化的医疗服务,促进医学研究和创新。随着大数据和人工智能技术的发展,可以设计和开发更精确、高效的医疗决策支持系统,将大规模的医疗数据与临床实践结合,提供个性化的医疗建议和治疗方案。用于医疗数据分析的相关技术,可以帮助医疗领域从大规模的数据中发现隐藏的模式和关联,并做出预测和决策。医疗数据挖掘技术涵盖了各种算法,如聚类分析、分类模型、关联规则挖掘等。通过对医疗数据的分析和挖掘,可以识别出潜在的疾病风险因素、预测疾病的进展和转归、发现药物的副作用和相互作用等。例如,在心脏病研究中,研究人员可以利用机器学习算法对患者的心电图数据进行分析,建立预测模型来预测心脏病的风险。机器学习技术通过让计算机自动学习和改进模型,可以从医疗数据中学习出规律和模式,并将其应用于新的数据中进行预测和分类。例如,通过训练一个肺癌的分类器,可以对新的医学影像进行判断是否存在肺癌的风险。此外,深度学习技术的发展也为医疗数据的分析提供了新的机会,可以通过训练深度神经网络来实现更准确的诊断和预测[14]。

6.2.1 应用案例 1: 基于临床数据的患者健康风险预测与应用实践

如何判断住院病人出院的最佳时机? 或许答案是: 在经历一系列的医疗处置之后,患者处于康复或病情稳定状态,不需要进一步处置时。然而,现实情况却要复杂得多,当医生判断患者病情需要延期出院时,患方会有各种考虑希望能够出院。例如,患者急于回归家庭,朋友愿意提供后续的照顾;或者认为,延迟出院意味着将自己暴露在医院院内感染或其他风险之中;医保和第三方保险机构也希望缩短住院日以降低成本;从医院运营管理角度,院方也希望缩短平均住院日,以满足各种需求。简言之,患者出院决定成为各种目标平衡的结果。

2003 年,87 岁的 Florence Rothman 在 Sarasota 纪念医院由于心脏主动脉狭窄,进行了常规瓣膜置换术之后,出院时显示健康状况良好。4 天后,她被送进急诊科,在经历了一系列复杂手术后宣告死亡。她的两个儿子 Michael Rothman 与 Steven Rothman 面对母亲离世的巨大打击,与医务人员和医院管理者一起研究如何在患者离开医院后避免类似他们母亲这种不稳定状态,他们惊奇地发现医院具有完整的电子病历系统和大量数据积累,这些数据涵盖了患者在院诊疗过程信息,足以标识患者的健康情况,提醒医生患者出院的注意事项。Rothman 兄弟找到了一种方法使未来患者能够避免发生类似他们母亲的情况。

尽管 Rothman 兄弟并未受过医学或健康服务研究正规训练,但他们对于电子数据处理并不陌生。Michael Rothman 拥有化学专业博士学位,他作为计算机科学家长期在 IBM Watson 研究室工作,后来成为一家大型银行的信息主管,擅长大数据处理系统设计与分析。Steven Rothman 早先就职于麻省理工学院全资子公司 MITRE 公司,在科罗拉多和新墨西哥州从事航空航天项目时,对石油天然气爆炸产生了兴趣,建立了应用数据和数据可视化分析公司,主要进行地震数据分析。

在院方大力支持下,Rothman 兄弟将他们的工作重点转向电子病历数据分析,他们希望发现利用已有 EMR 数据追踪患者健康状态的算法模型,以便在患者将来治疗中提供给医生有意义的信息指标。经过几年的努力,他们提出了Rothman 指数(RI)。建立患者再入院风险预测模型不是一个新概念,绝大多数模型依赖于患者出院后获得的数据,对医疗质量评价进行回顾性分析。而他们利用患者在院期间的数据建立了模型,实时指导患者临床医疗。这项工作得益于两个技术的发展:电子病历和数据挖掘。电子病历应用扩展了患者临床信息以及患者基本信息范围,也使数据取得更加实时。数据挖掘是对大量离散数据建立模型进行计算分析的通用方法,RI 风险系数开发与实现就是这种方法应用的实际例子。

开发临床风险预测模型面临大量挑战。医院电子病历 EMR 中数据类型众多,从患者检验报告到电子病程中自由文本记录,这些数据构成了构建风险预测模型所需要的变量。患者住院期间所积累的数据信息量大,需要从大量的积累数据中去除噪声数据,过滤出有意义的信息。国内医院经过长期努力,建成了医院临床数据中心,以此为基础,开发了基于电子病历的患者健康风险预测模型,利用临床电子病历客观数据,判断患者的健康风险系数,提供医疗工作人员临床决策参考。同时。对患者用药、检查、检验、输血等医嘱闭环提供信息支撑,对高危患者临床关键信息分类处置,紧急响应。新的 EMR 系统已在医院临床试点应用,对患者医疗安全与质量的效果将在应用中得到进一步的验证。

精确的风险预测评价算法有助于提升电子病历相关产品的改进。模型建立过程本身能够使电子病历系统更加高效。数据挖掘分析将有助于通过电子病历系统辨识患者在院期间的各种风险,这在传统的纸质记录中是很难做到的。大数据分析技术将把电子病历应用推向新的高度,这也是许多医疗信息工作者所期望的。

6.2.2　应用案例 2:　糖尿病健康管理与并发症预测分析

近年来,在加大临床医疗信息化建设力度基础上,各个医疗机构着力实现专科医疗文书结构化和专科疾病临床路径电子化应用,在临床数据整合、临床数据中心及生物医学样本库建设等方面取得了较大进展。某医院内分泌科团队在糖尿病并发症预测和风险分析方面进行了大量基础研究,在基于区域医疗与健康大数据处理分析与应用研究中,承担子课题“(面向医疗信息共享)基于区域医疗与健康大数据处理分析与应用研究”中的“糖尿病健康管理与并发症预测监测分析服务及应用示范”任务。该项目研究以糖尿病并发症为切入点,研究基于大数据的糖尿病多源数据整合、挖掘分析、机器学习等关键技术及临床应用,开发了基于临床大数据的糖尿病智能决策支持原型系统。

　　以往工作回顾：慢性高血糖及代谢紊乱引起多种并发症，糖尿病并发症是糖尿病患者的主要致死因素。糖尿病并发症很多，包括大血管病变及并发微血管病变，涉及神经系统和心、胸、肾、眼、胃等多个器官，一旦发病会对患者造成重大伤害，所以提前预防尤为重要。如何预测糖尿病的并发症，利用大数据方法对糖尿病的并发症及死亡风险进行预测，已成为国内外糖尿病专病研究的热点，国外糖尿病并发症预测模型研究水平参差不齐，国内预测模型研究处于起步阶段。国际上对糖尿病并发症预测模型的研究从最初的单因素线性模型已发展成多因素复合模型，主要用于预测糖尿病患者若干时间后发生并发症的可能性，如英国的前瞻性糖尿病预测模型、瑞士巴塞尔研究中心的 CORE 糖尿病模型等；国内研究较多的是单一并发症预测模型，如糖尿病神经病变预测模型、糖尿病肾病预测模型等，也有进行多种糖尿病并发症预测的，但预测结果并不理想。

　　从方法学角度分析，糖尿病并发症及死亡风险预测方法主要有：多元回归（Logistic）模型、决策树模型、状态转移（Markov）模型、Cox 比例风险模型及人工神经网络（ANN）等。一般而言，Logistic 回归模型要求各变量之间相互独立，纳入的变量较少，神经网络可以同时纳入很多变量，但人工神经网络模型对临床医生逻辑上难以理解，应用阻力较大。对于新发现危险因素，要想纳入模型，以上模型都难以完成，而且这些模型的变量必须在研究进行时就开始收集。现有的糖尿病并发症及死亡风险研究存在问题如下：

　　（1）缺乏利用临床大数据结合时间序列分析动态预测糖尿病并发症的研究。目前，糖尿病并发症预测研究较多是某一时间点的某一类或几类特定的临床指标值对单一并发症的影响，少有综合考虑所有临床数据随着时间变化对患者风险和糖尿病并发症的影响；而且用于预测训练和测试的数据相对较少，预测结果也不理想。需要基于大数据，结合时间序列分析和多源数据整合的糖尿病并发症和死亡风险预测。

　　（2）缺少基于临床大数据的糖尿病智能决策知识库。国外虽有个别用于预测糖尿病患者血糖水平的决策支持系统，但未与临床大数据衔接，其决策模型不能实现动态实时临床决策支持。基于大数据的糖尿病并发症预测系统，能够辅助医护人员进行动态糖尿病并发症和死亡风险预测，进行临床干预，也对其他慢病的临床决策支持具有借鉴意义。

　　项目内容：

　　（1）对上海市"医联工程"患者信息数据、具体医疗机构糖尿病患者数据分析，了解医院信息系统及电子病历系统临床信息可获取的数据具体有哪些，哪些指标对糖尿病并发症影响明显，通过与临床专家访谈，确定建立糖尿病专病数据库并进行临床信息系统整合时，需要哪些临床指标。

（2）提出基于大数据的临床证据挖掘,结合时间序列分析,多医院多源数据证据进行动态融合,动态预测糖尿病并发症和死亡风险。首先,构建了两种不同模型来预测糖尿病并发症。第一种是先预测再融合,对不同的临床监测变量,选择时间序列分析进行变量预测,根据其预测时间点的预测值,转化为临床证据,进行证据融合,得到并发症结局的置信度分布。第二种是先融合再预测,即对所有临床可监测变量值,转化为相应的临床证据,采用一定规则进行多源数据融合,得到不同并发症的置信度分布,然后进行并发症结局预测。

（3）原型系统研发。开发一套基于临床大数据的糖尿病并发症与死亡风险预测决策支持系统,实现与医院电子病历系统无缝对接。

解决的关键问题：

（1）实现临床大数据的临床证据挖掘与自动学习。本项目中选择贝叶斯方法从大数据中进行临床证据提取,选择基于 ER 规则的证据融合方法来构建自动学习模型。学习模型的目标函数是最小化历史数据中的糖尿病患者并发症即死亡风险预测结局与观察结局差异。

（2）实现对糖尿病并发症和死亡风险进行动态预测。结合时间序列分析和多源证据融合来进行,具体就是：① 先预测,再融合；② 先融合,再预测。

从医疗大数据利用分析角度,改进了传统专家临床决策思想,符合循证医学理念；基于临床大数据进行证据提取学习,突破了有限数量训练集数据进行建模的局限,利用了上海区域大数据,基于"医联工程"数据信息多年积累；结合时间序列分析和多源证据融合进行动态评估预测,能满足临床决策的动态需求。技术上采用了大数据分析方法；结合时间序列分析方法实现动态风险预测,既考虑了患者病情发展,又兼顾了患者病情受多种因素影响的复杂性。同时,实现的原型系统与医院电子病历软件实时对接,在医院信息化建设电子病历系统中进行实际对接,也属于应用创新。

6.3　　常见的临床数据库

本节以重症医学数据库 MIMIC 为例,讲述临床专病数据库架构及专病数据的使用,探讨基于真实世界数据的临床科研数据采集与应用方法。

6.3.1　MIMIC 数据库

2022 年 6 月,重症临床科研数据库 MIMIC 发布了 MIMIC-Ⅳ 2.0 版。MIMIC-Ⅳ 包含了 2008—2019 年波士顿 Beth Israel Deaconess 医疗中心（BIDMC）重症监

护病房收治的 4 万多名患者的临床数据，并且在许多方面进行了改进。其数据组织架构进行了调整，突出了数据来源；在患者隐私数据保护方面，延续了以前的技术，对患者标识符进行了自动识别，并且根据 HIPAA 安全条款删除了患者标识符，实现了患者隐私保护。近年来，MIMIC 专病数据库在推动临床信息学研究、流行病学和机器学习研究方面取得大量成果。

1）数据预处理

MIMIC-Ⅳ数据来自院内临床业务信息系统：临床电子病历 EHR 数据和 ICU 临床信息系统。数据创建分三步进行：

（1）数据获取。所有数据都来自 BIDMC 入院患者综合临床数据。首先创建了一份患者清单，包含 2008—2019 年期间入住医院 ICU 或急诊科的所有患者对应医疗记录编号，将所有临床数据源表都被过滤为与患者清单中的患者相关行。

（2）数据重组。为了更好地进行回顾性数据分析，MIMIC 数据库对临床信息源数据进行了重组处理，包括数据表的非规范化、删除财务事务数据及重组为更少的数据表，这个过程的目的是简化对数据回顾性分析，方便临床研究。更重要的是，为了确保专病数据库数据反映真实的临床数据集，没有进行数据清洗。

（3）去标识符。对 HIPAA 规定的患者标识符进行删除。使用随机密码替换患者标识符，从而避免患者、住院时间和 ICU 住院时间等可识别标识符泄露患者隐私。使用查找表和允许列表过滤结构化数据。在有必要的字段，采用自由文本去识别算法从自由文本中去除 PHI。最后，使用以天为单位的偏移量，将日期和时间随机移到未来时刻，对每个主题标志字段分配一个日期移位。因此，单个患者的数据在数据库内部是一致的。例如，如果在原始数据中数据库中的两个度量之间间隔 4 小时，那么在 MIMIC-Ⅳ 中计算的时间差异也将是 4 小时。但不同的患者在时间上没有可比性。

执行完三个步骤后，加工后的数据被导出为 CSV 文件，压缩后提供给申请者。

2）数据库架构

MIMIC-Ⅳ数据分为两个模块：HOSP 和 ICU。分模块的目的是突出数据源。

（1）HOSP 模块。HOSP 模块数据包含来自全医院 EHR 的临床数据。所有生理测量数据是在患者住院期间记录的，尽管某些数据表格来自医院外（如实验室的门诊实验报告结果）。HOSP 模块数据包括了患者基本信息数据、住院临床信息（含入院信息）和其间转科数据。

值得注意的是，患者表通过 ANCHOR_YEAR 和 ANCHOR_YEAR_GROUP 两个字段提供患者的时间信息。ANCHOR_YEAR 是 2100—2200 之间的一个确定的年份,ANCHOR_YEAR_GROUP 是 2008—2019 之间的一个日期范围。这些信息可以让研究人员推断出患者接受治疗的大约年份。例如,如果患者的 ANCHOR_YEAR 是 2158,其 ANCHOR_YEAR_GROUP 是 2011—2013,那么该患者在 2158 年住院的实际时间发生在 2011—2013 年之间。最后,ANCHOR_AGE 字段为给定 ANCHOR_YEAR 的患者提供年龄信息,如果患者的 ANCHOR_YEAR 超过 89,则 ANCHOR_AGE 设置为 91(即所有超过 89 的患者都被分组到一个值为 91 的组中,不管他们的实际年龄是多少)。

死亡日期可在患者表的 DOD 字段中查询。死亡日期来自医院记录和州记录,如果两者都存在,医院记录优先。根据姓名、出生日期和社会保险号,使用基于自定义规则的链接算法匹配州记录。在 MIMIC-Ⅳ 中,出院后一年以上死亡日期数据库不提供。作为患者身份确认过程部分,每个患者的最长随访时间正好是他们最后一次出院后一年。例如,如果患者最后一次出院发生在 2150-01-01,那么该患者最后可能的死亡日期是 2151-01-01。如果个人在 2151-01-01 或之前死亡,并且在州或医院的死亡记录中被记录,那么将包含已确认的死亡日期。如果患者在最后一次出院后至少存活了一年,则 DOD 列将有一个 NULL 值。

HOSP 模块中的其他信息包括患者实验室数据(LABEVENTS、D_LABITEMS)、微生物培养(MICROBIOLOGYEVENTS、D_MICRO)、临床医嘱(POE、POE_DETAIL)、药物管理(EMAR,EMAR_DETAIL)、药物处方(PRESCRIPTIONS,PHARMACY)、医院账单信息(DIAGNOSTICS,D_ICD_DIAGNOSTICS,PROCEDURES_ICD,D_ICD_PROCEDURES,HCPCSEEVENTS,D_HCPCS,DRGCODES)、在线医疗记录数据(OMR)和服务相关信息(SERVICES)等数据。

(2)ICU 模块。ICU 模块数据来自 BIDMC 的 MetaVision(iMDSoft)的患者临床生命体征数据,其中 ICULIES 和 D_ITEMS 表链接到一组以"events"为后缀的数据表。ICU 模块中数据表包括静脉和液体输入(INPUTSEVENT)、入量成分(INGREDIENTEVENTS)、患者输出(OUTPUTEVENTS)、过程事件(PROCEDUREEVENTS)、记录为日期或时间的信息(DATETIMEEVENTS)以及其他图表信息(CHAREVENTS)。所有事件表都包含一个 STAY_IDZID 列,允许识别相关 ICU 患者及一个 ITEM_ID 列,允许识别 D_ITEMS 中记录术语概念。

3)数据库使用

MIMIC 数据是在医院常规临床实践中收集的,反映了实际临床实践。总体上,MIMIC 专病数据库具有开源共享和适合科研协同的特点。

(1)开源共享。MIMIC 数据文件以一组 CSV 文件提供,同时也提供了输入数据到 PostgreSQL、MySQL 以及 MonetDB 数据库管理系统的脚本文件。研究者在使用这些数据前需要在 MIMIC 网站注册获取使用授权。完成授权的两个关键步骤如下：

① 研究者需要完成保护患者隐私的相关课程培训，遵守 HIPAA 要求。

② 研究者必须签署数据使用协议，明确数据使用保密标准，禁止识别单个患者信息。

申请通过后研究者会收到在 PHYSIONETWORKS 下载该数据库的详细信息文件。

（2）协同科研。许多研究者使用独立的数据代码进行数据处理和分析，为在共享代码标准基础上实现协同研究，MIMIC 开发者建立了公共代码仓库鼓励开发和共享相关代码。该仓库已有重症医学研究使用的常用变量计算代码，包括疾病严重度评分、合并症评分及不同处理如机械通气和血管加压方法等。开发者鼓励研究者使用这些代码进行科研并进行改进。MIMIC 数据仓库成为临床研究者的重要工具。

临床数据共享分析和二次利用是医疗信息化发展必然，临床数据分析通过知识发现和算法开发来改善患者医疗提供了契机。临床数据分析已越来越多地用于流行病学预测建模。尽管近年来医院临床记录电子化取得了这些进步，但获取医疗数据以改善患者临床仍面临重大挑战，医疗数据共享有限的原因是多方面的，对患者隐私的关注是最重要的问题。MIMIC 重症专病数据库采用的数据组织架构方案，允许数据广泛重用和协同科研，为我国临床专病数据库建设提供了参考。MIMIC 专病数据库在广泛应用中取得了成功，其研究从在明确定义队列中评估治疗效果到预测关键患者的预后。MIMIC - Ⅳ 的目标是通过数据组织架构改变来提高临床数据可用性，并使更多临床研究应用成为可能。

6.3.2　与 MIMIC 数据库配套的代码库

MIMIC 代码库是与 MIMIC 数据库相配套的线上开放平台，由美国麻省理工学院计算生理实验室创建，网址为：https://github.com/MIT-LCP/mimic-code。MIMIC 代码库包含基于 MIMIC 数据库的安装配置源代码与临床科研分析患者疾病特征代码包，随着重症医学临床研究和 MIMIC 数据库应用普及，MIMIC 代码资源库已成为 MIMIC 数据库研究者的重要资源和真实世界临床研究的重要工具。

6.3.2.1　代码库概览

MIMIC 代码库是基于 MIMIC 数据集配置源代码和临床研究源代码包，在 GitHub 线上平台可以免费下载使用。下载后对代码包进行解压缩，形成一个包

含五个子目录的顶级文件夹,每个目录包含相应数据集的配置文件源代码和社区开发代码,具体为:

＊/mimic-iii：为 MIMIC-Ⅲ 数据库构建脚本和社区临床研究源代码。包含benchmark、buildmimic、concept、notebooks、test 及 tutorials 6 个子目录,其中benchmark 提供了数据库各种速度测试基准;buildmimic 目录是构建 MIMIC-Ⅲ的配置脚本;concept 目录是临床科研中各种主题的代码;notebooks 是如何进行数据提取和数据分析的示例;test 是如何进行数据测试;tutorials 目录向使用者解释所涉及的代码术语。

＊/mimic-iv：为 MIMIC-Ⅳ 数据库构建脚本和社区临床研究源代码。包括了 buildmimic、concept、notebooks 及 tests 4 个子目录,分别是针对 MIMIC-Ⅳ 数据库的相关代码文件。

＊/mimic-iv-cxr：用于加载和分析 DICOM（mimic-iv-cxr/dcm）和文本（mimic-iv-cxr/txt）数据的代码。

＊/mimic-iv-ed：为 mimic-iv-ed 构建脚本。

每个子文件夹都有 readme 文件,详细介绍了其内容。

6.3.2.2　MIMIC 代码库的研究主题

医学临床研究是不断发展的,MIMIC 线上社区支持研究者在讨论区上传自己的源代码,研究者也可以在讨论区提出收集和分析数据中的问题,有经验的用户可以提供见解和建议,促进了 MIMIC 数据的二次利用,也使代码库不断充实和扩展。

MIMIC 代码库源代码主要包括以下临床科研主题:

1）疾病严重度评分

近十年来,对 ICU 患者疾病严重程度评估提出了各种评分方法,评分目标是实现对患者疾病风险进行监测。从回溯性研究角度看,疾病严重度评分仍是挑战性工作,首先许多相关数据存在于临床业务信息中,某些需要进行后处理;概念术语定义不清晰会使原始数据存在差别,严重影响评分结果;护理信息系统不完善也会影响病情评分准确性。

MIMIC 代码库中汇集了 5 种疾病严重程度评分:急性生理学评分（APS）、APS-Ⅲ、简化急性生理评分（SAPS）、SAPS-Ⅱ 和牛津急性疾病严重程度评分（OASIS）。APS-Ⅲ、SAPS-Ⅱ、顺序器官衰竭评估（SOFA）、主要器官功能障碍系统（LODS）和 OASIS 评分使用患者进入 ICU 后 24 小时数据。

2）器官衰竭评分

器官衰竭是急性疾病的标志,有多种量化评分。其中,SOFA 和 LODS 评分均评估 6 个器官系统的衰竭。其他评分针对单个特定器官,如终末期肝疾病评价模型、终末期肾病风险/损伤/衰竭标准评估、急性肾损伤网络分类等。

计算评估患者肾损伤的程度，需要大量的实验室、诊断和治疗数据。MIMIC 代码库中为了对比传统试验患者数据和真实世界患者电子数据因为数据差异而引起的评分差别，对比了两种方法 SOFA 评分结果，使用相关算法对模型参数进行了校正，并在代码库及线上平台进行了说明。

3）临床措施干预时机

临床措施时机和持续时间受到临床研究关注，由于医院的数据采集限制，许多药物和治疗的时间和持续时间在临床业务系统不能直接采集，需要进行推导计算。MIMIC 代码库汇集了急诊机械通气开始和停止时间的推导方法，也包含了类似的用于确定加压素给药的时间和持续再灌注代码。

4）脓毒症

脓毒症是重症监护室主要且花费高昂的疾病。传统上，脓毒症被定义为感染引起的全身炎症反应综合征，最近对脓毒症研究建议，将该疾病定义为威胁生命疾病，因感染引起患者器官功能衰竭。由于医院临床电子病历没有脓毒症发病记录，因此需要通过临床数据建立模型进行分析推导。

对脓毒症定量评估中，Seymour 等首次应用抗生素使用与微生物学评价，发现疑似感染脓毒症患者。MIMIC 代码库中采用类似方法，通过患者进入 ICU 后的微生物报告判断脓毒症感染，按照《第三版脓毒症与感染性休克定义的国际共识》（简称"脓毒症 3.0"），将脓毒症归结为感染相关的器官衰竭，并用 SOFA 评分进行量化评估。MIMIC 代码库中提供了相关脚本及模型，使用 MIMIC 数据进行脓毒症识别，通过获取临床计费代码，明确识别脓毒症（国际疾病分类 ICD - 9 代码 785.52 和 995.92）。代码库中提供了 Angus 等和 Martin 等确定脓毒症 ICD - 9 代码的源程序代码算法。

5）并发症

许多重症监护患者都有慢性病症状，并发症会影响患者在危重疾病诊治中的存活概率。Elixhauser 等通过对 MIMIC 临床数据分析将合并症分为 29 类，并赋予了相应 ICD - 9 代码；有人提出了一种增强 ICD - 9 编码，使用疾病诊断相关组，辅助住院患者主要诊断费用账单检查。

MIMIC 代码库中除包含以上并发症分析模型代码，同时还收集了住院死亡率的单点评分预测模型代码，供临床研究者在实际科研中应用。

医疗机构临床科研如何建立数据驱动机制框架，加速医院临床科研转化，促进临床信息二次利用，是医学信息发展面临的重要课题；MIMIC 发展路径启示人们：一是真实世界数据准备，涉及业务系统真实世界数据源数字化系统建设，实现临床数据采集、清洗和患者隐私保护处理；二是需要给临床医生提供研究工具，降低临床医生临床科研的信息门槛,形成临床医生、护士、临床研究者及信息工程者协作共享的生态氛围。MIMIC 临床科研数据库不仅开放临床源数据,还通过网络社区开放源代码,为临床协作研究提供基础框架。这种模式对加快研究人员数据理解和未来研究真实有效、研究结果可重复有重要意义。

参考文献

[1] Vayena E, Blasimme A. Big data in precision medicine[J]. Clinical Pharmacology & Therapeutics, 2018, 104(3): 365 – 368.

[2] Luo J, Wu M, Gopukumar D, et al. Big data application in biomedical research and health care: a literature review[J]. Biomedical Informatics Insights, 2016, 8(Suppl 1): 1 – 10.

[3] Montoye C K, Pacheco J A, Drazner M H, et al. Hemodynamic determinants of exercise capacity in systolic heart failure patients treated with continuous-flow left ventricular assist devices[J]. The Journal of heart and lung transplantation: the official publication of the International Society for Heart Transplantation, 2014, 33(9): 898 – 906.

[4] Zhao K, Ding X, Liu X, et al. Big data analytics for smart healthcare: Challenges, opportunities, and applications[J]. Big Data Research, 2018, 13: 1 – 11.

[5] Debruijn. Jn, Berry, Cherry Colin, Kiritchenko Sverlana. Machine-learned solutions for three stages of clinical information extraction: the state of the art at i2b2 2010[J]. Journal of the American Medical Informatics Association, 2011, 18(5): 557 – 562.

[6] Faravelon A, Verdier, C. Towards a framework for privacy preserving medical data mining based on standard medical classifications[J]. Lecture Notes of the Institute for Computer Sciences, Social-informatics and Telecommunications Engineering, 2012, 69: 204 – 211.

[7] 高汉松,肖凌,许德玮,等. 基于云计算的医疗大数据挖掘平台[J]. 医学信息学杂志, 2013,34(5): 7 – 12.

[8] 郑西川,孙宇,陈霆.基于医疗大数据分析的临床电子病历智能化研究[J]. 中国数字医学,2016,11(11): 61 – 64,103.

[9] 郑西川,周晓辉,孙雪松.基于闭环医嘱的患者临床安全信息保障研究与实践[J]. 中国医院管理,2015,35(8): 26 – 28.

[10] 郑西川,孙宇,陈霆,等. 基于临床行为数据的急诊病人流向预测模型与应用研究[J].中国数字医学,2016,11(5): 84 – 87,91.

[11] Srikant R, Agrawal R. Mining sequential patterns: Generalizations and performance improvements[C]. Apers P., Bouzeghoub M., Gardarin G. (eds). Advances in Database Technology — EDBT '96. EDBT 1996. Lecture Notes in Computer Science, vol 1057. Springer, Berlin, Heidelberg.

[12] Wu C, Weng Y, Jiang Q, et al. Applied research on visual mining technology in medical data[C]. 2016 4th International Conference on Cloud Computing and Intelligence Systems (CCIS), Beijing, 2016: 229 – 233.

[13] Purushotham S, Meng C Z, Che Z P, et al. Benchmarking deep learning models on large healthcare datasets[J]. Journal of Biomedical Informatics, 2018, 83: 112 – 134.

[14] Gehrmann S, Franck D, Li Y R, et al. Comparing Deep Learning and Concept Extraction Based Methods for Patient Phenotyping from Clinical Narratives[C]. Edited by Jen-Hsiang Chuang. PLOS ONE, 2018, 13 (2) (February 15): e0192360.

第 7 章

生物信息学概念和数据库

在生物科学飞速发展的时代,生物信息学作为一门交叉学科,结合了生物学、计算机科学、数学和统计学的理论与技术,旨在从庞大而复杂的生物数据中提取有价值的信息,从而揭示生命的本质和机制。随着测序技术的进步和高通量数据的激增,如何有效地存储、管理和运用这些数据,成为生物学研究中的一大挑战。因此,各类生物信息学/医学信息学数据库应时而生,成为研究人员进行科学探索的重要工具。这些数据库不仅为大量的生物数据提供了结构化的平台,还通过数据注释、检索和分析功能,来支持科研人员的各类研究需求。本章将重点介绍它在现代生物医学研究和临床应用中的重要性,以及各类生物信息学数据库和相关分析工具的作用及应用。将为理解生物信息学的现状和未来发展奠定基础,激励更多的研究者利用这些资源推动科学进步。

7.1 生物信息学概述

生物信息学是结合了生物学、生物医学、数学和信息科学在内的多个科学研究领域的一个交叉学科。它是对实验产生的高通量数据进行存储、管理和注释,即形成数据库,以及通过计算机手段和模型进行数据挖掘而生成新的科学发现和新的临床应用。

7.1.1 生物信息学的发展史

生物信息学的发展史可追溯到 20 世纪 60 年代。当时,随着计算机科技的兴起,科学家们开始尝试利用计算机来处理和分析遗传信息。但是,直到 70 年代,随着第一条完整的 DNA 序列的发布,生物信息学才真正开始发展。直到 80 年代末人类基因组计划的启动,生物信息学才真正得到兴起。生物信息学主要是遗传物质 DNA 及其编码的大分子蛋白质,这一过程需要用计算机为主开发的各种软件或模型,对逐日增长的浩如烟海的 DNA、RNA、蛋白质的序列和结构进行研究,逐步认识生命的起源、进化、遗传和发育的本质,破译隐藏在 DNA 序列中的遗传语言,揭示生物体生理和病理过程的分子基础,为探索生命的奥秘提供最合理和有效的方法或途径。

20 世纪 90 年代是生物信息学发展的黄金时期。这一时期,人类基因组计划的开展,大规模生物数据的产生,为生物信息学提供了丰富的研究内容和数据资源,进一步推动了生物信息学的发展。随着全基因组测序技术的革新和生物大数据的爆炸性增长,21 世纪的生物信息学已经发展到一个新的阶段。总的来说,生物信息学的发展史是一个由初步尝试,到系统发展,再到深度研究和广泛应用的过程。

7.1.2　生物信息学研究内容

生物信息学的主要研究内容包括:① 生物信息的收集、存储、管理与共享,包括建立国际化基本生物信息库和生物信息传输系统;建立生物信息数据质量的评估与检测系统;生物信息可视化系统等。② 序列信息的提取和分析。③ 功能基因组相关信息分析,如大规模基因表达谱分析相关的算法、软件研究,基因表达调控网络的研究;基因组信息相关的核酸、蛋白质空间结构的预测和模拟,以及蛋白质功能预测的研究。④ 生物大分子结构模拟和药物设计。⑤ 生物信息分析的技术与方法研究,包括发展有效的能支持大尺度作图与测序需要的软件、数据库及若干数据库工具;改进现有的理论分析方法;创建一切适用于基因组信息分析的新方法、新技术;引入复杂系统分析技术;发展研究基因组完整信息结构和信息网络的研究方法;发展生物大分子空间结构模拟、电子结构模拟和药物设计的新方法与新技术等。

7.1.3　生物信息学研究方向

生物信息学的研究方向非常广泛,以下是一些主要的研究方向:

(1)基因组学研究:研究生物体所有基因组的结构、功能和进化,研究基因组序列的比较、注释及其遗传变异,包括整个基因的映射、定位和测序。

(2)比较基因组学研究:通过比较不同物种的基因组,研究其进化关系,以及基因和蛋白质的功能和结构。

(3)转录组学(或基因表达组学)研究:研究基因在特定生物体、细胞或组织中的表达情况;通常通过高通量测序技术(如 RNA - seq)获取数据;可以帮助科学家理解基因在不同生物状态、发育阶段或环境刺激下的调控机制。

（4）蛋白质组学研究：研究细胞内所有蛋白质的构成、功能和蛋白质与蛋白质之间的相互作用。蛋白质组学常结合质谱技术与生物信息学工具，分析蛋白质的表达、修饰及其动态变化。

（5）代谢组学研究：分析细胞或生物体内的小分子代谢物，探讨其代谢通路、代谢物相互作用及其生物学意义。这有助于理解生物体的代谢状态及特定条件下的代谢响应。

（6）系统生物学研究：综合各类生物数据（如基因组、蛋白质组、代谢组等），研究生物系统的整体性和复杂性，构建数学模型来阐述生物体的复杂性功能，研究生物系统的动态行为和调控机制。

（7）进化生物信息学研究：通过分析基因组数据研究物种的进化关系、遗传变异和适应机制。这一方向集中于比较基因组学、系统发育分析等。

（8）结构生物信息学研究：研究生物大分子（如蛋白质和核酸）的三维结构和功能之间的关系，利用计算机模拟和结构预测技术来分析蛋白质和核酸的结构。

（9）医学生物信息学研究：将生物信息学应用于临床医学，研究个体的基因组数据、疾病相关性和个性化医疗。这一领域不断推进精准医疗的发展。

（10）个体化医疗研究：通过对每一个患者的基因组进行分析，来定制治疗方案和预测疾病风险。

（11）生物大数据处理和挖掘研究：随着测序技术的发展，生物数据呈现出爆炸性的增长。因此，如何处理和挖掘这些数据，提取出有用信息，成为生物信息学中的一项重要内容。

生物信息学研究可以推动生物医学领域的许多研究和应用，如新药研发和疾病诊断。每个方向都有其独特的研究方法和工具，但它们之间也存在紧密的相互联系和交叉。

7.1.4　生物信息学的应用

生物信息学的主要应用是汇集与疾病相关的人类基因信息，发展患者样品序列信息检测技术和基于序列信息选择表达载体、引物的技术，建立与生物相关的数据库及与大分子设计和药物设计相关的数据库。例如，它被用于识别基因序列和疾病之间的相关性，从氨基酸序列预测蛋白质结构，帮助设计新型药物，以及根据个体患者的 DNA 序列为其量身定制治疗方案（药物基因组学）。

1）序列和分析基因组

该功能可以对各种生物体的基因组进行注释和比较，更好地了解生物体的遗传构成，并确定特定表征相关的基因关系；协助识别导致各种疾病（如癌症、罕见病和糖尿病等)的遗传变异。通过健康人和患病人的基因组比对,研究人员可以发现与疾病相关的突变,并开展个性化的治疗方法研究。

2)识别基因及其功能

该功能可以根据其功能进行识别和分类,理解基因在生物过程中的作用。比如,可以识别参与免疫系统调节的基因,通过了解这些基因的功能,可以为类风湿性关节炎、红斑狼疮、多发性硬化症等自身免疫疾病寻找更好的治疗方法。

3)预测蛋白质结构和功能

该功能可以根据蛋白质的氨基酸序列预测三维结构和功能,从而有助于药物发现和蛋白工程技术研究及应用提升。这有助于研究人员设计针对 HIV、阿尔茨海默病和癌症等疾病中特定蛋白药,可以开发更有效且副作用更少的靶向药物。

4)分析基因表达数据

通过分析基因表达数据,了解基因在不同细胞和组织中的调控方式,帮助鉴定疾病的生物标志物并研究治疗方法。例如,可以使用生物信息学工具分析癌症患者的基因表达数据。通过比较癌细胞和正常细胞中基因的表达水平,研究人员可以鉴定癌症中上调或下调的基因。这些基因可以作为癌症的生物标志物,用于诊断癌症、预测患者预后和指导治疗策略的制定。此外,通过生物信息学分析,研究人员还可以发现与肿瘤发生和发展相关的关键途径和信号网络,从而深入了解肿瘤的分子机制。通过生物信息学分析癌症患者的基因表达数据,还可以帮助发现新的药物靶点。研究人员可以鉴定在癌症细胞中高表达的特定基因,然后利用药物设计技术开发针对这些基因的靶向治疗药物。这种个性化的治疗方法可以提高治疗效果并减少不良反应。此外,生物信息学在癌症研究中还可以用于分析肿瘤的基因突变和变异。通过对癌症患者的基因组数据进行比对和注释,可以确定与肿瘤发生和发展密切相关的基因突变。这些突变可能是肿瘤的驱动基因,研究人员可以利用这些信息来识别新的治疗靶点或开发个性化的治疗方案。总而言之,生物信息学在癌症研究中的应用可以帮助人们深入了解癌症的分子机制、发现新的生物标志物和药物靶点,并为个性化医疗提供重要支持,从而为癌症的诊断、治疗和预后评估提供更精确、有效的手段。

5)药物研发

生物信息学为新药设计提供理论和思路,通过分析高通量数据如基因组、转录组、蛋白质组等,加速药物靶标的识别和候选药物的筛选。

6)精准医疗

生物信息学通过全基因组关联研究(genome-wide association studies,GWAS)识别与特定疾病相关的遗传变异关联,解析遗传基因大数据,提前了解人体疾病的危险因素,有助于实现从以治疗为主的现代医学过渡到以健康保障为主的精准医学阶段。生物信息学的应用使得医疗更加个性化，可以根据个体的遗传信息提供定制化的个性化医疗方案。将个体的基因组信息与临床数据结合，制定个性化的治疗方案。通过基因组数据预测疾病风险、治疗反应和疾病预后评估。

7）组学相关工具和数据库开发

生物信息学推动了相关工具和数据库的开发，如基因组浏览器、序列比对工具、基因表达数据库等，这些工具和数据库对于科研和临床应用都非常重要。生物信息学有助于破译人类遗传密码，研究基因与疾病之间的关系，为精准诊断和治疗提供基础。

7.2 生物信息学常用数据库与知识库

7.2.1 生物信息学常用数据库与知识库概况

对于生物信息学来说，数据库或知识库是非常重要的，为快速找到目前已有的生物相关的数据库，我国国家生物信息中心构建了关于公共数据库查询数据库（Database Commons — a catalog of worldwide biological databases，https：//ngdc.cncb.ac.cn/databasecommons/browse），在这个数据库下有一个关于生物数据库浏览（Browse biological databases），这是一个与生物相关的数据库检索页面。可以根据数据库所涉及的数据类型、物种、所属国家/地区、构建机构、数据库简称、全称，数据库描述、数据库类别等信息进行检索。

7.2.2 人类生物信息学分析主要常用数据库

生物信息学研究的推进和发展离不开公共数据库，也可以通过公共数据库实现数据的共享。本书中将介绍几个常用数据库，包括原始组学数据库、遗传变异数据库、基因型-表型关联综合数据库、表观组数据库、蛋白质组学数据库、微生物组数据库、代谢组数据库和基因表达综合数据库，如图7-1所示。

7.2.2.1 原始组学数据库

1）序列读取归档库（Sequence Read Archive，SRA）

SRA是目前最大的公开可用的高通量测序数据存储库。该数据库是NCBI用于存储二代测序的原始数据，也是国际核苷酸序列数据库合作联盟（International Nucleotide Sequence Database Collaboration，INSDC）。该数据库接收来自生命的所有分支及宏基因组和环境调查的数据。SRA存储原始测序数据和比对信息，以提高可重复性，并通过数据分析促进新发现。

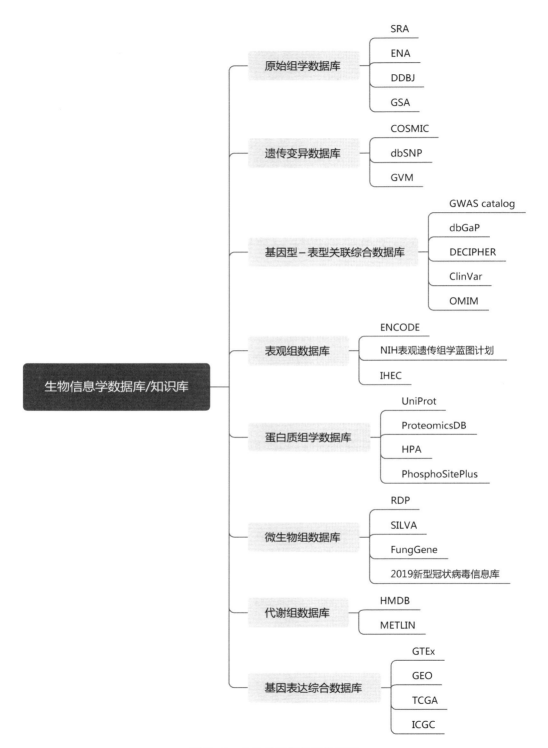

图 7 - 1　生物信息学常用数据库

SRA 包括 Roche 454、Illumina、SOLiD、Ion torrent 等测序技术所产生的测序数据。这类数据库是可以免费无限制下载的，也可以到 EBI ENA 数据库直接下载 fastq.gz 文件。

SRA 数据库的数据组织结构基于四个核心概念：STUDY（研究课题）、SAMPLE（样本信息）、EXPERIMENT（实验信息）和 RUN（测序结果集）。数据的层级结构是：SRP（项目研究/Studies）→SRX（实验设计/Experiments）→SRS（样本信息/Samples）→SRR（测序结果集/Runs）。

2）欧洲核酸归档库（The European Nucleotide Archive，ENA）

ENA 是一个用于管理、共享、整合、存档和传播核苷酸序列数据的开放平台。它提供全球综合性的核苷酸测序数据记录，涵盖世界公共领域的序列数据，并提供一系列丰富的工具和服务以支持数据管理。

ENA 收集并展示与核苷酸测序实验相关的信息，包括样本、实验设置、仪器配置、序列和注释等内容。成立近 30 年来，ENA 的数据和服务持续演变，以适应不断增长的数据量、技术进步及多样化的测序应用。其数据来源广泛，包括研究人员提交的原始数据、欧洲主要测序中心提供的数据及 INSDC 的共享数据。

3）日本 DNA 数据库（DNA Data Bank of Japan，DDBJ）

DDBJ 创建于 1984 年，是世界三大 DNA 数据库之一，与 NCBI 的 GenBank、EMBL 的 EBI 数据库共同组成国际 DNA 数据库。每日都会相互交换更新的数据和信息，因此三个库的数据实际上是相同的。

DDBJ、NCBI 和 EBM 三大数据库合作的项目主要包括 TPA（third party annotation）、CON（struct）或 CON（tig）和 XML 数据交换格式的建立。TPA 是一种基于已有数据库中的核酸序列产生的注释数据，它的格式与传统的 GenBank 一样，只是包含了"TPA"标签。CON（struct）或 CON（tig）用于存储一些片段的拼接信息。

DDBJ 拥有 SQmateh 工具，用来搜索基因或蛋白质中短的碱基或氨基酸序列区域，并建立了简便且易操作的 SOAP（simple object access protocol）服务器。它的数据主要通过 Sakura 和 MST 工具来完成。

4）组学原始数据归档库（Genome Sequence Archive，GSA）

GSA 是 2015 年底由中科院北京基因组研究所生命与健康大数据中心开发的原始组学数据归档库，是我国首个被国际期刊认可的组学数据发布平台，用于存储基因组、转录组及其他组学原始序列的数据。

GSA 是一个存储基因组、转录组及其他 Omics 原始序列数据的数据库。GSA 允许用户创建、上传并存储序列数据。GSA 提供对项目信息（BioProject）、样本信息（BioSample）、实验信息（Experiment）及测序数据的有效组织与管理。

数据模型和数据格式遵照 INSDC 标准,在功能上等同于 NCBI 的 SRA、EBI 的 ENA 和 DDBJ 的 DRA。GSA 旨在为全球科学家打造一个原始组学数据归档、存储、管理、共享的平台,为中国本土科学家的数据汇交、存储、管理与共享提供了极大的便利。

7.2.2.2 遗传变异数据库

1)癌症体细胞突变目录(Catalogue of Somatic Mutation in Cancer, COSMIC)

COSMIC 是全球最大的体细胞突变数据库,专注于人类癌症相关信息。该数据库由 Sanger 研究所的专家团队花费近 20 年通过文献收集和整理而成,现已服务于全球超过 50 000 名用户。

该数据库收录了蛋白编码区和非编码区的点突变、基因拷贝数变异、融合基因、甲基化差异位点。数据库被划分为四大模块,并提供以下功能:① COSMIC——专注于体细胞突变的检测;② Celllines project——用于检索参与癌症研究的细胞类型;③ COSMIC - 3D——分析蛋白的 3D 结构;④ CancerGene Census——提供癌细胞中突变基因的调查统计信息。

2)单核苷酸多态性数据库(The Single Nucleotide Polymorphism database, dbSNP)

在 1998 年,NCBI 与人类基因组研究所(National Human Genome Research Institute)合作建立 dbSNP。

dbSNP 旨在广泛收集简单的遗传多态性,包括单核苷酸替换(SNP)、小片段的缺失或插入(DIP)、可回溯元件插入及微卫星重复变异(短串联重复序列,STR)。该数据库还涵盖了常见变异和临床突变的信息,包括群体频率、分子结果、基因组和 RefSeq 映射信息。在 dbSNP 中,用户还可以找到突变的功能信息,如突变位置、外显子、内含子、突变类型(如错义突变)、临床信息、相关疾病等。此外,dbSNP 提供了数据的来源、检测与验证方法、基因型信息、上下游序列和人群频率等详细资料。截至目前,dbSNP 已收录超过 55 种生物的不同变种,包括智人、小家鼠、水稻及其他多种物种。

3)基因组变异数据库(Genome Variation Map, GVM)

基因组变异数据库是一个整合多物种基因组变异数据的数据存储和检索系统。作为中国科学院北京基因组研究所生命与健康大数据中心的核心资源数据库,在研究所高性能计算平台和大数据存储平台的有力支撑下,GVM 致力于收集、整合和可视化多物种基因组变异数据信息、接收来自世界各地不同类型基因组变异数据的提交,并提供免费访问下载所有公共可用数据的技术支持。

该数据库系统收集了以二代测序和芯片技术为主要检测手段的全基因组序列变异检测的原始数据,通过标准化的变异位点鉴定与注释流程,整合了包括人、畜牧动物、主要农作物和其他资源物种的基因型数据,并通过人工审编收录了约 26 万条高质量的基因型与表型关联知识信息,为深入解析物种遗传变异的功能、研究物种的群体遗传多样性、解读表型/性状的遗传机制等提供了重要数据资源。总体而言,GVM 是存档基因组变异数据的重要资源平台,有助于更好地理解群体遗传多样性、解读与表型相关的复杂遗传机制。

GVM 数据库通过对变异相关的原数据、变异信息与知识数据分别进行结构化整理,开发了界面友好的数据检索、浏览、汇交、下载、统计等模块,用户可以方便、快捷地浏览入库物种、项目、样本、变异、关联知识和用户递交数据的详细信息。通过页面检索,还可便捷地获取一个物种群体内的所有变异数据及功能知识信息、变异注释基因及功能、群体频率等信息,并可通过 ftp 服务下载 VCF 和 FASTA 格式的全基因组序列变异数据。

7.2.2.3　基因型-表型关联综合数据库

1) 人类全基因组关联研究目录(The NHGRI-EBI Catalog of Human Genome-Wide Association Studies,GWAS catalog)

GWAS catalog 是一个收录已发表的全基因组关联研究(GWAS)结果的数据库,提供了一致、可搜索、可视化的单核苷酸多态性(SNP)特征关联数据。此外,该数据库是免费提供的,便于与其他资源集成,方便全球科学家、临床医生和其他用户访问和使用。GWAS catalog 支持对 SNP 特征关联数据的搜索和可视化,使研究人员能够更轻松地获取所需信息。

2) 基因型和表型数据库(The database of Genotypes and Phenotypes,dbGaP)

基因型和表型数据库是 NCBI 中的子数据库,专门用来存档和分发有关人类基因型和表型相互作用的数据和研究结果。

3) 人类基因组变异和表型数据库(database of genomic variation and phenotype in humans using Ensembl resources,DECIPHER)

DECIPHER 是一个基于网络的交互式数据库,利用 Ensembl 资源,专门针对人类基因组变异和表型进行研究。用户可以通过该数据库检索与患者体内发现的变异相关的生物信息学资源,从而提升临床诊断的精准性。

DECIPHER 主要收录与异常临床表型相关的拷贝数变异(CNV)结果,其中大多数被认定为致病性 CNV。用户可以共享和比较表型与基因型的数据,并在报告中将患者的变异置于正常变异和致病性变异的背景下,从而便于解释和理解。该交互式数据库通过汇集与患者体内发现的变异相关的各种临床信息,进一步增强了临床诊断的效率。

4) ClinVar

ClinVar 是 NCBI 与疾病相关的人类基因组变异数据库,整合了 dbSNP、

dbVar、PubMed、OMIM 等多个数据库在遗传变异和临床表型方面的数据信息，形成了一个标准的、可信的、稳定的遗传变异-临床表型相关数据库。这一数据库提供了关于人类变异及其与表型关系的描述和支持证据，作为免费的公共数据库。ClinVar 有助于获取和交流人类变异与观察到的健康状态之间的关系，并使评估特定突变在疾病中的作用成为可能。该数据库处理提交的报告，包括在患者样本中发现的变异、关于其临床意义的声明、提交者的信息及其他支持数据。提交的材料中描述的等位基因被映射到参考序列，并根据 HGVS 标准进行报告。

ClinVar 归档了提交的信息，并为其分配了添加了标识符和其他公共数据相关的突变数据。然而，ClinVar 既不撰写内容，也不对独立于明确提交的信息进行修改。

变异检测的准确性和临床意义断言的可信度在很大程度上依赖于支持性证据，因此用户可以查看和收集这些信息。由于支持性证据的可获得性可能有所不同，尤其是从已发表文献中汇总的回顾性数据，ClinVar 接受多个小组的提交，并汇总相关信息，公正透明地反映关于临床意义的共识和可能存在的矛盾结论。对于每个结论，也会分配审查状态，以支持关于其可信度的交流。此外，ClinVar 鼓励领域专家申请成为审核小组的成员。

5）人类在线孟德尔遗传数据库（Online Mendelian Inheritance in Man，OMIM）

OMIM 于 1985 年由美国国家医学图书馆（National Library of Medicine，NLM）和约翰斯·霍普金斯大学（Johns Hopkins University）合作创建。从 1987 年开始，它在互联网上被广泛使用。1995 年，国家生物技术信息中心（NCBI）接管了 OMIM 的后续开发。

OMIM 是关于人类基因和遗传表型的全面、权威汇编。该数据库收录了所有已知的遗传病、遗传决定的性状及其基因，除了简略描述各种疾病的临床特征、诊断、鉴别诊断、治疗与预防外，还提供已知有关致病基因的连锁关系、染色体定位、组成结构和功能、动物模型等资料，并附有经缜密筛选的相关参考文献。与其他数据库的主要差异是 OMIM 侧重于疾病表型与基因型之间的关联，而该数据库不是以序列为核心的数据库结构。

7.2.2.4　表观组数据库

1）DNA 元素百科全书（Encyclopedia of DNA Elements，ENCODE）

ENCODE 的主要目的是了解这个基因组当中的调控反应，主要方法还是利用高通量的测序技术来进行分析。ENCODE 联盟由美国国家人类基因组研究所（NHGRI）资助，由 31 个机构组成，其中包括麻省理工学院和哈佛大学的 Board 研究所。ENCODE 主要是在人类基因组中构建全面的功能元件清单，包括在蛋白质和 RNA 水平上起作用的元件，以及控制基因活跃的细胞和环境的调控元件。

ENCODE 联盟揭示了人类和小鼠基因组中基因是如何调控的。通过公开分享数据，ENCODE 帮助研究人员从事相关研究。该联盟制作了公共数据存储库《DNA 元素百科全书》(*Encyclopedia of DNA Elements*)，表明至少 80％的人类基因组具有调控活性。此外，研究人员已经使用 ENCODE 数据来确定导致心血管和阿尔茨海默病、克罗恩病、双相情感障碍和许多其他疾病的调控因素。目前 ENCODE 数据包含了四种物种的数据：人、老鼠、蠕虫、苍蝇。

2) NIH 表观遗传组学蓝图计划(NIH Roadmap Epigenomics Mapping Consortium)

NIH(National Institutes of Health，即美国国家卫生研究院)表观遗传组学蓝图计划(the NIH Roadmap epigenomics epigenomics program)检测人类、动植物正常样本及不同细胞系分类的未特殊处理的样本的表观组数据，包括基因表达数据和研究甲基化修饰、乙酰化修饰等的 ChIP-seq 数据。

NIH 表观基因组图谱联盟的目标是提供人类表观基因组数据的公共资源，以促进基础生物学和疾病导向的研究。该项目生成了 100 种人类细胞类型和组织中几个关键组蛋白修饰、染色质可及性、DNA 甲基化和 mRNA 表达的高质量全基因组图谱。该门户网站提供统一处理的数据集、整合分析产品和交互式基因组浏览器会话，这些会话是对来自路线图表观基因组学项目(Roadmap Epigenomics Project)的 111 个合并表观基因组和来自 ENCODE 项目的 16 个表观基因组进行联合分析后产生的。

3) 国际人类表观基因组联盟(International Human Epigenome Consortium，IHEC)

IHEC 由麦吉尔表观基因组学数据协调中心(EDCC)和麦吉尔表观基因组学绘图中心(EMC)创建和维护，并由来自多个国家和实验室的团队共同参与。该联盟主要致力于提供一个公开免费的人类表观基因组学图谱，包括了正常人和各种疾病细胞相关的数据。它的主要目标是通过国际共同合作建立人类健康和疾病条件下重要细胞状态下的人类表观遗传参考组学。同时，也发展生物信息学的标准、数据模型、分析工具等。

IHEC 绘制了多种不同组织和细胞类型中的染色质数据集和调控元件，提升了对这些调控元件的理解。这些顺式调控元件和染色质数据集可综合应用于多个领域，包括基因组变异注释、基因位点精细定位、基因编辑方法的开发及单细胞测序分析流程的设计。

7.2.2.5 蛋白质组学数据库

1) 通用蛋白质资源(The Universal Protein Resource，UniProt)

UniProt 是蛋白质序列和注释数据的综合数据库，是目前信息最丰富、资源最广的免费蛋白质数据库。UniProt 数据库包括 UniProtKB、UniRef 和 UniParc。EBI(European Bioinformatics Institute)、SIB(the Swiss Institute of Bioinformatics)和 PIR(Protein Information Resource)致力于 UniProt 数据库的长期维护。

它的数据主要来自基因组测序项目完成后,后续获得的蛋白质序列和大量来自文献的蛋白质生物功能的信息。

2)蛋白质组数据库(Proteomics Database,ProteomicsDB)

ProteomicsDB 是用于生命组学研究的多组学和多生物的数据库。它涵盖了人类、小鼠、拟南芥和水稻的蛋白质组学、转录组学和表型组学数据。ProteomicsDB 是蛋白质组知识的储存库,包含所有鉴定的蛋白质信息,如蛋白质的顺序、核苷酸顺序、2-D PAGE、3-D 结构、翻译后的修饰、基因组及代谢数据库等。包括不同蛋白质研究相关物种,以及药物预测功能。

3)人类蛋白质图谱(the Human Protein Atlas,HPA)

HPA 是瑞典于 2003 年创建的公开数据库,目的是利用各种组学技术(包括基于抗体成像、基于质谱的蛋白质组学、转录组学和系统生物学)的集成,绘制细胞、组织和器官中的所有人类蛋白质。

HPA 是一个全面的人类蛋白质信息资源,提供对人类基因和蛋白质表达模式的详尽描述。该数据库整合了多种组织和细胞类型的蛋白质组学数据,包括免疫组织化学、免疫组化和高通量抗体制备技术等。

HPA 由 12 个独立的部分组成,每个部分都集中在人类蛋白质全基因组分析的一个特定方面:Tissue(组织图谱)、Brain(脑图谱)、Single cell type(单细胞类型图谱)、Tissue cell(组织细胞图)、Pathology(病理图谱)、Disease(疾病图谱)、Immune(免疫图谱)、Blood(血液图谱)、Subcell(亚细胞图谱)、Cell line(细胞系图)、Structure(结构图谱)和 Interaction(相互作用图谱)。

4)翻译后修饰预测的综合性数据库(PhosphoSitePlus)

PhosphoSitePlus 是一个由 CST 和 NIH 联合开发的免费资源数据库,总结归纳了海量通过科学研究发现的蛋白修饰位点,是一个在线系统生物资源,为翻译后修饰(PTM)研究,包括磷酸化、泛素化、乙酰化和甲基化,提供相关信息和工具,理解其在复杂生物系统调节中的重要性。该数据库旨在促进对 PTM 在正常及病理细胞的生物过程中的功能进行研究,以加速关键疾病生物标记和药物靶标的发现。

PhosphoSitePlus 数据库可以提供对蛋白质或激酶底物进行简单检索,也可以根据结构域、基序或序列、参考文献、蛋白类型或 GO 术语对 PTM 或蛋白进行高级检索,同时浏览 MS/MS 数据并下载疾病、细胞系或组织相关的系列 PTMs。

7.2.2.6　微生物组数据库

1) 核糖体数据库项目（Ribosomal Database Project，RDP）

RDP 数据库是由密歇根州立大学开发维护的在线工具，包括数据库和分析工具两部分。分析工具最早是用于一代测序产生的 16S 数据分析，其后逐步拓展了在 28S、ITS、功能基因的分析功能，并支持二代测序平台产生的数据；而数据库部分提供高质量、已注释的细菌、古菌 16S rRNA 基因和真菌 28S rRNA 基因序列。

2) Silva(high-quality ribosomal RNA database)

Silva 数据库是由德国莱布尼茨微生物菌种保藏与应用研究所（DSMZ）的 Silva 团队开发和维护的。它是一个 rRNA 基因序列的综合数据库，收录原核和真核微生物的小亚基 rRNA 基因序列（简称 SSU，即 16S 和 18SrRNA）和大亚基 rRNA 基因序列（简称 LSU，即 23S 和 28SrRNA）。细菌真菌都有，更新较快，支持在线分析 SlivaNGS。

Silva 数据库是软件包 ARB 的官方数据库，提供全面的、高质量的可比对的小亚基（如 16S/18S，SSU），以及大亚基（23S/28S，LSU）的 rRNA 序列，用于细菌、古生菌及真菌分析。

3) 功能基因数据库（Functional Gene，FungGene）

FungGene 是 RDP 延伸的一个针对微生物功能基因序列的数据库。其按照功能分为抗生素抗性（antibiotic resistances）、植物致病基因（plant pathogenicity）、生物地球化学循环（biogeochemical cycles）、系统进化标志（phylogenetic markers）、生物降解（biodegradation）、金属循环（metal cycling）及其他（other）七类功能基因。每类基因功能集都包含几种到上百种功能基因，可被用于功能标志基因高通量测序后的注释及功能基因的引物设计等。

4) 2019 新型冠状病毒信息库（RCoV19）

2019 新型冠状病毒信息库整合了来自德国全球流感病毒数据库、美国国家生物技术信息中心、深圳（国家）基因库及国家生物信息中心（CNCB）/国家基因组科学数据中心（NGDC）等机构公开发布的 RCoV19 基因组和蛋白质序列数据、元信息、学术文献、新闻动态、科普文章等信息，开展了不同冠状病毒株的基因组序列变异分析并提供可视化展示。

它可以检索全球发布的新冠病毒序列、过滤得到高质量序列信息，获取病毒变异和注释信息，在线分析病毒序列、动态可视化展示病毒演化及传播关系。

7.2.2.7　代谢组数据库

1) 人类代谢组数据库（Human Metabolome Database，HMDB）

HMDB 是一个基于 Web 的代谢组学数据库，包含在人体内发现的小分子代谢物以及详细信息，其中包含有关人类代谢物及其生物学作用、生理浓度、疾病关联、化学反应、代谢途径和参考光谱的全面信息。数据库旨在应用于代谢组学、临床化学、生物标志物发现和通识教育。该数据库包含或链接三种数据：① 化学数据；② 临床数据；③ 分子生物学/生物化学数据。许多数据字段被超链接到其他数据库（KEGG、PubChem、MetaCyc、ChEBI、PDB、UniProt 和 GenBank）和各种结构和通路查看小程序。HMDB 数据库支持广泛的文本，序列，化学结构，MS 和 NMR 谱查询搜索。另外，DrugBank、T3DB、SMPDB 和 FooDB 也是 HMDB 数据库套件的一部分。

2）代谢物鉴定和查询数据库（Metabolite Link，METLIN）

METLIN 是由美国斯克里普斯研究所（The Scripps Research Institute）Gary Siuzdak 于 2003 年创建的，2005 年对公众开放，最初是一个用于描述已知代谢物的特征的数据库，主要侧重于非靶向代谢组学（non-targeted metabolomics）代谢物鉴定领域，此后扩展为识别已知和未知代谢物和其他化学实体的技术平台。目前 METLIN 不仅包含超过百万个分子，范围包括脂类、类固醇、植物和细菌代谢物、小肽、碳水化合物、外源性药物/代谢物、中心碳代谢物和毒物；该库还拥有高分辨率 MS/MS 质谱图，大量代谢物的二级质谱图，而且每个化合物都有多种不同碰撞能的图谱，可以清晰地找到代谢物的碎片离子；同时还可以获得分子量、化学式、化学结构等信息。METLIN 具有多种搜索功能，包括单搜索、批量搜索、前体离子搜索、中性损失搜索、精确质量搜索和碎片搜索。METLIN 不仅提供了正负电离模式下多重碰撞能量下的 MS/MS 数据。它还利用代谢产物的已知结构、元素组成和碎片的精确质量测量来预测碎片结构。

7.2.2.8　基因表达综合数据库

1）基因型-组织表达数据（Genotype-Tissue Expression，GTEx）

GTEx 旨在研究人体基因组变异如何影响基因表达、导致生物学差异。GTEx 收集正常人身上的组织来进行测序，所以 GTEx 数据库包括的就只是正常人的数据。该研究来自 449 名生前健康的人类捐献者的 7 000 多份尸检样本、器官捐献和组织移植项目的多种不同组织类型（包括大脑、肝脏和肺部）近千个体的不同人体组织，涵盖 44 个组织（42 种不同的组织类型），包括 31 个实体器官组织、10 个脑部分区、全血、2 个来自捐献者血液和皮肤的细胞系。GTEx 报告了组织之间和个体之间基因调控的重要差异，主要包括组织特异性的基因表达和组织中的影响基因表达的遗传位点信息（表达数量性状基因座 eQTL）。

这个数据集一方面是可以研究正常人不同组织之间的基因表达的区别；另一方面是和 TCGA 联合使用。由于 TCGA 重点收集的是癌症组织的数据，对于其正常的数据收集的相对来说较少。由于正常样本少，所以对于差异表达的结果可能就不是很准确。此时，可以纳入 GTEx 数据使得分析结果更准确。

2）基因表达综合数据库(Gene Expression Omnibus，GEO)

GEO 是一个国际公共功能基因组学存储库，用于记录和共享高通量基因表达和其他功能基因组学数据集，由 NCBI 负责维护。GEO 最初是一个全球性的基因表达研究数据库，随着技术的快速变化而发展，现在接收包括基因组甲基化、染色质结构和基因组-蛋白质相互作用等的高通量测序数据。GEO 用于存储和自由分发研究界提交的微阵列、二代测序和其他形式的高通量功能基因组学数据，也提供工具帮助用户查询和下载实验和策划的基因表达谱。GEO 数据库不仅提供了数万项研究数据的访问，还提供了各种基于网页的工具，使用户能够定位与自己特定兴趣相关的数据，以及数据的可视化和分析。

3）癌症基因组图谱计划(The Cancer Genome Atlas，TCGA)

TCGA 由美国国家癌症研究所(National Cancer Institute，NCI)和美国国家人类基因组研究所(National Human Genome Research Institute，NHGRI)于 2006 年联合启动，收录了各种人类癌症(包括亚型在内的肿瘤)的各种各样的测序数据，包括 RNA sequencing、MicroRNA sequencing、DNA sequencing、SNP-based platforms、Array-based DNA methylation sequencing、Reverse-phase array(包含了基因组、转录组、蛋白组、表观组各个组学数据)，另外整合了临床样本信息 Biospecimen 以及 Clinical。它是一个具有里程碑意义的癌症基因组学项目，它对超过 20 000 例原发癌和 33 种癌症类型的匹配正常样本进行了分子特征分析。

目前，TCGA 产生了超过 2.5 PB 的基因组、表观基因组、转录组和蛋白质组数据。这些数据已经提高了诊断、治疗和预防癌症的能力，将继续向研究界的任何人公开。另外，TCGA 除了包括不同测序的数据，同时对于每一个纳入的患者还包括其临床的信息。更难能可贵的是，临床信息当中还包括预后随访的信息，这对测序数据集和临床信息之间的分析研究起到一定的作用，如分析基因表达和预后的关系等。

4）国际癌症基因组联盟(International Cancer Genome Consortium，ICGC)

ICGC 是一个用于存储原始数据的数据库，收集了 50 种不同类型的基因表达数据、体细胞突变数据(包括单核苷酸突变和拷贝数变异)及相关的临床信息。ICGC 整合了 TCGA、TARGET 等数据库中的相关数据，并纳入了其他地区的测序队列。因此，通过使用 ICGC 进行检索，能够获得更全面的数据资源。

7.2.3　医学信息学常用知识库

1）PubMed

PubMed 是世界上最大的生命科学和生物医学文献数据库，由美国国家医学图书馆负责维护。PubMed 是一个免费搜索引擎,提供了一种访问 MEDLINE 及其他生命科学期刊和在线书籍的方式。

PubMed 提供了数百万篇生物医学文献的摘要和许多全文文章,还包含了许多在线书籍的链接,使用户可以获取更深入的信息。PubMed 也提供了引用管理功能,帮助用户追踪和管理自己的文献引用。

2）MEDLINE

MEDLINE 是美国国家医学图书馆的主要生物医学文献数据库,包含了世界范围内的生物医学和生命科学的期刊文章信息,可以说是目前最全面的生物医学文献数据库。

3）UpToDate

UpToDate 是一种临床决策支持资源,提供了最新最全面的临床医学知识。它收集和汇总各种可信度的生物医学研究结果,然后由专家对该研究进行审查,并根据这些研究结果编写全面的、最新的、基于证据的临床诊疗建议。其覆盖了多个医学领域,包括心脏病学、消化系统疾病、儿科、妇产科等。

UpToDate 的文章由各领域的专家撰写,并由编辑团队进行最终审核。

临床主题:覆盖了数千个临床主题,提供全面的医学信息。UpToDate 的内容定期更新以反映最新的医学研究。UpToDate 的所有内容都经过严格的专家审查。这个过程包括多个步骤,以确保提供的信息是准确、最新和基于最新医学研究的。搜索系统简洁、快速,用户可以快速找到所需的信息,也提供了许多临床计算器,如 BMI 计算器、GFR 评估工具等,以支持医生在患者诊治过程中做出决策。

4）ClinicalTrials

ClinicalTrials 由美国国家医学图书馆维护,收录了全球范围内的临床试验注册和研究结果。此数据库汇总了全球各地进行的公开临床试验的信息,包括公私有资助的人类研究(在一些情况下,甚至包括兽药试验)。

它主要收录内容包括:

试验的设计:包括试验的目标、入选和排除标准及试验的时间表。

试验的地点:明确指出参与试验的所有地点,包括医院、实验室或研究中心。

试验结果:一些转化医学研究在完成后会上传其主要测量指标和结果。

试验状态:标示临床试验的状态,如是否正在招募参与者、是否已经完成、是否暂停等。

5）Cochrane 图书馆

Cochrane 图书馆是一个收集并提供高质量医学研究证据的在线数据库,由 Cochrane 协作网络创建和维护。这个网络是由全球的医生、护士、研究员、患者和其他利益相关者组成的,他们共同致力于创建和维护这个包含关于医疗有效性和安全性的资源库。

Cochrane 图书馆包含以下几个数据库:

Cochrane Database of Systematic Reviews(CDSR):包含了由 Cochrane 审查小组编写和更新的系统综述。

Cochrane Central Register of Controlled Trials(CENTRAL):一个包含随机对照实验(RCT)和其他实施临床对照的研究摘要的分篇数据库。

Cochrane Clinical Answers(CCAs):为医疗专业人士提供简单、易懂的基于 Cochrane 综述内容的证据答案。

Cochrane 图书馆的主要任务是通过提供高质量、相关的和最新的证据来帮助医疗决策。他们的工作遵循严格的科学方法来评估和解读研究信息,以产生实用、可信和访问方便的证据。

Cochrane 图书馆是全球医学专业人士、研究员和政策制定者的重要资源,他们用这个资源推动医疗行业的发展,改进患者治疗方案,提高医疗服务的质量和效率。

6) Embase

Embase 是一款全球知名的药学和生物医学数据库,由荷兰爱思唯尔(Elsevier)公司开发和维护。这个数据库针对药学、生物医学和相关领域的文献资源进行了全面的索引和汇总。

Embase 数据库包含大量的参考文献,它收录了上千份与药学和生物医学相关的国际期刊和会议文章。它拥有多角度的分析工具,提供了丰富的分析工具和功能,可以帮助用户以各种方式检索和分析文献资源。

Embase 是临床试验以及制药研究数据的强大源头,具有详尽的药物信息及生物医学研究数据,提供了临床药物试验及特异性药物效应的详细信息。Embase 拥有庞大的全球用户社群,被来自全球范围内的研究机构、医学专业机构、学术出版社及药品开发公司等使用。

简而言之,Embase 是一个强大且广泛用于药学和生物医学领域的数据库,它提供了大量的国际文献资源,有助于进行实证医学研究、药物发现及临床决策制定。

7) MD Consult

MD Consult 是一种优质的医学信息资源,提供了大量医学图书、期刊、临床指南以及其他医学相关的资源。MD Consult 是一种在线医疗资源,它为医疗专业人员提供了广泛的临床和教育资源。它覆盖了内科、妇产科、儿科、外科、神经科学等各个医学专业领域。它的目标是提供全面、及时、高质量的医疗信息,以帮助医疗专业人员提升医疗服务质量,为患者提供最佳的医疗护理。此外,MD Consult 的字典、药品库、医学新词、实验评估手册等工具也被许多医疗专业人员广泛使用。

7.3　生物信息学研究的机遇和挑战

近年来的分子组学的实验手段层出不穷,产生了大量数据,为生物信息提供了丰富的资源,尤其是不同组学的交叉,如空间转录组学,有了新的视角来观察和分析生命过程。算力和存储的能力提升,使得分析这些海量数据成为可能。算法的创新,尤其是人工智能算法的兴起,让生物信息工具有了进一步的升级,可以高效处理数据。

在这些机遇中,生物信息学也面临很大的挑战。一方面,数据类型的增多,给数据管理带来很多的问题,如高效存储和提取、数据质量的控制、多种数据模态的联动与转化、多尺度分析的整合等;另一方面,对于海量数据及大量不同目标的任务,分析方法及软件工具的多样性带来了分析中的挑战,亟须制定规范以及标准。

7.4　组学汇总数据的深度解读与转化利用

我国患有复杂慢性疾病(简称"慢病")的人数众多,这对国民的身心健康产生了严重影响,但与之相关的研究仍然面临严峻挑战,任重而道远。组学技术可以很好地助力慢病研究,尤其是全基因组关联研究(GWAS),已成为研究慢病的有效手段。然而,组学研究所产生的数据不能直接应用于临床决断,因此,如何将科研成果转化为临床防治实践已成为当前研究的重中之重。本章节将从"组学汇总数据介绍""深度解读工具""在线服务工具""转化利用计算资源"这四个不同角度来探讨组学数据的深度解读与转化利用。

7.4.1　组学汇总数据

随着组学技术的兴起及日益成熟,已经积累了海量的组学原始数据。如今,组学相关研究在生物学领域扮演着重要的角色,并且对医疗领域产生了深远的影响。组学研究指以系统性、全面性的研究方法,以综合角度来探索生命信息。根据研究的生物分子种类,组学可分为基因组学(Genomics)、转录组学(Transcriptomics)、蛋白组学(Proteomics)、代谢组学(Metabolomics)等。

组学技术依赖于高通量、高分辨率、高精度的分析仪器,能对海量的数据进行采集、分析,最终揭示与生命活动密切相关的生物因素,有助于人们深入探索微观生物分子与功能表型之间的潜在联系。例如,原始的基因组学数据包括基因序列信息,经过质控、数据预处理、变异检测、变异质控和过滤等步骤,可以获得基因组中变异的信息,从而指导疾病的临床防治。又如,原始的转录组学数据包括 RNA 序列信息,经过质控、数据预处理及下游分析(如差异表达分析和富集分析)等处理步骤,可以了解基因的表达情况,从而进行基因表达水平分析、转录本发现及可变剪接分析等方面的研究工作。

组学原始数据(raw data)不仅数量庞大,且格式多种多样,信息复杂多层次。因此,在进行数据分析之前,对这些复杂的原始数据进行有针对性的筛选和规范化处理至关重要,这是整个分析流程中的关键一环。将组学汇总数据(summary-level data)定义为由基因、SNP(单核苷酸多态性)、基因间区域及其统计显著性水平(如 p-values)所构成的列表。其中,基因层面的汇总数据可以从差异表达研究中获得,SNP 层面的汇总数据则可从全基因组关联研究中获得,而基因间区域层面的汇总数据可以从表观基因组研究中获得。经过简化的汇总数据可直接用于下游分析,但如何有效地将组学汇总数据转化为有意义的下游知识仍然是当前组学研究的主要挑战之一。

7.4.2　组学汇总数据深度解读工具 XGR

2016 年,牛津大学推出了 XGR(eXploring Genomic Relations)[1],这个工具结合了生物医学本体化(ontology)知识和基因互作网络(network)知识,极大地促进了对组学汇总数据的下游知识深度解读,推动了组学研究的发展与推广。XGR 有两个主要的界面端口,前端是一个在线服务工具(http://galahad.well.ox.ac.uk/XGR),专为零编程基础的用户提供数据解析支持,后端是一个 R 软件包(http://xgr.r-forge.r-project.org),向所有用户免费开放使用,支持进阶数据分析,满足用户对数据的深度挖掘需求。

XGR 在线服务工具的首页如图 7-2 所示,包括四个关键分析工具,可帮助用户实时、高效地对基因或 SNP 层面的汇总数据进行富集分析(enrichment analysis,即基于统计学分析方法识别富集的本体化知识)、相似性分析[similarity analysis,即根据本体化知识注解估算基因(或 SNP)之间的相似性]、子网络分析(network analysis,即基于用户提供的汇总数据识别最显著的基因子网络)和注释分析(annotation analysis,即利用本体化知识或基因组学数据对用户提供的基因间区域列表进行注释)。XGR 的工作原理类似于一辆"大巴车",负责将乘客(用户提供的基因、SNP 和基因间区域层面的汇总数据)送达目的地。其中,驱动"大巴车"的动力源是内置的生物医学本体化和基因互作网络知识,其引擎为上述所提到的四种分析方法,最终目的地是用户所需要的分析结果。

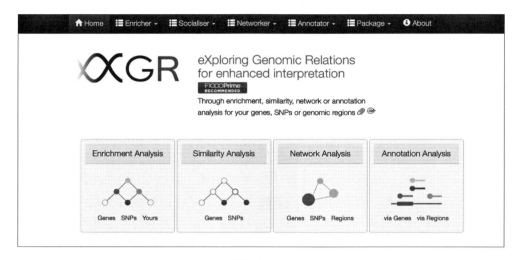

图 7‑2　在线服务工具 XGR 的首页

7.4.3　OpenXGR:　组学汇总数据在线服务工具

XGR 经过多年的发展已经成熟稳定。2023 年,对其进行了一次全面的升级,进一步完善了用户规模较为庞大的富集分析和子网络分析模块,同时移除了较少使用的相似性分析和注释分析模块,并将富集分析和子网络分析模块的分析对象范围拓展至基因间区域,推出了在线服务工具 OpenXGR[2]。

OpenXGR 的工作方式可类比为"地球与卫星"的运行模式(图 7‑3),其分析器扮演着"卫星"的角色,其内置知识库则相当于"轨道"。类似于"卫星"绕着"地球"运行,6 个分析器依托内置知识库以确保 OpenXGR 对不同层面的组学汇总数据进行实时的深度解读,用户仅需 3 分钟即可获取分析结果。

OpenXGR 的工作原理及其功能概述如图 7‑4 所示。首先,OpenXGR 提供六种分析工具,依托生物医学本体化知识、网络信息和功能基因组学等内置知识库,对基因(G)、SNP(S)和基因间区域(R)层面的组学汇总数据进行实时的富集分析和子网络分析。前端是移动设备优先的响应式用户界面,后端是新一代 Perl 网页研发框架,以保证 OpenXGR 的用户界面更新与维护。这种独特的框架还允许用户实时访问 OpenXGR 以进行数据挖掘,所有后端的分析任务都能在 3 分钟内完成,以确保及时向用户反馈结果。

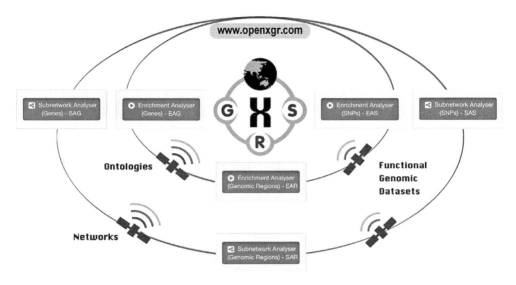

图 7 - 3　OpenXGR 的运行模式

　　OpenXGR 被比作我们的"地球",分析器就如同环绕地球运行并提供实时信息的"卫星"一样,OpenXGR 利用本体论、网络及功能基因组数据集方面的知识库,来实现实时富集分析和子网络分析。

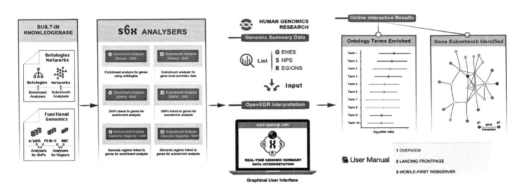

图 7 - 4　OpenXGR 的工作原理

　　OpenXGR 提供六种分析工具,旨在分析基因(G)、SNP(S)和基因组区域(R)层面的基因组汇总数据。通过利用内置的本体论、网络和功能基因组学数据库,这些分析工具支持几乎实时的富集分析和子网络分析,并识别富集的本体论和基因子网络。OpenXGR 还会提供分步的用户说明书,帮助用户更好地使用。

　　富集分析受到一系列生物医学本体化知识的支持,这些知识涵盖多种类别,包括功能、通路、调控、疾病、表型、药物、结构域、标志物和进化等,见表 7 - 1。子网络分析则利用功能或通路互作网络知识实现。功能互作网络主要来源于 STRING 数据库,功能互作关系大致可分为三类:最高置信度(≥0.9)、高置信度(≥0.7)和中等置信度(≥0.4)。通路互作网络主要来源于 KEGG 数据库,所有通路信息都被整合到一个大的基因网络中。

　　此外,在 OpenXGR 中,利用基因组邻近性,PCHi‐C(启动子捕获 Hi‐C)或 e/pQTL(表达或蛋白数量性状位点)信息来寻找 SNPs 的连锁基因;同样地,基于 PCHi‐C 或增强子基因图谱来寻找基因组区域的连锁基因。目前,支持的功能基因组学数据囊括了与免疫、血液和大脑相关的细胞类型 PCHi‐C,血浆 pQTL,来自 eQTLGene Consortium 的血液 eQTL,与免疫相关的细胞类型和大脑相关组织相关的 eQTL,利用 ABC 模型从 ENCODE 和 Roadmap 细胞类型中建立的增强子基因图谱。

表 7‐1　生物医学本体化知识的支持 OpenXGR 富集分析

本体化知识	知识类别	出处（链接）
ChEMBL	药物	https://www.ebi.ac.uk/chembl
DGIdb	药物	https://www.dgidb.org
Disease Ontology	疾病	https://disease-ontology.org
ENRICHR Consensus TFs	调控	https://maayanlab.cloud/Enrichr
Experimental Factor Ontology	疾病	https://www.ebi.ac.uk/efo
Gene Ontology	功能	http://geneontology.org
Human Phenotype Ontology	表型	https://hpo.jax.org
KEGG	通路	https://www.genome.jp/kegg
Mammalian Phenotype Ontology	表型	https://www.informatics.jax.org
MitoPathway	通路	https://www.broadinstitute.org/mitocarta
Mondo Disease Ontology	疾病	https://monarchinitiative.org
MSIGDB	标志	https://www.gsea-msigdb.org/gsea/msigdb
REACTOME	通路	https://reactome.org
Target tractability buckets	疾病	https://platform-docs.opentargets.org/target/tractability
TRRUST	调控	https://www.grnpedia.org/trrust

　　OpenXGR 在线服务工具首页(图 7‐5)大致由五部分组成。

　　左上角附有 OpenXGR 的超链接,点击即可返回主页面。

　　右上角为菜单按钮,总体概括了 OpenXGR 在线服务工具的功能。其主要有

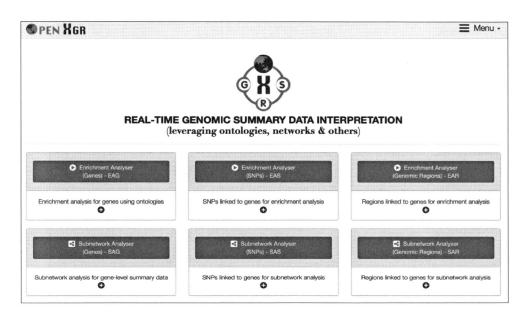

图 7 - 5　OpenXGR 首页

三个模块：第一个模块为信息模块,展示了 OpenXGR 的基本信息、源代码、用户手册；第二个模块为富集分析功能模块；第三个模块为子网络分析功能模块。

中间的图像为 OpenXGR 的图标。

网页的主体部分有 6 个分析工具,大致可分为两类：第一行为富集分析,包括：EAG——基于基因列表的富集分析,EAS——基于 SNP 列表的富集分析,EAR——基于基因间区域列表的富集分析；第二行为子网络分析,包括：SAG——基于基因列表的子网络分析,SAS——基于 SNP 列表的子网络分析,SAR——基于基因间区域列表的子网络分析。

网页最下方涵盖了 OpenXGR 的基础信息、用户手册和开发者信息。

接下来,将为大家详细介绍 OpenXGR 各模块的使用细节。

1) 用户手册

用户手册(图 7 - 6)共 11 个章节,详细介绍了 OpenXGR 的发展历程、简介、信息按钮、分析工具示例,以解决用户在操作过程中遇到的困难。

2) EAG——基于基因列表的富集分析

EAG,全称 Enrichment Analysis for Genes,利用以基因为中心的生物医学本体化知识对输入的基因列表进行富集分析(图 7 - 7)。

其主要有三个步骤：

第一步,用户输入一个基因列表,需要确保列表中基因名的规范性。示例数据提供了约 300 个与衰老相关的基因列表。

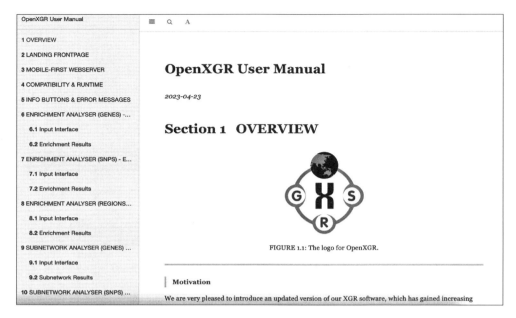

图 7 - 6 OpenXGR 的用户手册

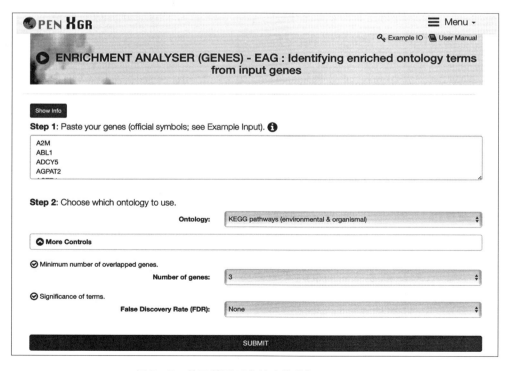

图 7 - 7 基于基因列表的富集分析(EAG)页面

第二步，选择合适的生物医学本体化知识。

第三步，选择额外参数，如最小交集基因数目和 FDR（误报率）筛选阈值，以微调富集结果，最后点击"SUBMIT"按钮即可开始分析。

分析结果由四部分组成。

"Input Gene Information"模块（图 7 - 8）提供了输入基因的汇总信息表格，第一列为基因名，第二列为描述信息，来自 GeneCards 数据库，点击相应的基因名即可实现跳转。此外，用户可利用"Search"检索框筛选自己感兴趣的 SNP，点击"CSV"按钮可获得 csv 格式的结果文件，点击"Copy"可复制结果文件。

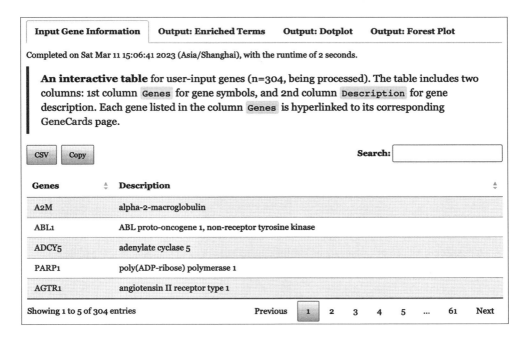

图 7 - 8　EAG 结果页面"Input Gene Information"模块

"Output：Enriched Terms"模块（图 7 - 9）下展示了富集结果表格，涵盖术语 ID、FDR、成员基因等多种信息。

"Output：Dotplot"模块（图 7 - 10）下提供生物医学本体化注解富集的点图及其 PDF 文件（右侧的"DOWNLOAD.pdf"选项可单独下载高分辨率结果图像），其中横轴代表 Z-score，纵轴代表显著性水平，点的大小反映基因数目，前五个富集程度最高的点会被标注标签。

"Output：Forest Plot"模块（图 7 - 11）下展示了生物医学本体化注解富集的森林点图，其中点的大小反映基因数目。

Input Gene Information | **Output: Enriched Terms** | **Output: Dotplot** | **Output: Forest Plot**

An interactive table that displays enriched ontology terms. Each enriched term (the columns `Ontology`, `Term ID`, and `Term Name`) has the enrichment Z-score (`Z-score`), the significance level of the enrichment (`FDR`), odds ratio (`Odds ratio`) and 95% confidence intervals (`95% CI`), the number (`Num`) and list (`Members`) of member genes that overlap with your input genes. The table is sorted by FDR ascendingly.

CSV | Copy   Search:

Ontology ⇅	Term ID ⇅	Term Name ⇅	Z-score ⇅	FDR ⇅	Odds ratio ⇅	95% CI ⇅	Num ⇅	Members ⇅
								AKT1, ATM, CAT, CDKN1A, CDKN2B, CREBBP, CSNK1E, EGF, EGFR, EP300, FOXO1,

图 7 - 9　EAG 结果页面"Output：Enriched Terms"模块

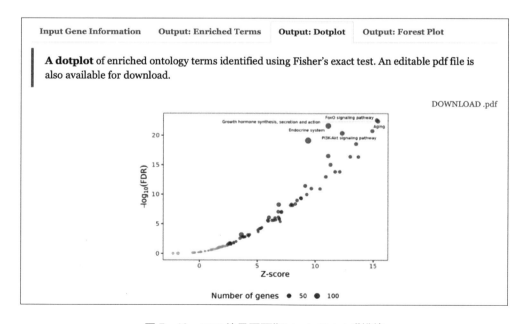

Input Gene Information | **Output: Enriched Terms** | **Output: Dotplot** | **Output: Forest Plot**

A dotplot of enriched ontology terms identified using Fisher's exact test. An editable pdf file is also available for download.

DOWNLOAD .pdf

图 7 - 10　EAG 结果页面"Output：Dotplot"模块

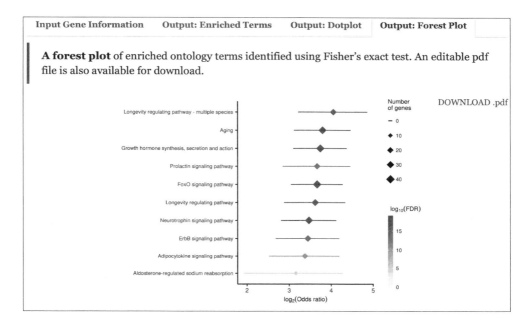

图 7 - 11　EAG 结果"Output：Forest Plot"模块

3）EAS——基于 SNP 列表的富集分析

EAS，全称 Enrichment Analysis for SNP（图 7 - 12），利用基因组邻近性信息或功能基因组学数据，从用户输入的 SNP 列表中识别连锁基因，并对连锁基因进行富集分析。

其主要有五个步骤：

（1）用户输入 SNP 层面汇总数据列表。其中，第一列为 SNP 在 dbSNP 数据库中的 rsID，第二列为显著性信息（如介于 0～1 的 p 值）。网站上提供了约 210 个慢性炎症疾病的 SNP 及其 p - value 作为演示数据。

（2）选择所适用的人群以排除人群引起的额外差异。

（3）用户结合自身需求选择连锁基因的限制条件，利用基因组邻近性、数量性状基因座图谱和启动子捕获 Hi - C 等信息来识别连锁基因。

（4）选择合适的生物医学本体化知识。

（5）选择额外参数，如 SNP 显著性、最小交集基因的数目和 FDR 筛选阈值。点击"SUBMIT"按钮即可开始分析。

分析结果由五部分组成。

"Input SNP Information"模块（图 7 - 13）下提供一个包含用户输入 SNP 相关信息（p 值和定位信息）的交互式表格。

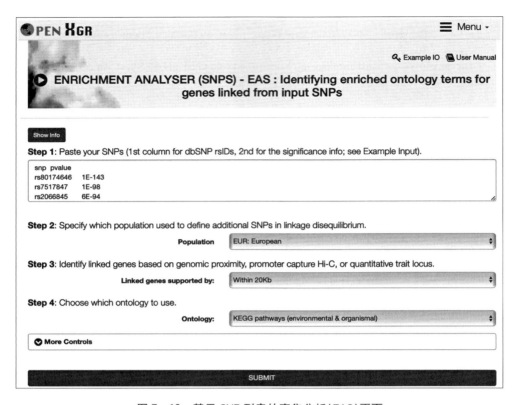

图 7 - 12 基于 SNP 列表的富集分析(EAS)页面

Input SNP Information **Output: Linked Genes** **Output: Enriched Terms** **Output: Dotplot**

Output: Forest Plot

Completed on Mon Jun 05 16:40:06 2023 (Asia/Shanghai), with the runtime of 46 seconds.

An interactive table for user-input SNPs (n=216, being processed). The table includes three columns: 1st column `SNPs` for input dbSNP rsIDs, 2nd column `P-values` for the significance info, and 3rd column `Locus` for genomic locations (the genome build `hg19`). Each SNP listed in the column `SNPs` is hyperlinked to its corresponding `dbSNP` page.

CSV Copy   Search: [   ]

SNPs	Pvalue	Locus
rs80174646	1e-143	chr1:67708155-67708155
rs7517847	1e-98	chr1:67681669-67681669
rs2066845	6e-94	chr16:50756540-50756540
rs1992661	1e-74	chr5:40414989-40414989
rs6426833	7e-62	chr1:20171860-20171860

Showing 1 to 5 of 216 entries   Previous 1 2 3 4 5 ... 44 Next

图 7 - 13 EAS 结果"Input SNP Information"模块

　　"Output：Linked Genes"模块(图 7 - 14)下提供了输入 SNP 的连锁基因列表信息，包含 GScores 和描述信息。其中，GScores 代表连锁基因的可信度。此外，该模块下还提供一个证据表格，展示基因与 SNP 之间的连锁关系及支持该关系的证据信息。

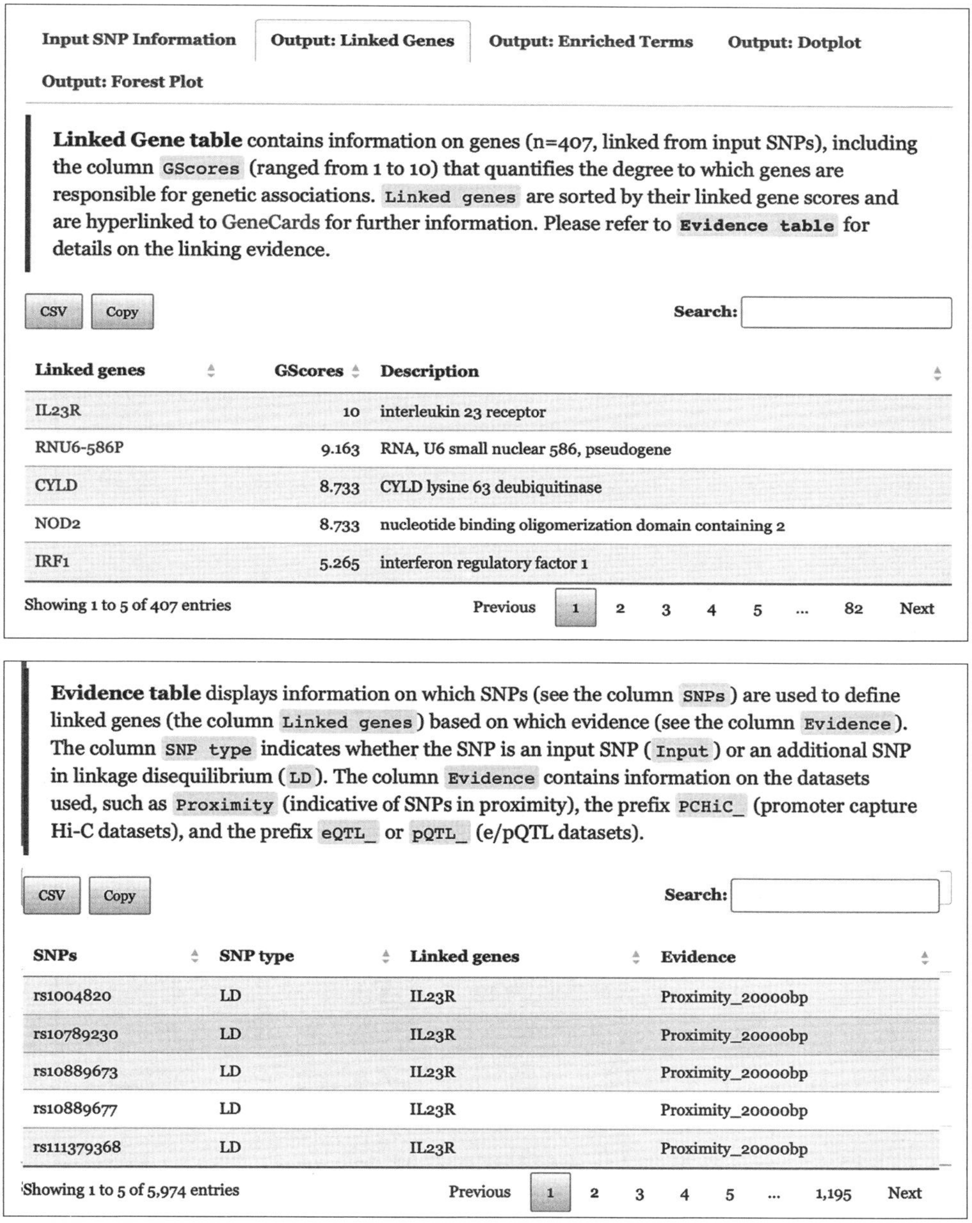

Input SNP Information　　**Output: Linked Genes**　　**Output: Enriched Terms**　　**Output: Dotplot**

Output: Forest Plot

Linked Gene table contains information on genes (n=407, linked from input SNPs), including the column `GScores` (ranged from 1 to 10) that quantifies the degree to which genes are responsible for genetic associations. `Linked genes` are sorted by their linked gene scores and are hyperlinked to GeneCards for further information. Please refer to `Evidence table` for details on the linking evidence.

[CSV] [Copy]　　　　　　　　　　　　　　　　　　Search: [　　　　　]

Linked genes	GScores	Description
IL23R	10	interleukin 23 receptor
RNU6-586P	9.163	RNA, U6 small nuclear 586, pseudogene
CYLD	8.733	CYLD lysine 63 deubiquitinase
NOD2	8.733	nucleotide binding oligomerization domain containing 2
IRF1	5.265	interferon regulatory factor 1

Showing 1 to 5 of 407 entries　　　　　Previous [1] 2　3　4　5　…　82　Next

Evidence table displays information on which SNPs (see the column `SNPs`) are used to define linked genes (the column `Linked genes`) based on which evidence (see the column `Evidence`). The column `SNP type` indicates whether the SNP is an input SNP (`Input`) or an additional SNP in linkage disequilibrium (`LD`). The column `Evidence` contains information on the datasets used, such as `Proximity` (indicative of SNPs in proximity), the prefix `PCHiC_` (promoter capture Hi-C datasets), and the prefix `eQTL_` or `pQTL_` (e/pQTL datasets).

[CSV] [Copy]　　　　　　　　　　　　　　　　　　Search: [　　　　　]

SNPs	SNP type	Linked genes	Evidence
rs1004820	LD	IL23R	Proximity_20000bp
rs10789230	LD	IL23R	Proximity_20000bp
rs10889673	LD	IL23R	Proximity_20000bp
rs10889677	LD	IL23R	Proximity_20000bp
rs111379368	LD	IL23R	Proximity_20000bp

Showing 1 to 5 of 5,974 entries　　　　　Previous [1] 2　3　4　5　…　1,195　Next

图 7 - 14　EAS 结果"Output：Linked Genes"模块

"Output：Enriched Terms"模块(图 7 - 15)下提供一个包含生物医学本体化注解富集信息的交互式表格。

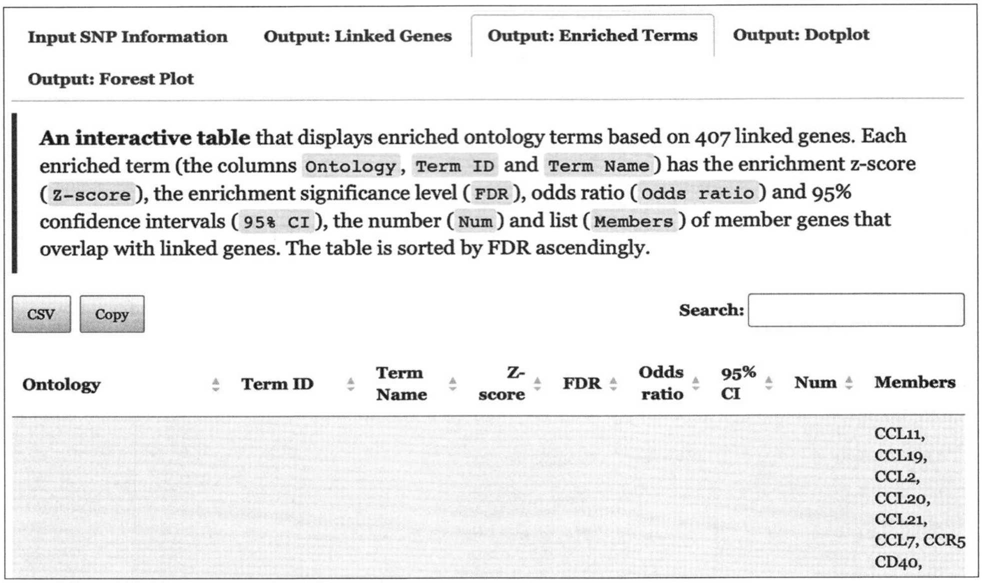

图 7 - 15 EAS 结果"Output：Enriched Terms"模块

"Output：Dotplot"模块(图 7 - 16)下提供生物医学本体化注解富集的点图。

"Output：Forest Plot"模块(图 7 - 17)下展示了生物医学本体化注解富集的森林图。

4）EAR——基于基因间区域列表的富集分析

EAS，全称 Enrichment Analysis for Genomic Region(图 7 - 18)，利用功能基因组学数据(PCHi - C 或增强子基因图谱)，从用户输入的基因间区域(region)列表(如示例数据所示，包括染色体信息、起始位点、终止位点信息)中识别连锁基因，并对连锁基因进行富集分析。

其主要有五个步骤：

（1）选择参考基因组版本。默认为 hg19，如果是不同的版本，则会自动转换。

（2）用户输入基因间区域层面汇总数据列表，第一列为染色体信息，第二列为区间起始位置，第三列为区间终止位置。示例输入包含了与先天免疫激活和耐受相关的约 380 个差异表达的增强子 RNA(非编码区域)。

（3）用户结合自身需求选择连锁基因的限制条件。

（4）选择合适的生物医学本体化注解信息。

（5）选择额外参数以微调富集结果。点击"SUBMIT"按钮即可开始分析。

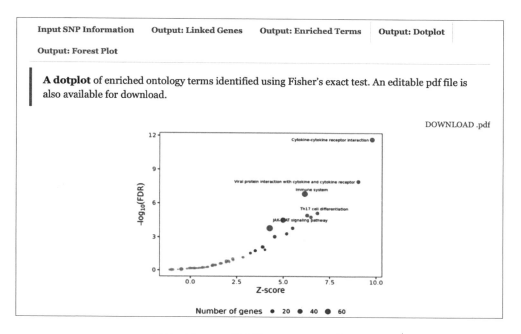

图 7 - 16　EAS 结果"Output：Dotplot"模块

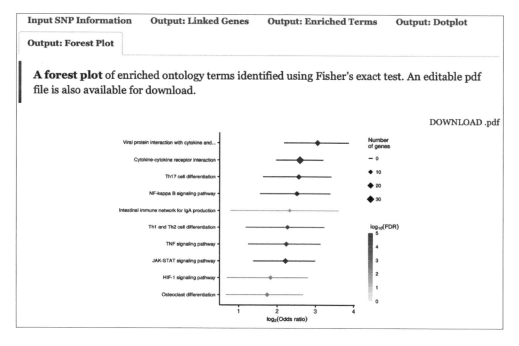

图 7 - 17　EAS 结果"Output：Forest Plot"模块

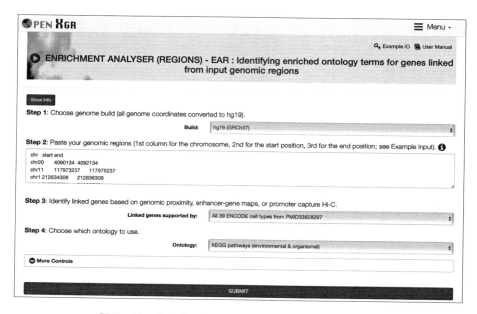

图 7-18　基于基因间区域列表的富集分析(EAR)界面

分析结果由五部分组成。

"Input Genomic Region Information"模块(图 7-19)下提供一个包含用户输入基因间区域相关信息的交互式表格,包括定位信息、染色体信息和区间长度信息。

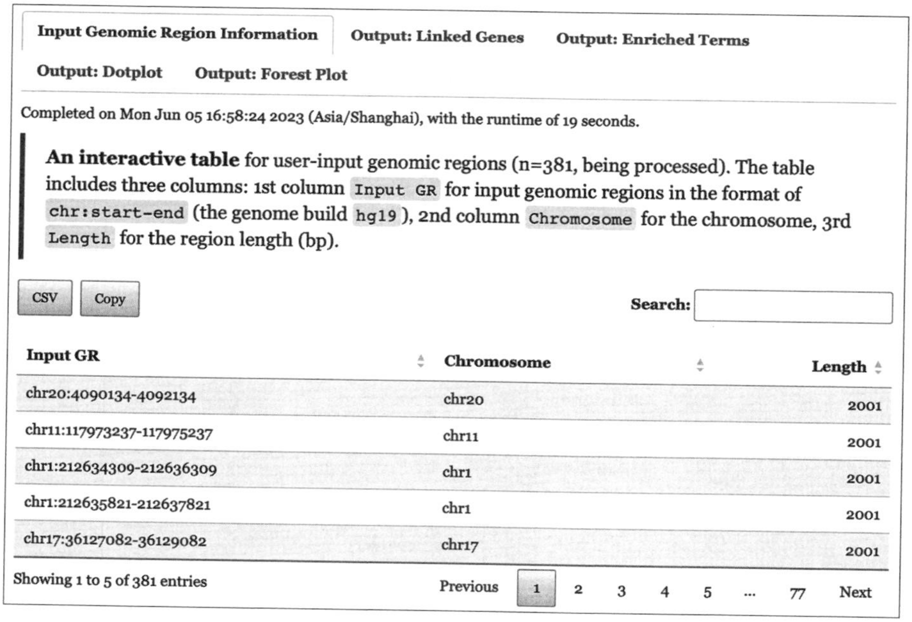

Input GR	Chromosome	Length
chr20:4090134-4092134	chr20	2001
chr11:117973237-117975237	chr11	2001
chr1:212634309-212636309	chr1	2001
chr1:212635821-212637821	chr1	2001
chr17:36127082-36129082	chr17	2001

Showing 1 to 5 of 381 entries

图 7-19　EAR 结果"Input Genomic Region Information"模块

　　"Output：Linked Genes"模块（图 7 - 20）下提供基因间区域的连锁基因列表。此外，还提供一个证据表格，展示基因与基因间区域之间的连锁关系及支持该关系的证据信息。

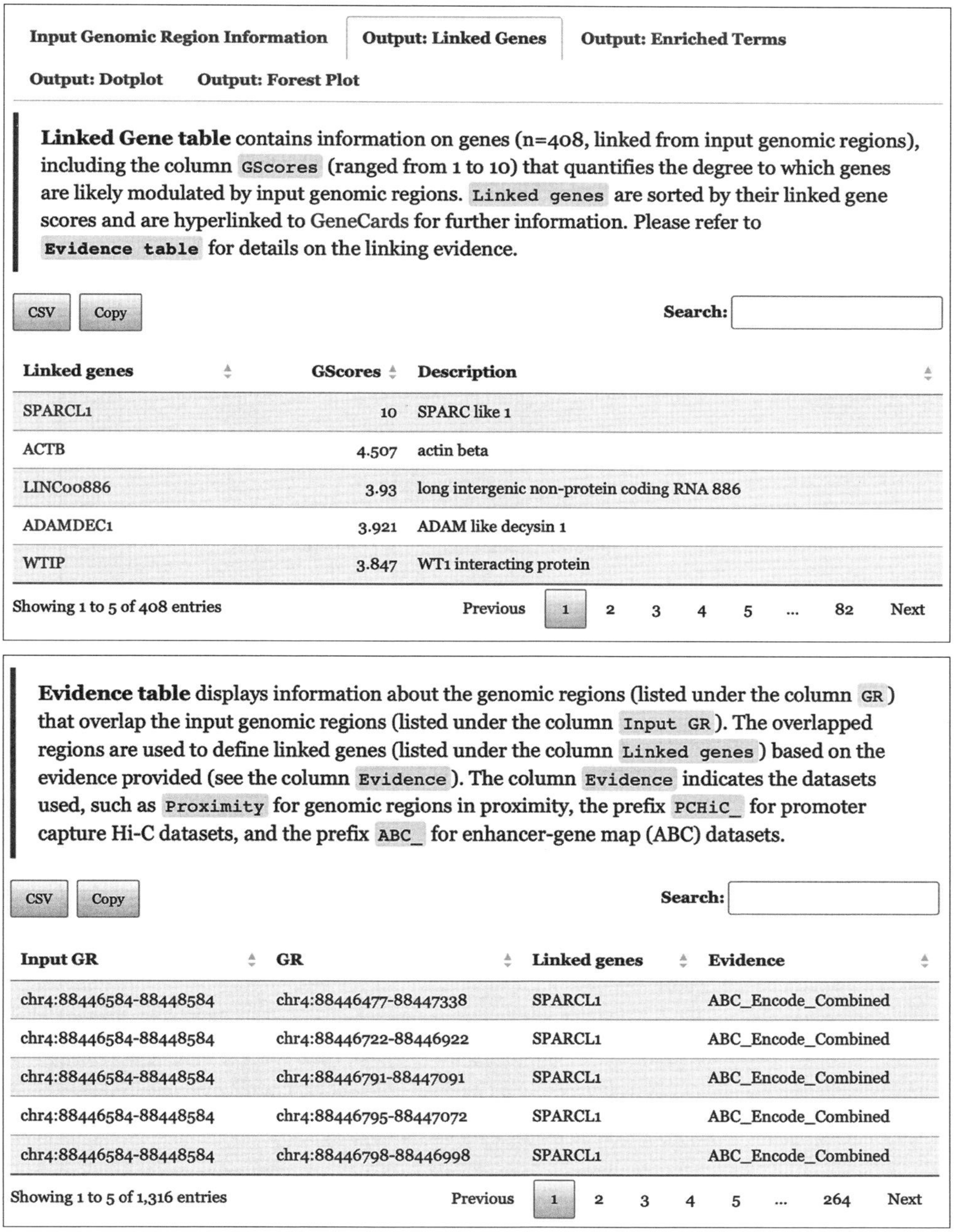

Input Genomic Region Information　　**Output: Linked Genes**　　Output: Enriched Terms

Output: Dotplot　　Output: Forest Plot

Linked Gene table contains information on genes (n=408, linked from input genomic regions), including the column `GScores` (ranged from 1 to 10) that quantifies the degree to which genes are likely modulated by input genomic regions. `Linked genes` are sorted by their linked gene scores and are hyperlinked to GeneCards for further information. Please refer to `Evidence table` for details on the linking evidence.

CSV　Copy　　　　　　　　　　　　　　　　　　　Search: [　　　　　]

Linked genes	GScores	Description
SPARCL1	10	SPARC like 1
ACTB	4.507	actin beta
LINC00886	3.93	long intergenic non-protein coding RNA 886
ADAMDEC1	3.921	ADAM like decysin 1
WTIP	3.847	WT1 interacting protein

Showing 1 to 5 of 408 entries　　　　　Previous　**1**　2　3　4　5　...　82　Next

Evidence table displays information about the genomic regions (listed under the column `GR`) that overlap the input genomic regions (listed under the column `Input GR`). The overlapped regions are used to define linked genes (listed under the column `Linked genes`) based on the evidence provided (see the column `Evidence`). The column `Evidence` indicates the datasets used, such as `Proximity` for genomic regions in proximity, the prefix `PCHiC_` for promoter capture Hi-C datasets, and the prefix `ABC_` for enhancer-gene map (ABC) datasets.

CSV　Copy　　　　　　　　　　　　　　　　　　　Search: [　　　　　]

Input GR	GR	Linked genes	Evidence
chr4:88446584-88448584	chr4:88446477-88447338	SPARCL1	ABC_Encode_Combined
chr4:88446584-88448584	chr4:88446722-88446922	SPARCL1	ABC_Encode_Combined
chr4:88446584-88448584	chr4:88446791-88447091	SPARCL1	ABC_Encode_Combined
chr4:88446584-88448584	chr4:88446795-88447072	SPARCL1	ABC_Encode_Combined
chr4:88446584-88448584	chr4:88446798-88446998	SPARCL1	ABC_Encode_Combined

Showing 1 to 5 of 1,316 entries　　　　　Previous　**1**　2　3　4　5　...　264　Next

图 7 - 20　EAR 结果"Output：Linked Genes"模块

　　"Output：Enriched Terms"模块(图 7 - 21)下提供一个包含生物医学本体化
注解富集信息的交互式表格。

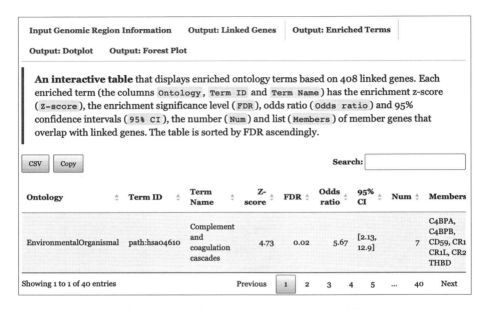

图 7 - 21　EAR 结果"Output：Enriched Terms"模块

　　"Output：Dotplot"模块(图 7 - 22)下提供生物医学本体化注解富集的点图。

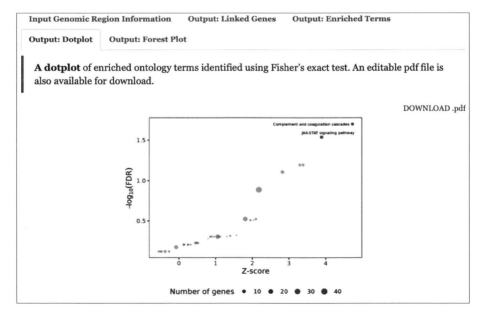

图 7 - 22　EAR 结果"Output：Dotplot"模块

"Output：Forest Plot"模块（图 7 - 23）下展示了生物医学本体化注解富集的森林图。

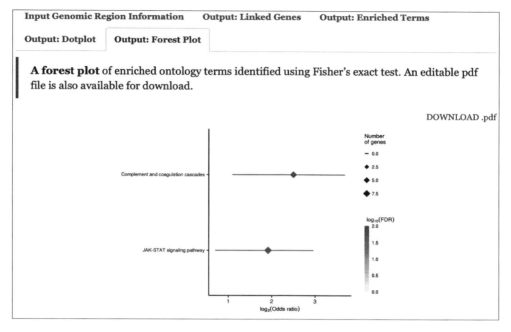

图 7 - 23　EAR 结果"Output：Forest Plot"模块

5）SAG——基于基因列表的子网络分析

SAG，全称 Subnetwork Analysis for Gene（图 7 - 24），利用蛋白质互作信息或通路衍生基因互作信息，从输入的基因级汇总数据入手，识别相关基因子网络。SAG 所识别的子网络是在大基因网络中含有尽可能多的显著性最高、差异表达水平最强基因的子网络。

其共有四个步骤：

（1）用户输入基因层面汇总数据列表。示例数据是一个早期人类器官发生过程中 9 期和 10 期之间的阶段的差异基因汇总数据列表。

（2）选择合适的基因网络。功能互作网络来源于 STRING 数据库，默认情况下使用最高置信互作信息，共涉及 14 800 个基因和约 203 900 条相互作用关系。通过整合 KEGG 数据库获得一个约 6 000 个基因和 59 000 条相互作用关系的通路互作网络。

（3）选择所识别的子网络的基因数目。

（4）选择额外参数，如子网络的显著性水平以微调富集结果。点击"SUBMIT"按钮开始分析。

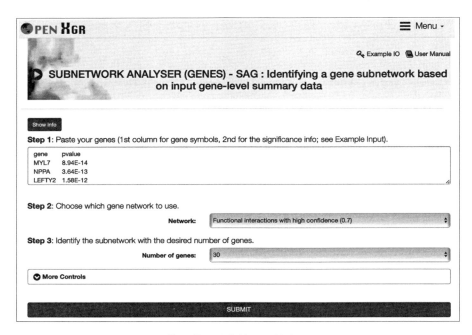

图 7‐24　基于基因列表的子网络分析（SAG）页面

结果主要由两部分组成。

"Input Gene-Level Summary Data"模块（图 7 – 25）下提供一个包含用户输入基因汇总信息的交互式表格，包括基因名、显著性水平及描述信息。

Input Gene-Level Summary Data	Output: Gene Subnetwork

Completed on Mon Jun 05 19:54:18 2023 (Asia/Shanghai), with the runtime of 16 seconds.

An interactive table for user-input summary data (n=3612 genes, being processed). This table has three columns: 1st column `Genes` for gene symbols (hyperlinked to `GeneCards`), 2nd column `Pvalue` for use-input significance information, and 3rd column `Description` for gene description.

CSV	Copy		Search:

Genes ⇕	Pvalue ⇕	Description ⇕
A1CF	0.007261809	APOBEC1 complementation factor
A2M	0.005034893	alpha-2-macroglobulin
AADAC	0.95995953	arylacetamide deacetylase
AATF	0.285326389	apoptosis antagonizing transcription factor
ABAT	0.561811942	4-aminobutyrate aminotransferase

Showing 1 to 5 of 3,612 entries　　　Previous　**1**　2　3　4　5　...　723　Next

图 7‐25　SAG 结果"Input Gene-Level Summary Data"模块

"Output：Gene Subnetwork"模块(图 7 - 26)下提供所识别的子网络,其中一个节点代表一个基因,颜色深浅反映基因显著性,此外,还提供一个节点基因信息表格。

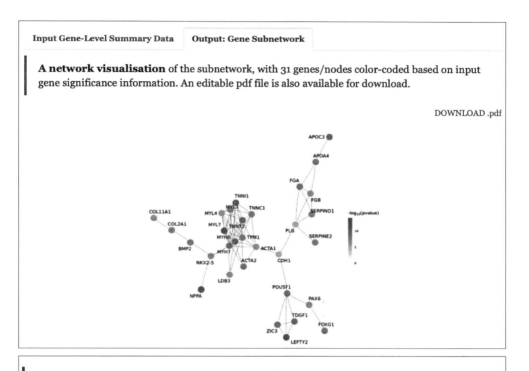

图 7 - 26　SAG 结果"Output：Gene Subnetwork"模块

6）SAS——基于 SNP 列表的子网络分析

SAS，全称 Subnetwork Analysis for SNP（图 7 - 27），从用户输入的 SNP 层面汇总数据入手，识别连锁基因，进而识别出对理解复杂疾病的遗传基础至关重要的子网络，有助于进一步分析候选基因，以识别子网络基因富集的通路。

其共有六个步骤：

（1）用户输入 SNP 层面汇总数据列表。示例数据与 EAS 相同。

（2）选择用于分析 SNP 连锁不平衡的人群。

（3）用户结合自身需求选择连锁基因的限制条件。

（4）选择合适的基因网络。

（5）选择所识别的子网络的基因数目。

（6）选择额外参数以微调富集结果。点击"SUBMIT"按钮即可开始分析。

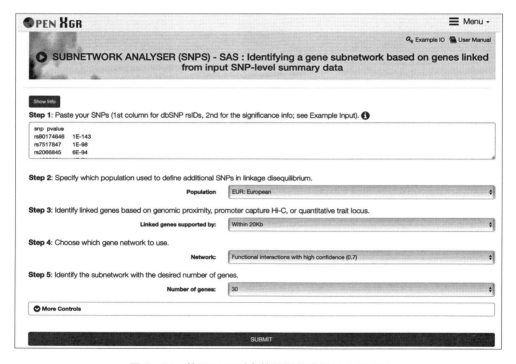

图 7 - 27　基于 SNP 列表的子网络分析（SAS）页面

结果主要由三部分组成。

"Input SNP-Level Summary Data"模块（图 7 - 28）下提供一个包含用户输入 SNP 数据的汇总信息表格。

"Output：Linked Genes"模块（图 7 - 29）下提供 SNP 的连锁基因列表及证据表格。

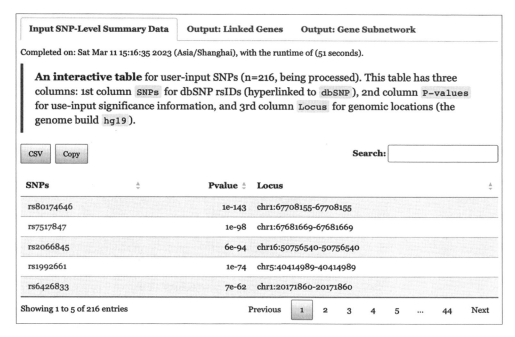

图 7 - 28　SAS 结果"Input SNP-Level Summary Data"模块

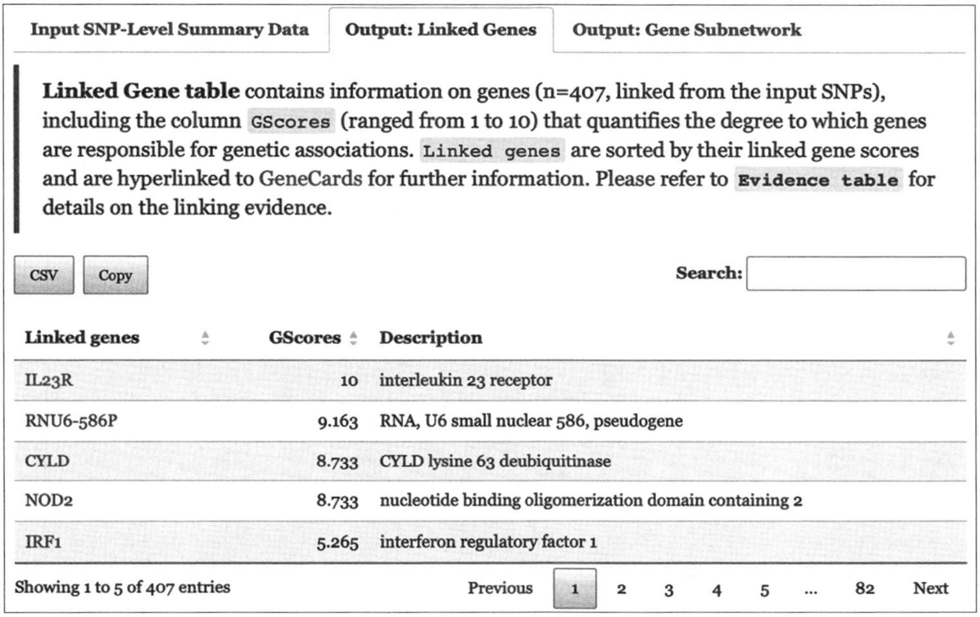

图 7 - 29

Evidence table displays information on which SNPs (see the column `SNPs`) are used to define linked genes (the column `Linked genes`) based on which evidence (see the column `Evidence`). The column `SNP type` indicates whether the SNP is an input SNP (`Input`) or an additional SNP in linkage disequilibrium (`LD`). The column `Evidence` contains information on the datasets used, such as `Proximity` (indicative of SNPs in proximity), the prefix `PCHiC_` (promoter capture Hi-C datasets), and the prefix `eQTL_` or `pQTL_` (e/pQTL datasets).

| CSV | Copy | | | Search: |

SNPs	SNP type	Linked genes	Evidence
rs1004820	LD	IL23R	Proximity_20000bp
rs10789230	LD	IL23R	Proximity_20000bp
rs10889673	LD	IL23R	Proximity_20000bp
rs10889677	LD	IL23R	Proximity_20000bp
rs111379368	LD	IL23R	Proximity_20000bp

Showing 1 to 5 of 5,974 entries   Previous **1** 2 3 4 5 ... 1,195 Next

图 7-29　SAS 结果"Output：Linked Genes"模块

　　"Output：Gene Subnetwork"模块（图 7-30）下提供所识别的子网络和节点基因的信息表格。

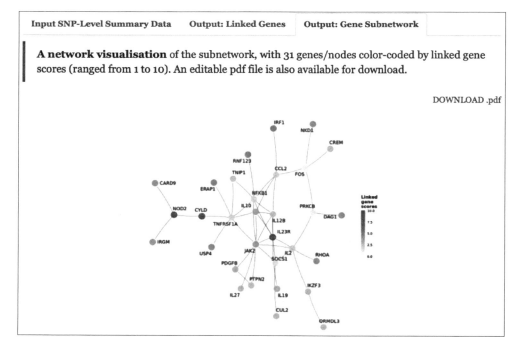

| Input SNP-Level Summary Data | Output: Linked Genes | **Output: Gene Subnetwork** |

A network visualisation of the subnetwork, with 31 genes/nodes color-coded by linked gene scores (ranged from 1 to 10). An editable pdf file is also available for download.

DOWNLOAD .pdf

图 7-30

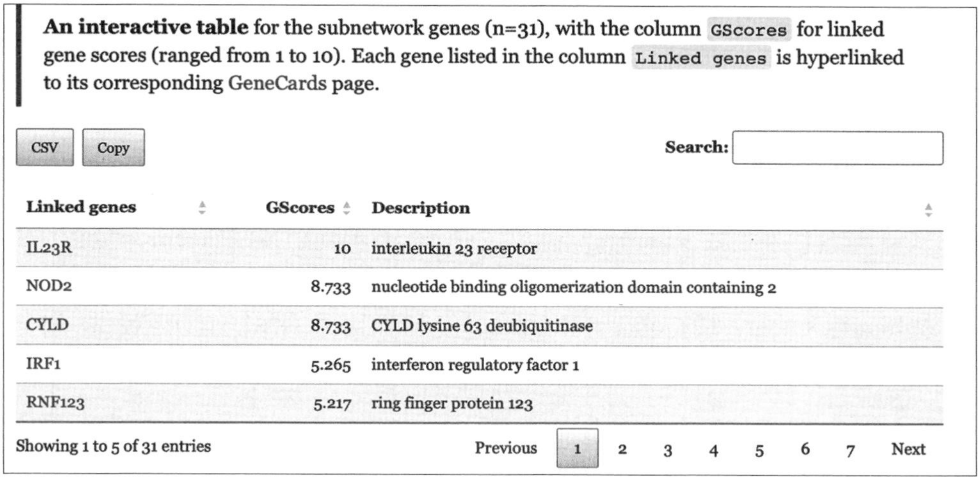
An interactive table for the subnetwork genes (n=31), with the column GScores for linked gene scores (ranged from 1 to 10). Each gene listed in the column Linked genes is hyperlinked to its corresponding GeneCards page.
CSV
Copy
Search:
Linked genes
GScores
Description
IL23R
10
interleukin 23 receptor
NOD2
8.733
nucleotide binding oligomerization domain containing 2
CYLD
8.733
CYLD lysine 63 deubiquitinase
IRF1
5.265
interferon regulatory factor 1
RNF123
5.217
ring finger protein 123
Showing 1 to 5 of 31 entries
Previous
1
2
3
4
5
6
7
Next

图 7－30　SAS 结果“Output：Gene Subnetwork”模块

7）SAR——基于基因间区域列表的子网络分析

SAR，全称 Subnetwork Analysis for Genomic Region（图 7－31），从用户输入的基因间区域信息入手，识别连锁基因，结合各种数据库的网络信息，进而识别出高显著性基因富集的子网络。

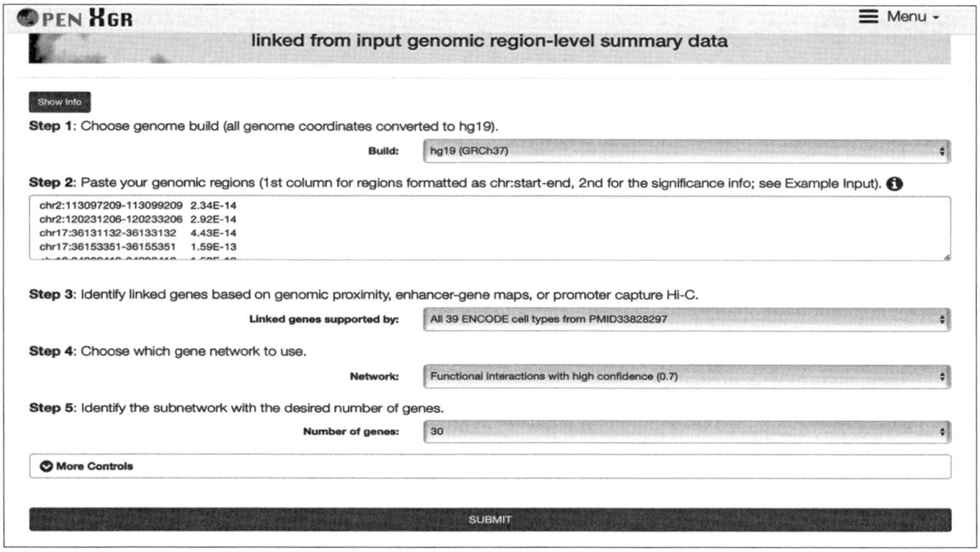
PEN XGR
Menu
linked from input genomic region-level summary data
Show Info
Step 1: Choose genome build (all genome coordinates converted to hg19).
Build:
hg19 (GRCh37)
Step 2: Paste your genomic regions (1st column for regions formatted as chr:start-end, 2nd for the significance info; see Example Input).
chr2:113097209-113099209 2.34E-14
chr2:120231206-120233206 2.92E-14
chr17:36131132-36133132 4.43E-14
chr17:36153351-36155351 1.59E-13
Step 3: Identify linked genes based on genomic proximity, enhancer-gene maps, or promoter capture Hi-C.
Linked genes supported by:
All 39 ENCODE cell types from PMID33828297
Step 4: Choose which gene network to use.
Network:
Functional interactions with high confidence (0.7)
Step 5: Identify the subnetwork with the desired number of genes.
Number of genes:
30
More Controls
SUBMIT

图 7－31　基于基因间区域列表的子网络分析（SAR）页面

其共有六个步骤：

（1）用户选择基因组版本。

（2）用户输入基因间区域层面汇总数据列表。

（3）用户根据自身需求选择连锁基因的限制条件。

（4）选择合适的基因网络。

（5）选择所识别的子网络的基因数目。

（6）选择额外参数以微调富集结果。点击"SUBMIT"按钮即可开始分析。

结果主要由三部分组成。

"Input Genomic Region-Level Summary Data"模块（图 7 - 32）下提供一个包含用户输入基因间区域数据的汇总信息表格。

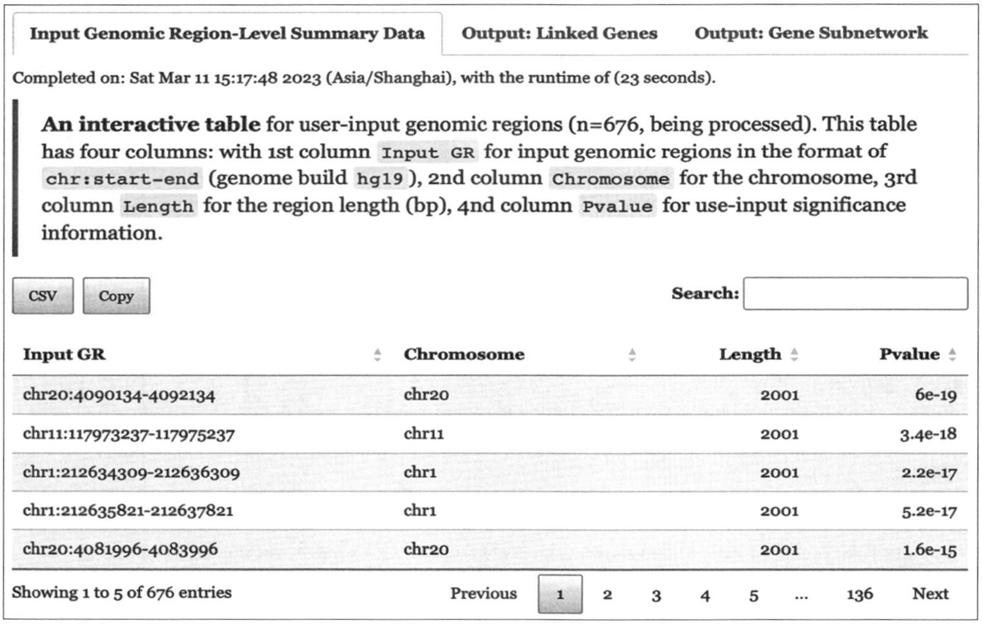

| Input Genomic Region-Level Summary Data | Output: Linked Genes | Output: Gene Subnetwork |

Completed on: Sat Mar 11 15:17:48 2023 (Asia/Shanghai), with the runtime of (23 seconds).

An interactive table for user-input genomic regions (n=676, being processed). This table has four columns: with 1st column `Input GR` for input genomic regions in the format of `chr:start-end` (genome build `hg19`), 2nd column `Chromosome` for the chromosome, 3rd column `Length` for the region length (bp), 4nd column `Pvalue` for use-input significance information.

CSV　Copy　　　　　　　　　　　　　　　　　　Search:

Input GR	Chromosome	Length	Pvalue
chr20:4090134-4092134	chr20	2001	6e-19
chr11:117973237-117975237	chr11	2001	3.4e-18
chr1:212634309-212636309	chr1	2001	2.2e-17
chr1:212635821-212637821	chr1	2001	5.2e-17
chr20:4081996-4083996	chr20	2001	1.6e-15

Showing 1 to 5 of 676 entries　　　Previous　1　2　3　4　5　…　136　Next

图 7 - 32　SAR 结果"Input Genomic Region-Level Summary Data"模块

"Output：Linked Genes"模块（图 7 - 33）下提供基因间区域的连锁基因列表及证据表格。

"Output：Gene Subnetwork"模块（图 7 - 34）下提供所识别的子网络和节点基因的信息表格。

另外，富集分析和子网络分析也是互通的，针对子网络分析所得到的节点基因信息，可进一步开展富集分析。

| Input Genomic Region-Level Summary Data | Output: Linked Genes | Output: Gene Subnetwork |

Linked Gene table contains information on genes (n=701, linked from the input genomic regions), including the column `GScores` (ranged from 1 to 10) that quantifies the degree to which genes are likely modulated by input genomic regions. `Linked genes` are sorted by their linked gene scores and are hyperlinked to GeneCards for further information. Please refer to `Evidence table` for details on the linking evidence.

CSV Copy   Search: [   ]

Linked genes ⇅	GScores ⇅	Description
NENF	10	neudesin neurotrophic factor
ATF3	9.48	activating transcription factor 3
NSL1	9.369	NSL1 component of MIS12 kinetochore complex
TATDN3	9.369	TatD DNase domain containing 3
HNF1B	9.233	HNF1 homeobox B

Showing 1 to 5 of 701 entries   Previous [1] 2 3 4 5 ... 141 Next

Evidence table displays information about the genomic regions (listed under the column `GR`) that overlap the input genomic regions (listed under the column `Input GR`). The overlapped regions are used to define linked genes (listed under the column `Linked genes`) based on the evidence provided (see the column `Evidence`). The column `Evidence` indicates the datasets used, such as `Proximity` for genomic regions in proximity, the prefix `PCHiC_` for promoter capture Hi-C datasets, and the prefix `ABC_` for enhancer-gene map (ABC) datasets.

CSV Copy   Search: [   ]

Input GR ⇅	GR ⇅	Linked genes ⇅	Evidence ⇅
chr1:212635821-212637821	chr1:212637664-212638563	NENF	ABC_Encode_Combined
chr1:212637708-212639708	chr1:212639646-212641797	NENF	ABC_Encode_Combined
chr1:212637708-212639708	chr1:212639646-212641797	ATF3	ABC_Encode_Combined
chr1:212637708-212639708	chr1:212639646-212641797	NSL1	ABC_Encode_Combined
chr1:212637708-212639708	chr1:212639646-212641797	TATDN3	ABC_Encode_Combined

Showing 1 to 5 of 2,947 entries   Previous [1] 2 3 4 5 ... 590 Next

图 7 – 33　SAR 结果"Output：Linked Genes"模块

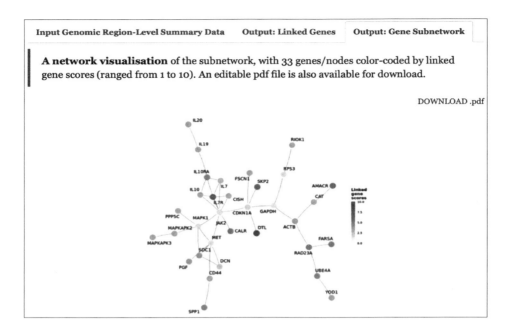

图 7 – 34　SAR 结果"Output：Gene Subnetwork"模块

7.4.4　转化利用系列计算资源

在"基因多组学汇总数据"大背景下，如何挖掘组学遗传证据、创新性地实现治疗靶点选择是组学研究的前沿方向之一。综上所述，OpenXGR 的本质是一个支持转化医学研究的基础性计算工具，致力于解读数据。但如何将理论转化为实际、实现治疗靶点的选择，这就涉及遗传靶点的计算转化。

靶点计算转化的难点在于：对于复杂疾病而言，遗传位点遍布整个基因组，且大多位于非编码区,目前对于非编码区的研究还很不充分,这就加大了对潜在治疗靶点选择的难度,急需计算生物信息学创新,即推进"计算转化医学"这一交叉学科[3]。计算转化医学通过计算模型、超算技术,处理高通量数据,将基础医学研究与临床实践更为紧密地结合起来,将临床所提出的问题快速转化为基础项目研究,并将研究结果高效地应用于临床,解决临床遇到的实际问题。例如,借助多组学数据,利用现有整合好的数据库、研发的新算法,从数据中挖掘遗传靶点信息,实现靶向治疗。

遗传靶点泛指遗传证据所支持的候选治疗靶点,近年来引起了人们的关注。近5年遗传靶点研究成果集中于剑桥大学"Open Targets"与牛津大学"优先指数(Priority index)"。

Open Targets 主要有两大工具:Open Targets Platform 和 Open Targets Genetics。

Open Targets Platform(https://platform.opentargets.org)将研究机构、学术机构和企业三方结合起来竞争性合作,具有丰富的证据资源基础,提供靶点和疾病之间的关系,对某一特定疾病进行治疗靶点的量化推荐。

Open Targets Genetics(https://genetics.opentargets.org)可以帮助用户寻找疾病靶点的文献证据,依托自研新型机器学习模型"L2G(Locus-to-gene)",还可提供基因与性状的关联、共定位信息等。

Priority index(以下简称 Pi)以遗传学为导向,将重大遗传发现与临床应用相结合,为 GWAS 数据向靶基因与靶通路转化提供了新思路。接下来将重点介绍Pi 及其衍生的一系列工具,如图 7-35 所示。

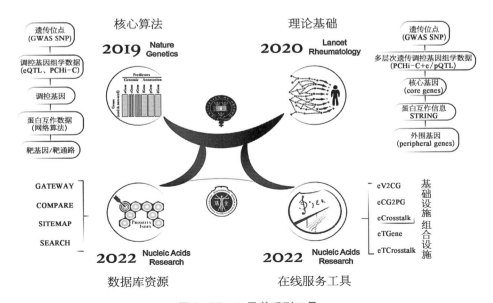

图 7-35 Pi 及其系列工具

7.4.4.1　Pi 核心算法

Pi 系列的核心算法(图 7 - 36)为：综合利用 GWAS 汇总数据、调控基因组学数据、蛋白互作信息对复杂疾病遗传靶点进行五星等级量化推荐。首先,用户输入遗传位点信息,利用调控基因组学数据,如 eQTL、PCHi - C 识别调控基因,基于蛋白互作数据,进一步识别靶基因/靶通路。

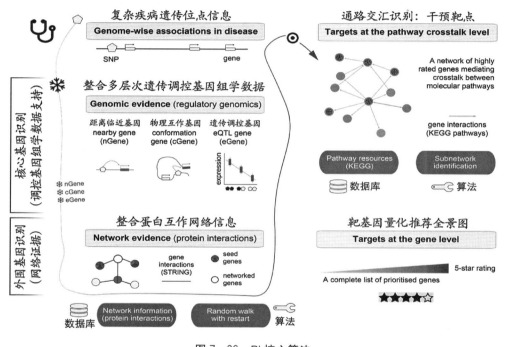

图 7 - 36　Pi 核心算法

具体而言,Pi 核心算法从复杂疾病的遗传位点信息入手,整合多层次遗传调控基因组学数据识别核心基因,即基因组证据,寻找距离邻近基因(nGene)、物理互作基因(cGene)和遗传调控基因(eGene),随后整合蛋白互作网络信息,即利用网络证据识别外围基因。由此,构建了一个包含亲和力分数的基因-预测因子矩阵,该矩阵用于以遗传学为主导、由互作网络驱动的靶基因优先级排序。亲和力分数首先被转换为一个类似 P 值的数值,然后对于每个基因,这些 P 值使用费舍尔组合方法进行组合,最后组合的 P 值被重新缩放为 0~5 范围,在此过程中,为每种疾病生成一个大于 15 000 个基因靶点的排序列表,每个基因都具有 0~5 星的评级,并标有证据信息(即基因组、注释和网络)。Pi 算法在识别介导通路交汇的高评级基因网络方面具有独特的优势。这种通路交汇的识别是通过搜索由 KEGG 通路整合的基因相互作用网络的子网络来实现的,该子网络富含高评分基因,这些基因通过少数评分较低的基因连接在一起。

7.4.4.2　Pi 理论基础

Pi 系列的理论基础为全基因遗传规律模型(图 7 - 37),该模型指出,基因组中几乎所有的基因位点,尤其是在那些与研究性状相关的器官或发育时期中有表达的基因,都和所研究的复杂数量性状有显著的关联性。这些与表型相关的基因构成了一个复杂的基因调控网络。网络中对表型影响比较大的基因或和研究性状有直接生物学关联的基因称为核心基因(core genes)。而另外一种数量繁多的基因,需要通过和核心基因之间的连接来影响个体的性状,因而被称为外围基因(peripheral genes)。

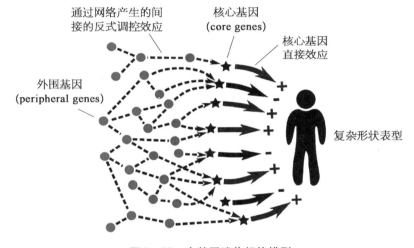

图 7 - 37　全基因遗传规律模型

以全基因遗传模型为指导,Pi 的量化推荐同时考虑核心基因(数量少但遗传效应大)和外围基因(数量多但遗传效应小)作为候选靶点,利用多层次遗传调控基因组学数据(PCHi - C、e/pQTL)识别核心基因,并利用蛋白互作信息(STRING)扩展核心基因至外围基因[3]。

转化的理论基础基于 GWAS 数据。GWAS 是指对队列个体在全基因组范围的遗传变异(如 SNP)多态性进行检测,获得基因型,进而将基因型与可观测性状(即表型)开展群体水平的统计学关联分析,根据统计量(或显著性 P 值)筛选出最有可能影响该性状的遗传变异。GWAS 基于"复杂疾病-常见变异"原理,将基因组中数以百万计的 SNP 作为分子遗传标记,在全基因组范围内选择遗传变异进行基因分型,比较疾病组(case)与对照组(control)之间遗传变异及其频率的差异,统计分析遗传变异与疾病/性状之间的相关性大小,确认与疾病/性状相关的遗传变异。

全基因组关联研究产生的海量遗传学大数据,蕴含潜在疾病易感遗传位点,是研究复杂疾病的有效手段。GWAS 最大的用处之一是将 GWAS 结果转化成支持药物研发的靶点,然而实现起来极具挑战。GWAS 发现的复杂疾病易感遗传位点大部分位于基因组的非编码区,其生物学意义(目标基因和疾病通路)难以解释,进而加大对潜在治疗靶点选择的难度。Pi 攻克了这一难题,针对复杂免疫疾病 GWAS 汇总数据,通过功能基因组数据(产自于基因表达数量性状定位分析技术与染色体构象捕获技术)预测疾病易感基因,对易感基因进一步注解功能、表型、疾病信息,整合基因间相互作用网络信息将潜在基因扩展至网络关键节点,对遗传治疗靶点进行量化推荐。

GWAS 是确定复杂疾病易感基因/位点的有效研究策略,为复杂疾病的研究指明了方向,为实现个性化诊断、预后和治疗奠定了坚实的基础,促进了人类遗传学和基因组学研究的发展。

图 7 - 38 展示了 GWAS 的靶点优先级与全基因架构的关系。首先利用功能基因组学数据(如 PCHi - C、eQTL 和 pQTL)寻找 GWAS 汇总数据的核心基因,然后利用基因互作网络寻找核心基因的外围基因。

综上所述,遗传靶点计算转化的通用流程为:以遗传位点信息为输入,通过遗传调控基因学数据识别核心基因,整合蛋白互作信息识别外围基因,开展通路交汇分析识别潜在干预靶基因。

7.4.4.3 免疫疾病遗传靶点数据库 Pi

遵循遗传学主导的观点,Pi 将基因座与基因联系起来,并进一步映射到药物靶点。Pi 的计算转化思路为:非编码遗传变异位点→调控基因→靶基因量化推荐全景图→通路交汇干预靶点。Pi 不仅包括方法学,还开发了开源软件与用户友好的数据库。

2022 年 1 月,借助年度数据库特刊,对外发布免疫疾病遗传靶点数据库 Pi(图 7 - 39),助力计算转化研究[4]。该数据库涵盖了几乎所有免疫介导疾病的治疗靶点,该数据库在基因层面提供靶点信息,且每个靶点都会有一个五星级评分(利用疾病全基因组关联和功能免疫基因组学产生的基因组证据,使用仅限于具有基因组证据的基因的本体论证据,以及来自蛋白相互作用网络证据进行评分)。用户可以通过网站(http://pi.well.ox.ac.uk)便捷地查询 30 种复杂免疫疾病量化的靶点以及背后的遗传证据等。此外,用户还可以通过开源 R/Bioconductor 软件包,针对自己的 GWAS 数据开展转化研究。随着各大制药企业加大对 GWAS 大数据研究的投入,计算转化医学时代即将到来。

图 7 - 40 展示了 Pi 数据库"Faceted Search"搜索框功能,"Faceted Search"搜索框功能是 Pi 的核心功能,它将所有功能模块串联起来,是 Pi 的功能枢纽。用户

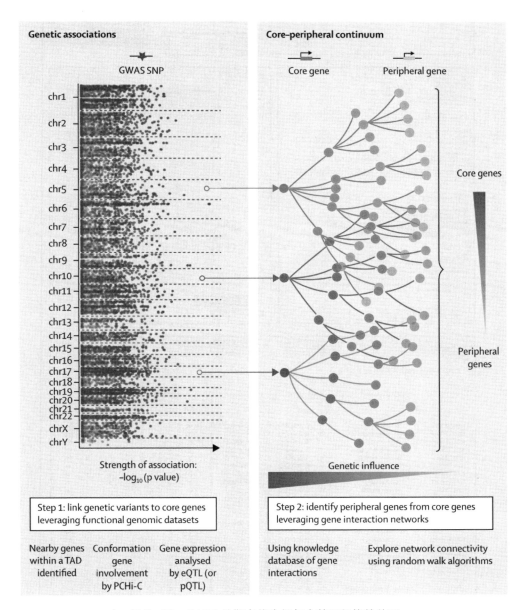

图 7 - 38　GWAS 的靶点优先级与全基因架构的关系

　　第一步是利用实验得出的功能基因组数据集，包括 TAD（基因组组织）、PCHi - C（染色质构象）或 eQTL 和 pQTL，从 GWAS 汇总数据中确定核心基因。第二步是利用基因相互作用网络的知识识别外周基因和核心基因。核心基因和外周基因遗传影响的连续性如阴影部分所示。第三步是确定最有可能参与遗传影响连续体通路之间交汇的基因（交汇节点基因）。

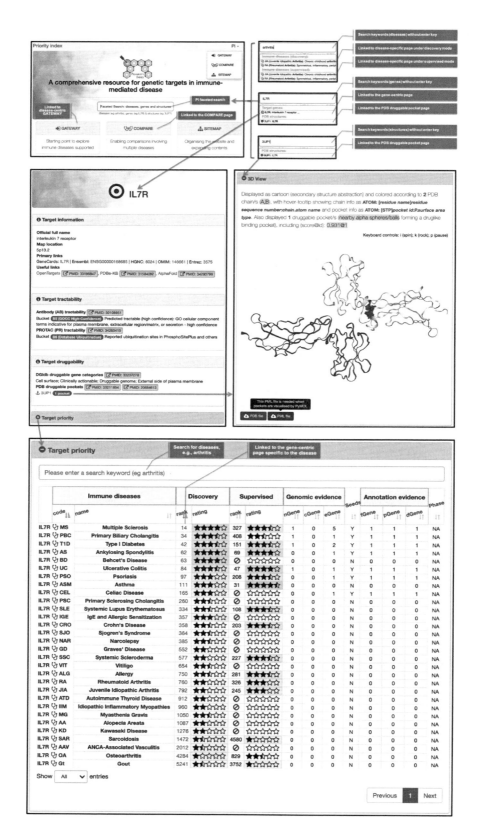

图 7-39　Pi 数据库

可利用"Faceted Search"搜索自己感兴趣的疾病、基因或结构,以靶基因 IL7R 为例,结果页面展示了 IL7R 的靶点信息,可靶向性模式信息(小分子、抗体及PROTAC)、靶点可成药性、靶点优先排序信息。所提供的靶点优先排序列表涵盖了 IL7R 在各类复杂免疫疾病中的靶点量化排序信息及背后遗传证据,并提供五星级评分结果。在蛋白层面,以 3UP1 蛋白为例,结果页面提供 3UP1 蛋白的 PDB结构及其可成药性口袋。

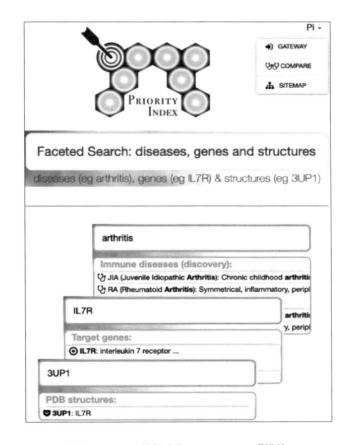

图 7 - 40　Pi 数据库"Faceted Search"模块

"Gateway"模块(图 7 - 41)提供了 30 种复杂免疫疾病的靶点信息。第一列"code"为疾病的缩写;第二列"name"为疾病名称;第三列为"Discovery mode",即发现模式,指不借助现有药物靶点信息的优先排序模式,提供所有靶点基因和通路交汇基因;第四列为"Supervised mode",即监督模式,指参考现有疾病治疗信息的优先排序模式,提供所有靶点基因和通路交汇基因;第五列为"Descriptor",对疾病进行简单的介绍。

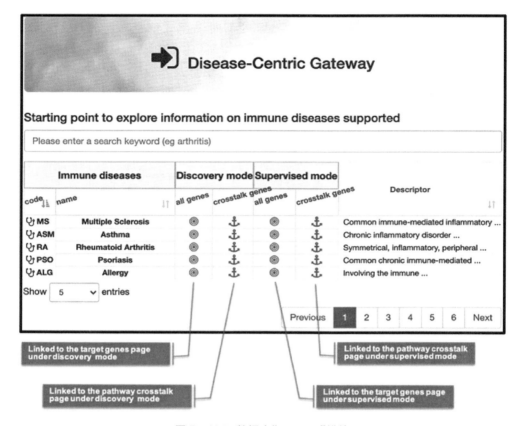

图 7 - 41 Pi 数据库"Gateway"模块

以 MS,即多发性硬化症为例(图 7 - 42),点击"Discovery mode"下的"all genes",即可跳转到发现模式下的所有靶点。第一列为靶点基因名称;第二列为优先排序结果,"rank"列代表排名,默认情况下表格按靶点排名来排列,"rating"列提供五星级评分;第三列为"Genomic evidence",展示基因组证据;第四列为"Seeds",阐述该基因是否为种子基因;第五列为"Annotation evidence",即注释证据;第六列为"Crosstalk";第七列为"Tractability",包含小分子、抗体、PROTAC可成药信息;第八列为"Druggability",展示可靶向性模式信息(小分子、抗体及PROTAC),靶点可成药性,分为已有药物靶向、在研药物、Gene categories、PDB结构是否具有药物结合口袋四类;第九列为"Effect";第十列为"Description",提供对靶点基因的简要描述信息。

在"Compare"模块(图 7 - 43),可以实现靶点基因的跨疾病比较。共有四个步骤,首先,选择要比较的疾病,用户可以选一种或多种疾病进行比较,此外,用户还可以选择同时使用发现模式和监督模式,或选择只使用发现模式;第二步,选择

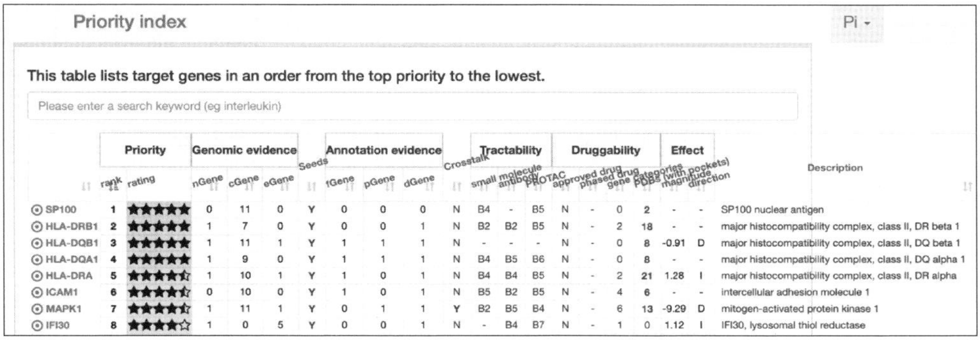
Priority index　Pi ▾

This table lists target genes in an order from the top priority to the lowest.

Please enter a search keyword (eg interleukin)

	Priority		Genomic evidence				Annotation evidence				Tractability			Druggability				Effect		Description
	rank	rating	nGene	cGene	eGene	Seeds	fGene	pGene	dGene	Crosstalk	small molecule	antibody	PROTAC	approved drug	phased drug	gene categories	PDBs (with pockets)	magnitude	direction	
SP100	1	★★★★★	0	11	0	Y	0	0	0	N	B4	-	B5	N	-	0	2	-	-	SP100 nuclear antigen
HLA-DRB1	2	★★★★★	1	7	0	Y	0	0	1	N	B2	B2	B5	N	-	2	18	-	-	major histocompatibility complex, class II, DR beta 1
HLA-DQB1	3	★★★★★	1	11	1	Y	1	1	1	N	-	-	-	N	-	0	8	-0.91	D	major histocompatibility complex, class II, DQ beta 1
HLA-DQA1	4	★★★★★	1	9	0	Y	1	1	1	N	B4	B5	B6	N	-	0	8	-	-	major histocompatibility complex, class II, DQ alpha 1
HLA-DRA	5	★★★★½	1	10	1	Y	1	0	1	N	B4	B4	B5	N	-	2	21	1.28	I	major histocompatibility complex, class II, DR alpha
ICAM1	6	★★★★½	0	10	0	Y	1	0	1	N	B5	B2	B5	N	-	4	6	-	-	intercellular adhesion molecule 1
MAPK1	7	★★★★½	1	11	1	Y	0	1	1	Y	B2	B5	B4	N	-	6	13	-9.29	D	mitogen-activated protein kinase 1
IFI30	8	★★★★☆	1	0	5	Y	0	0	1	N	-	B4	B7	N	-	1	0	1.12	I	IFI30, lysosomal thiol reductase

图 7－42　示例：多发性硬化症(MS)

所要比较的基因，可选择通路交汇基因或优先排序基因；第三步，选择优先排序模式，可选择发现模式或监督模式；第四步，选择优先排序的结果指标，点击“Submit”按钮即可开始分析。

结果表格共六列：第一列为靶点基因名，第二列为“Multi-disease rating”，包含 MRS(multi-trait rating score，得分越高说明在疾病间的关联性越强)、nTop(在多少疾病中排名位于前 150)、mRank(平均排名)三列；第三列为“Tractability”；第四列为“Druggability”；第五列展示了靶点基因在各疾病中的排名信息，以类似于热图的形式展示，颜色越深表明排名越靠前；第六列展示了靶点基因的简要描述信息。

图 7－44 对 Pi 进行了简单概括，图中用类似于河流的方式展示了 Pi 资源所涉及的疾病信息，包括复杂疾病、成药性口袋、背后证据、通路交汇、遗传靶点和靶基因等。

7.4.4.4　遗传靶点量化推荐在线服务工具“PiER”

2022 年 5 月，借助 *Nucleic Acids Research* 年度 Web Server 专刊，对外发布遗传靶点量化推荐在线服务工具“PiER”(http://www.genetictargets.com/PiER，图 7－45)，“从头并实时”实现遗传靶点的计算转化[5]。图中展示了 PiER 首页的一部分，采用移动设备优先的响应式设计方案，基于下一代 Perl 语言实时 Web 框架所开发。同名艺术作品设计灵感始于“码头(pier)”，以水柱结构表征服务设施，以水波表征钢琴五线谱，共同寓意该工具“两大设施-五项任务”服务内容。

PiER 以从头并实时量化推荐的优势，填补了 Pi 和 Open Targets 一大空白。自此，计算转化医学迈入“零编程”跨越式发展阶段，3 分钟内一键式实现遗传靶点计算转化。

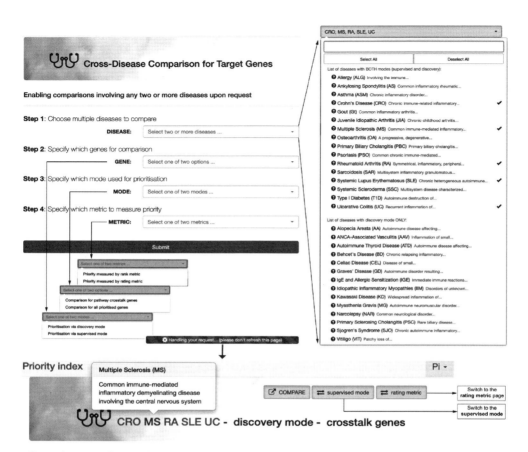

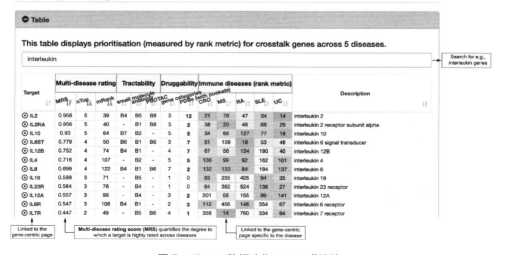

图 7 - 43　Pi 数据库"Compare"模块

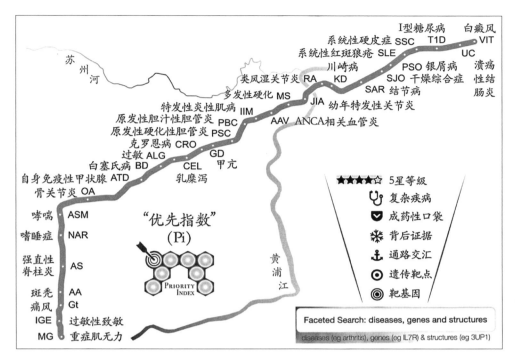

图 7‑44　Pi 数据库总览

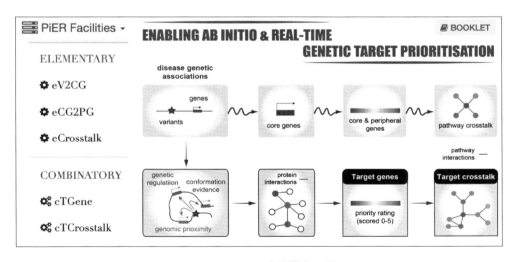

图 7‑45　PiER 在线服务工具

图 7‑45 中展示了 PiER"两大设施‑五项任务"服务内容。基础设施(elementary facility)是为执行计算转化过程中特定任务而设计的,包括三个执行特定任务的在线工具(eV2CG、eCG2PG 和 eCrosstalk),上一任务的输出结果顺次作为下一个任务的输入数据。

eV2CG 利用多层次功能基因组数据（PCHi - C 和 e/pQTL），从疾病遗传位点（大部分位于基因组的非编码区）识别核心基因。eCG2PG 利用蛋白互作信息，通过随机游走（random walk）网络算法，"网络化/社交化"核心基因和额外识别的外围基因，输出包含核心基因和外周基因在内的排名列表。eCrosstalk 利用通路衍生基因互作信息，通过奖励收集斯坦利树（prize-collecting Steiner tree）算法识别通路交汇（pathway crosstalk），包含排名靠前的核心/外周基因。

组合设施（combinatory facility）串联基础设施中特定任务，全自动执行遗传靶点计算转化这一复杂任务，包括两个在线工具，分别对应于基因层面的靶点量化推荐（cTGene）与交汇层面的干预靶基因（cTCrosstalk）。

总之，PiER 以满足多任务需求而研发设计，尤其适合于遗传靶点发现和药物再利用。

参考文献

［1］Fang H，Knezevic B，Burnham K L，et al. XGR software for enhanced interpretation of genomic summary data，illustrated by application to immunological traits［J］. Genome Medicine，2016，8：129.

［2］Bao C，Wang S，Jiang L，et al. OpenXGR：A web-server update for genomic summary data interpretation［J］. Nucleic Acids Research，2023，51：W387 - W396.

［3］Fang H，Chen L，Knight J C. From genome-wide association studies to rational drug target prioritisation in inflammatory arthritis［J］. The Lancet Rheumatology，2020，2：e50 - e62.

［4］Fang H，Knight J C. Priority index：Database of genetic targets in immune-mediated disease ［J］. Nucleic Acids Research，2022，50：D1358 - D1367.

［5］Fang H. PiER：Web-based facilities tailored for genetic target prioritisation harnessing human disease genetics，functional genomics and protein interactions［J］. Nucleic Acids Research，2022，50：W583 - W592.

第 8 章

生物信息学分析方法

　　生物信息学分析对象主要是分子组学数据。对不同的组学数据,分析方法有不同的设计。本章将全面探讨生物信息学中的核心分析方法,包括序列分析、基因组数据分析、转录组数据分析、蛋白质组数据分析及代谢组数据分析。通过每种分析方法,加深对生物数据和知识的理解。自动化算法如动态规划在序列分析中的应用、高通量测序技术在基因组学中的革新,以及转录组等多组学技术在系统生物学中的突破,都是本章将要深入探讨的焦点。

　　从每种方法的发展历程,到数据的预处理,再到具体的数据分析技术,以及如何从庞大的生物数据中提取有用信息,如何处理这些信息以得到生物学上有意义的结果,如何帮助科学家们更好地理解生物过程和疾病机制,都将在本章中得到阐述。通过本章的学习,读者可以获得全面而深入的生物信息学分析方法知识,为未来的科研或应用打下坚实的基础。

8.1　序列分析

　　序列分析是生物信息的基础。DNA、RNA、蛋白序列的分析都依赖序列比对算法。序列比对的基础算法包括动态规划和隐马尔可夫模型。

8.1.1　动态规划

　　动态规划(dynamic programming,DP)是一种用于解决优化问题的算法思想,它通常用于解决问题的阶段性决策过程。动态规划的核心思想是将问题分解成多个子问题,并使用递归的方式求解这些子问题,然后利用表格或数组来存储已解决的子问题的结果,以避免重复计算,最终得到全局最优解。

动态规划可以应用于各种领域,包括计算机科学、运筹学、生物信息学、金融等。经典动态规划问题有:① 斐波那契数列(Fibonacci sequence);② 背包问题;③ 最长递增子序列;④ 最大子数组和;⑤ 矩阵链乘法;⑥ 最长公共子序列(longest common subsequence,LCS);⑦ 最短路径问题(如 Dijkstra 算法、Floyd-Warshall 算法)。

8.1.2 动态规划在生物信息学中的应用

动态规划在生物信息学中有多种重要应用,它们帮助科学家处理和分析大规模的生物学数据,理解生物学问题,以及预测生物学结构和功能。动态规划在生物信息学中的主要应用有:

(1)序列比对和字符串匹配:动态规划被用于局部比对(如 Smith-Waterman 算法)和全局比对(如 Needleman-Wunsch 算法)。这些算法用于比对 DNA、RNA 和蛋白质序列,以识别相似性、同源域和功能性元素。比对结果有助于研究基因的进化、功能和结构。

(2)基因组组装:基因组组装是将测序的 DNA 片段重新组装成完整基因组的过程。动态规划在序列拼接过程中被广泛应用,以寻找重叠区域并构建连续的序列(contigs)。经典的基因组组装工具包括 SOAPdenovo、SPAdes、Canu 等。

(3)RNA 二级结构预测:动态规划用于预测 RNA 分子的二级结构,即碱基对的配对关系。通过优化 RNA 二级结构的预测,可以帮助研究 RNA 的功能和互动,包括在生物体内的 RNA 折叠和调控。

(4)蛋白质结构预测:生物信息学家使用动态规划算法来预测蛋白质的三维结构。

(5)最长公共子序列:动态规划可用于查找两个序列(如 DNA、RNA 或蛋白质序列)之间的最长公共子序列。

(6)疾病基因鉴定:使用动态规划来分析基因组和表观基因组数据,以识别与疾病相关的遗传变异。这包括寻找疾病相关基因、疾病标志物和药物靶点。

(7)蛋白质-蛋白质相互作用预测:动态规划算法可以应用于预测蛋白质之间的相互作用,这对于理解生物学中的细胞信号传导、蛋白质互作网络和疾病机制非常重要。

(8)基因表达分析:在 RNA 测序数据分析中,动态规划用于寻找不同条件下基因表达的变化。这有助于鉴定受调控的基因、绘制表达图谱和理解生物过程的调控。

　　动态规划方法虽然有效地避免了计算量的"指数级"爆炸,但对于某些问题,其计算复杂度仍为 $O(N^2)$,其中 N 是问题的规模(如序列长度)。因此,在相当长的一段时间里,人们无法高效地使用此方法进行大规模的序列比对,而不得不依赖半经验的启发式算法,如 BLAST 和 FASTA 所采用的方法。随着计算机性能的不断提升,这种限制已不再像过去那样严重。

8.2　基因组数据分析

8.2.1　基因组测序技术的发展历程

　　基因组测序技术的发展历程跨越了数十年,从最早的 Sanger 测序到现今的下一代测序(next-generation sequencing,NGS)和第三代测序(third-generation sequencing,TGS),技术的进步极大地推动了基因组学研究的发展。

　　第一代测序技术的代表是 Sanger 测序,也称为链终止法[1]。1977 年,弗雷德里克・桑格(Frederick Sanger)发明了这一方法。Sanger 测序通过使用二脱氧核苷酸(ddNTPs)终止 DNA 链的延伸,并通过凝胶电泳分离不同长度的 DNA 片段来读取序列。这一技术在基因组学研究中发挥了重要作用,被广泛应用于多个基因组项目,包括著名的人类基因组计划(Human Genome Project,HGP)。

　　第二代测序技术,又称高通量测序技术[2],显著提高了 DNA 测序的通量和速度,极大地推动了基因组学研究的发展。其代表技术包括 454 焦磷酸测序、Illumina 测序和 SOLiD 测序。随着测序技术的不断优化和测序成本的降低,Illumina 公司推出的基于边合成边测序(sequencing by synthesis,SBS)技术的平台,已成为二代测序的主流,并广泛应用于疾病研究、个体化医学、进化生物学等多个领域。然而,二代测序技术也存在一些局限,如读长较短、测序过程中需要 PCR 扩增等,可能会引入偏差和错误。

　　第三代测序技术的代表是单分子实时测序(SMRT,PacBio)和纳米孔测序(Oxford Nanopore Technologies)[3]。2011 年,Pacific Biosciences 公司推出了单分子实时测序技术,能够实现长读长测序,有助于解析复杂的基因组结构;2014 年,Oxford Nanopore Technologies 公司推出了基于纳米孔技术的测序平台,该技术通过检测 DNA 分子通过纳米孔时引起的电流变化来读取序列,具有超长读长和便携测序的优势。这些技术突破了二代测序读长的限制,提供了更多的研究可能性,但相较于第二代测序技术,单次测序的错误率较高,虽然长读长有助于解析复杂的基因组结构,但也容易引入错误,常和二代测序技术联合使用。

8.2.2　基因组重测序数据分析

基因组重测序数据分析是指通过现代高通量测序技术对基因组进行大规模重测序,从而获取海量的基因组数据,并利用生物信息学工具对这些数据进行深入分析,以揭示基因组序列的结构和功能特征。本节主要基于二代测序技术对重测序数据分析进行介绍。二代测序技术相较于传统的 Sanger 测序具有高通量、高灵敏度和低成本等优势,广泛应用于基因组学研究中。

1) 数据预处理

数据预处理是对测序获得的原始数据进行质控和过滤的过程。此步骤包括评估测序数据的质量(使用 FastQC 工具),去除低质量序列、接头序列和 PCR 重复序列(使用 Trimmomatic 或 Cutadapt 工具),以及将高质量的短读长序列比对到参考基因组上(使用 BWA 或 Bowtie2 工具)。数据预处理的目的是确保后续分析的数据质量和可靠性。

2) 变异检测

变异检测是识别基因组中存在的单核苷酸多态性(SNP)和插入-缺失变异(Indel)的过程。此步骤使用 GATK(HaplotypeCaller)、SAMtools(mpileup)或 Varscan2 等工具进行变异识别,并通过 FVC 等工具去除假阳性变异。变异检测的目的是揭示基因组序列的多样性和差异,为后续功能注释和关联分析提供基因变异基础数据。

3) 结构变异和拷贝数变异分析

结构变异(structural variant,SV)和拷贝数变异(copy number variant,CNV)是基因组变异的重要类型,分别涉及较大规模的基因组重排和基因组中某些区域的拷贝数变化。它们在基因组功能和疾病研究中具有重要意义。

结构变异分析的原理是通过比对测序读段与参考基因组,识别基因组中存在的较大规模变异。这些变异包括倒位、易位、大片段插入或缺失、重复等。比对过程中,异常的比对模式(如跨越两个染色体的读段、成对读段的距离或方向异常等)可以提示结构变异的存在,可用的工具包括 BreakDancer、Delly 等。

拷贝数变异分析的原理是通过测序读段覆盖度的变化,检测基因组中某些区域的拷贝数变化。正常情况下,不同区域的读段覆盖度应该比较均一。当某些区域的拷贝数发生变化时,该区域的读段覆盖度也会相应增加或减少。通过比较不同样本或对照样本的读段覆盖度,可以识别基因组中的 CNV,可用的工具包括 CNVnator、Control-FREEC 等,通过分割基因组窗口并计算每个窗口的读段覆盖度,识别 CNV。

4) 功能注释和下游分析

功能注释是对检测到的变异进行生物学意义的预测和解释。根据每个变异的基因组位置和变异序列,可以使用 ANNOVAR 或 SnpEff 等工具,获取变异所在基因、变异发生的人群频率及对蛋白质影响等功能注释信息。对于多样本,还可使用 PLINK 等软件进行关联分析、群体遗传学分析等,以探索变异与表型之间的关系,帮助研究人员理解变异的生物学意义和其对个体表型的潜在影响。

5）数据可视化

在基因组数据分析中,数据可视化是将复杂的基因组数据以直观的形式展示出来的重要环节。以 Circos[4] 和 UCSC Genome Browser[5] 等为例分别介绍。

基于 Circos 的可视化是一种用于展示基因组数据的图形化工具,尤其适用于绘制圆形基因组图。Circos 能够直观地展示基因组中的各种变异,包括结构变异(如倒位、易位、重复)和拷贝数变异(CNV),以及基因表达、相互作用等多种数据类型。通过连接线展示易位、倒位等复杂结构变异,帮助研究人员理解基因组结构的变化。此外,Circos 还可以通过环形直方图展示基因组中不同区域的拷贝数变化,直观显示拷贝数增加或减少的区域,从而识别 CNV。

UCSC Genome Browser 是由加州大学圣克鲁斯分校托管的在线且可下载的基因组浏览器。集成了大量与基因组序列对齐的注释,支持多种数据格式的可视化展示。研究人员可以详细浏览基因组序列、基因注释、转录本、蛋白质编码区域等信息,并展示 SNP、Indel、CNV 等多种变异数据,了解基因组变异的分布和特征。同时,还支持将基因注释、变异数据和基因表达数据等多个数据整合展示。此外,研究人员可以将自己的数据上传到 UCSC Genome Browser,与公共数据进行整合展示,并支持数据的共享和公开发布,辅助研究人员全面理解和展示基因组数据。

8.2.3　全基因组关联研究

全基因组关联研究(GWAS)是在基因组水平进行大量样本与复杂疾病和性状的关联性分析,筛选与疾病相关的致病基因及变异位点[6]。GWAS 通过检测表型不同的个体之间遗传变异的等位基因频率差异来确定基因型与表型的关联,可以用于研究与表型差异关联的基因组的拷贝数变异(CNV)或单核苷酸变异(single nucleotide variant,SNV)。

GWAS 的工作流程包括:从一组个体收集 DNA 和表型信息(如疾病状况、年龄和性别等人口统计信息),对每个个体进行基因分型、质量控制、基因型缺失数据填充、关联统计检验等。

1）质控软件

常用于基因组关联研究的质控软件包括 PLINK 和 PLINK2 等。质控步骤主要包括：利用哈迪－温伯格平衡（Hardy-Weinberg equilibrium）、基因型召回率（genotyping call rate）和最小等位基因频率等指标对单核苷酸变异（SNV）进行筛选，剔除低质量 SNV；同时，依据个体的性别、个体基因型频率、样本召回率（sample call rate）、杂合率等因素，剔除低质量样本，为后续的关联分析提供可靠的数据基础。

2）基因型填充

在全基因组关联研究（GWAS）中，某些基因型可能因为测序数据未能覆盖到相应区域而未知，这会影响下游分析的完整性和准确性。为了解决这一问题，可以通过基因型填充技术来推断这些未覆盖区域的变异位点的基因型。常用的基因型填充软件包括 IMPUTE2 和 Beagle 等。这些工具利用已知的遗传信息和统计方法，如连锁不平衡（linkage disequilibrium，LD）模式，预测未直接测序的基因型。通过这种方式，研究者能够更完整地重建个体的基因型数据，从而提高 GWAS 的覆盖率和分析的准确度。基因型填充是现代遗传研究中一种重要的方法，它弥补了原始测序数据的不足，为揭示遗传变异与表型之间的关联提供了更为完备的数据基础。

3）关联分析

全基因组关联研究（GWAS）旨在识别基因型与表型之间的关联。此分析过程涉及以下关键步骤：

（1）选择合适的统计模型：根据数据的特性，选择线性模型或逻辑回归模型进行关联分析。线性模型通常用于连续表型，而逻辑回归适用于二分类表型（如疾病有无）。

（2）校正人口分层和相关性：使用线性混合模型（如 GEMMA 提供的）可以校正样本间的相关性和人口结构偏差。

（3）多重测试校正：由于 GWAS 同时测试数百万个单核苷酸多态性（SNP），须采用统计校正方法（如 Bonferroni 校正）来调整多重比较带来的假阳性风险。

可使用的软件工具有：

（1）PLINK/PLINK2：执行基本的关联测试，支持包括卡方检验、T 检验在内的多种方法。

（2）GEMMA：基于线性混合模型，可用于由于样本相关性和人口结构引起的潜在偏差。

（3）fastGWA：利用格兰杰（Grander）因果模型加速关联分析过程，适用于大规模人群数据。

通过这些步骤和工具，研究者能够从遗传数据中识别出与特定表型显著相关的基因位点。此外，关联分析后的结果通常需要通过功能研究和生物信息学工具进一步验证和解释，以确定相关变异的生物学意义。

4）GWAS 的应用

全基因组关联研究（GWAS）的结果具有广泛的应用潜力，在医学和生物学领域中扮演着越来越重要的角色。

（1）流行病学研究：GWAS 可以识别与特定性状相关的遗传变异，这些变异可作为控制变量帮助解释由遗传背景差异导致的混杂因素，从而清晰地评估环境因素和生活方式对疾病的影响。

（2）疾病风险预测：通过分析个体的遗传特征，辅助预测个体对某些身体和精神疾病的易感性，可为预防性治疗提供依据。

（3）多基因风险评分（polygenic risk scores，PRS）：基于 GWAS 结果，研究人员可以计算 PRS，综合多个遗传标记的影响，提供关于个体疾病风险的定量评估。这种评分系统正在成为个性化医疗和预测性医学中的重要工具。

（4）临床应用和生物标志物开发：GWAS 结果可以指导临床决策，如用于筛选高风险人群进行早期干预。此外，与特定疾病相关的遗传标记可作为生物标志物，用于疾病的诊断、监测和治疗响应评估。

8.2.4　比较基因组数据分析

比较基因组学分析（comparative genomics analysis）是通过对不同物种或同一物种内不同个体的基因组进行比较，来研究它们之间的基因组结构、功能和进化关系的一门学科。此分析有助于揭示基因组的保守区域和变异区域，理解基因功能、基因调控机制及物种进化过程。以下是比较基因组学分析的主要步骤及其常用工具。

1）基因组数据预处理

（1）数据获取：从公共数据库（如 NCBI、Ensembl）下载需要比较的基因组序列和注释信息，这些数据库提供了广泛的物种的高质量基因组数据和详细的注释。

（2）特定序列提取：如果分析需要针对特定染色体或基因组区域，可以使用 BioPerl 框架中的 Bio::DB::Fasta 模块来处理 fasta 格式的文件。该模块能够高效地索引和检索 fasta 文件中的特定序列。

2）基因组比对与注释

基因组比对与注释是比较基因组数据分析的核心步骤之一。通过全基因组比对工具如 MUMmer，将不同基因组进行比对，可以识别保守区域和变异区域，揭示不同物种或个体间的基因组相似性和差异性。基因注释工具如 MAKER 等可用于识别和定位基因、转录本及其他功能元素，这一步骤不仅能够为同源基因的识别奠定基础,还能够提供详细的功能信息,使研究人员能够深入理解基因组结构和功能。

3) 同源基因识别与功能分析

同源基因识别与功能分析的目的是找出基因组间的功能一致性和差异性,探索基因的演化历史。通过工具如 OrthoFinder 和 OrthoMCL 等,可以识别不同基因组间的同源基因家族,揭示基因的保守性和进化特征,再结合 InterProScan 和 GO(基因本体论)可对同源基因的功能进行注释,辅助研究人员理解这些基因在不同物种中的生物学角色,深入揭示基因的功能演化和适应机制。

4) 进化分析与结果解读

进化分析与结果解读是比较基因组学常见分析中的最后一步,通过构建进化树和分析基因组变异模式,揭示物种间的进化关系和基因进化路径。可利用 PhyML 和 BEAST 等工具构建基于同源基因序列比对的进化树,推断物种间的进化关系和时间尺度,并结合已有文献和研究,对新发现进行生物学意义的阐述。这一步的目的是将复杂的基因组数据转化为易于理解和解释的生物学信息,帮助研究人员提出科学假设,指导进一步的实验和研究。

8.3   转录组学数据分析

8.3.1   转录组检测技术的发展历程

转录组(transcriptome)指的是在某一特定细胞、组织或生物体中,所有 RNA 分子的总和,其中主要包括 mRNA(信使 RNA),但也包括其他非编码 RNA,如 rRNA、tRNA、snoRNA 等。这些 RNA 分子代表了基因在特定时空条件下的表达水平和模式。通过对转录组进行研究,可以更深入地理解基因的功能、调控网络及其与各种生物过程和疾病的关系。转录组测序不仅可以提供关于基因表达的量化信息,还可以揭示多种重要的生物学现象,如剪接异构体的存在、基因融合事件、新的转录起始位点等。此外,与全基因组测序相比,转录组测序更加注重基因的功能活性,它为功能基因组学研究提供了一个独特的视角。

从历史角度来看,转录组的检测技术经历了一系列发展历程。早期,qPCR(定量聚合酶链式反应)作为一种基于 PCR 技术的方法,通过特异性引物和荧光标记的探针来实时检测 PCR 反应过程中的 DNA 扩增情况,因其准确性和灵敏度长时间成为研究者验证基因表达的首选方法。随着技术的进步,Microarray 芯片技术允许研究者同时测量数千到数万个基因的表达,它包含成千上万的核酸探针,每个探针对应一个特定的基因,研究者通过对 cDNA 或 cRNA 的标记与芯片杂交得到整个基因组的基因表达概况。之后,转录组测序(RNA-seq)技术出现并被应用于对整个转录组的 RNA 分子进行高通量测序,它与 Microarray 芯片相比,提供了更高的分辨率和更宽的动态范围,同时具有发现新基因的能力,已经成为当前转录组研究的黄金标准。最近,随着测序技术的不断进步,单细胞转录组测序(scRNA-seq)得以实现,它揭示了组织内细胞的异质性,为深入理解细胞的功能、发育和疾病提供了新的机会。

转录组测序技术在当今已经经历了几个主要的发展阶段。最初,在 Sanger 测序的时代,人们主要依赖于 cDNA 文库的克隆和 Sanger 测序来获取转录本的信息,尽管这种方法低效且昂贵。接下来的技术跳跃是被称为下一代测序技术(NGS)的第二代测序技术,它标志着转录组测序的一个重要转折点,使得测序变得高通量和相对经济。这期间,NGS 技术,如 Illumina 平台、Roche 454 和 SOLiD等,为转录组研究带来了革命性的进展。而最新的第三代测序技术,如 PacBio 和 Oxford Nanopore 技术,提供了更长的读取长度,并允许直接检测 RNA 分子,从而使得对剪接异构体和其他复杂事件的鉴定变得更为准。

通过对转录组测序技术的发展进行梳理,可以看到技术的迅速进步如何推动生物学研究的深入,为人们提供了越来越多的细胞和分子层面的信息。

本节内容主要介绍 RNA 测序,它是利用下一代测序技术定量全基因组范围内基因表达的先进方法,能够揭示基因的剪接异构体、新的转录位点、非编码RNA 及基因融合等事件,具有比传统微阵列技术更高的灵敏度和更广的动态范围。随着技术进步,如 Illumina 平台因高通量、低成本与适中读取长度受到青睐,但在检测长剪接异构体上有局限;Roche 454 虽读取长度长但因成本高、数据通量低应用减少;SOLiD 准确性高但技术复杂;PacBio 与 Oxford Nanopore 则因超长读取长度在基因组组装和结构变异检测中独树一帜,但准确性待提高。RNA 测序流程从 RNA 提取到文库制备、测序及数据分析,其中 RNA 质量和文库制备策略对测序结果至关重要。选择测序平台需综合考虑研究目标、预算、读取长度和数据产出,如基因表达定量可能选 Illumina,剪接异构体研究则可能选 PacBio 或Oxford Nanopore,科研项目初期的评估与考虑尤为关键。

8.3.2 转录组数据预处理

在转录组测序的世界中,数据预处理十分重要,不经过适当的预处理,再好的数据也可能被误导,而良好的预处理则能确保分析建立在坚实和可靠的基础上。

那么,什么是转录组数据的预处理呢? 简单来说,就是对从测序仪器得到的原始数据进行一系列的处理步骤,以确保它们是高质量的、准确的,并且适合进行后续的分析。转录组分析涉及一系列复杂的数据处理步骤,从原始测序数据的获取开始,接着进行数据质量检查、修剪和过滤,之后是读取对齐到参考基因组、基因表达量的估计,然后进行差异表达分析,最终进行功能富集和网络分析。这些步骤都需要特定的软件工具和方法,且在不同的研究目的下,策略和方法可能会有所不同。

在转录组数据预处理阶段,主要目标是确保数据的质量并为后续分析做好准备。首先,研究者需要使用专门的工具进行质量控制,检查测序数据中可能的问题,如接头污染、低质量的读取或过多的未知碱基。基于这些分析结果,读取的修剪和过滤操作会被应用来去除低质量区域或接头序列。此外,可能还需要对重复读取进行处理,特别是在考虑测序偏见时。预处理后的数据将为后续的对齐和分析提供更准确和可靠的输入。

转录组数据预处理在整个转录组测序分析流程中非常重要,它是确保后续分析准确性的关键步骤。由于各种技术和实验条件的偏差,原始的测序数据往往含有噪声和错误。因此,对原始数据进行合适的预处理可以增加数据的质量和可靠性,为后续的定量分析、功能注释和差异表达分析提供更加可靠的基础。

转录组数据的预处理一般包括以下几项内容:

1)质量控制

质量控制包括质量评估和质量修建。为确保测序数据的高质量和准确性,可以采用多种方法来评估其质量,如 FastQC[7]、Trimmomatic[8]、rRNA 污染率评估、拼接质量评估和 K-mer 分析等。选择哪种评估方法主要取决于数据的类型和研究需求。例如,FastQC 能够提供关于碱基质量分数、序列重复率和序列长度分布等初步信息,并将结果以 FastQC Report 的形式进行展示。图 8 - 1a 和图 8 - 1b 展示了质量优秀和质量不佳的测序数据在 Adapter Content 这项指标上的表现。在进行质量评估后,根据所得到的评估结果,可以使用如 Trim Galore、fastp 或 Trimmomatic 这类工具对读取进行精确的质量修剪,进一步去除低质量的碱基和不需要的接头序列,确保为后续的分析提供更高质量和可靠的数据。

其中,fastp 工具整合了质控和过滤功能,使得处理流程更为便捷。fastp 可以对测序数据中的接头进行去除。在某些情况下,如文库插入片段过短,测序可能会延伸到接头位置,导致数据中出现不需要的接头序列。同时,fastp 可以帮助研究者去除那些含有大量无法识别碱基(标记为 N)的测序片段,因为这可能意味着在测序过程中存在某些问题。此外,任何低质量的测序片段也可以被从数据中去除。最后,当由于在读长增加的情况下,末端测序质量可能会出现下降时,fastp 还可以选择去除末端的一部分片段,以确保数据整体的高质量。

Adapter Content

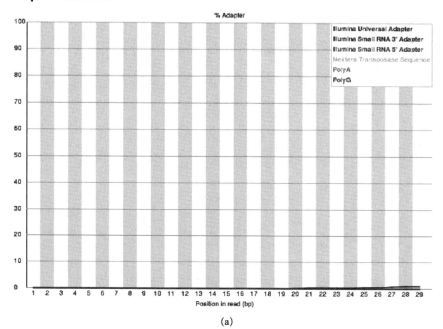

(a)

Adapter Content

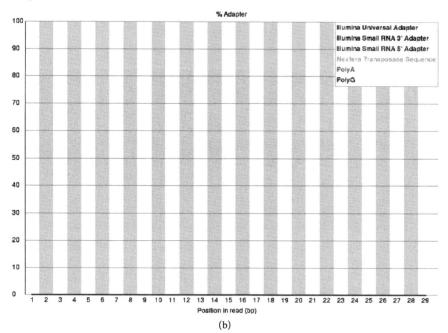

(b)

图 8－1 质量优秀和质量不佳的测序数据在 Adapter Content(按头序列含量)上的表现

2）序列对齐

序列对齐，或者序列比对，是转录组测序分析及很多其他测序分析当中重要的一步。此过程中，选择合适的参考基因组及其相关的基因注释文件是至关重要的。这不仅决定了后续分析的准确性，而且影响结果的解释。例如，对于人类样本，研究者通常会优先选择 UCSC 或 Ensembl 数据库来获取这些必要的参考信息。

在基因组数据的浏览和检索方面，UCSC（https://genome.ucsc.edu）和 Ensembl（https://www.ensembl.org）都为研究者提供了非常实用的在线工具。UCSC Genome Browser 允许用户选择特定的物种和版本，直接在搜索框中输入关注的基因或区域，然后查看各种注释轨道，如基因、转录本和保守性区域等。此外，通过其"Table Browser"功能，用户可以检索和导出相关数据。与此类似，Ensembl 为用户提供了详细的基因或区域概览，涵盖了基因结构、变异和表达信息等，并通过其"BioMart"工具，允许用户选择数据库、物种和数据集进行数据检索。

而当参考基因组和注释已经确定后，接下来的关键步骤是利用专门的对齐工具，如 STAR[9]、HISAT 2[10] 或 Bowtie 2[11] 等，将测序得到的读取准确地对齐到这些参考基因组上，确保读取的准确性并提供有意义的生物学洞察。在对齐之前，测序数据以 FASTQ 格式存在，每个条目包含四行信息：序列的唯一标识符、核苷酸序列、一个"+"符号及对应的质量分数。这些原始序列数据携带了生物样本的核苷酸信息及各个碱基的测序质量评分，但缺乏对其在基因组中位置的指示。因此，虽然这些数据包含了丰富的序列和质量信息，但在没有参考基因组的上下文中，其生物学意义有限。

使用专门的对齐工具处理这些数据后，情况截然不同。序列比对之后会得到一个 SAM 文件（图 8-2），它是一种标准的序列比对格式，用于存储测序 reads 与参考序列的比对信息。SAM 文件包含了丰富的信息，如比对位置、比对得分和比对的方向等。为了直观地查看和理解比对的结果，可以使用可视化工具如 IGV（integrative genomics viewer）。IGV 允许用户轻松地浏览大规模的基因组数据，展示 reads 如何比对到参考基因组，哪些位置有高比对深度，哪些位置可能存在可变剪切事件等。这种直观的展示不仅有助于验证比对的质量，还可以帮助研究者快速识别和定位潜在的生物学上有意义的区域。

例如，SAM 文件中某一行的信息如下，代表了一个比对到参考基因组的 read：A00301:742:HMHK3DMXY:1:1427:13259:20979 419 1 016789 0 1S34M5S ＝ 3016789 40 GGCTAGCCATTTTTACAATGTTGATCCTGCCAATCTAAGA FFFFFFFFFFFFFFFFFFFFFFFFFFFFFFFFFFFFFFFF AS:i:-6 ZS:i:-6 XN:i:0 XM:i:0 XO:i:0 XG:i:0 NM:i:0 MD:Z:34 YS:i:-6 YT:Z:CP NH:i:6。

其中每个符号都有各自独特的含义，如其中的前四个符号：A00301:742:

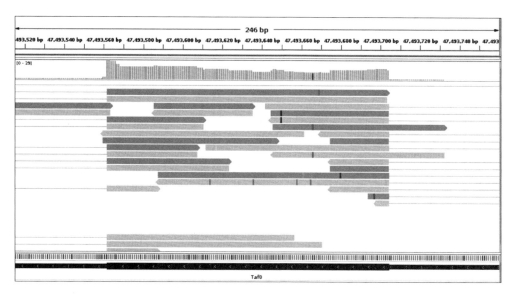

图 8 - 2　SAM 文件

HMHK3DMXY:1:1427:13259:20979 是 read 的名称,包含了测序机的信息和 read 在测序流程中的位置;419 是 FLAG 字段,表示 read 的多个属性;3016789 是 read 比对到参考基因组的起始位置;0 是 MAPQ,即比对质量,范围通常是 0~60,0 表示没有可靠的比对质量。

　　STAR、HISAT 2 和 Bowtie 2 具有不同的特点和适用场景,在使用过程中应根据实际情况判断使用哪种工具,表 8 - 1 对三种工具的特点进行了比较分析。STAR 是专为 RNA-seq 读取设计的高效工具,它提供了快速的对齐速度。HISAT 2 则在捕获 RNA-splicing 事件方面表现出色,为基因组数据提供了专门的对齐功能。Bowtie 2 是为短读取设计的,它为这些读取提供了高效的对齐方法。对于这些工具,对齐流程通常包括建立索引和执行对齐两个步骤。根据具体的数据和研究需求,研究者可能需要调整各种参数,因此深入阅读官方文档和相关教程是非常必要的。

表 8 - 1　RNA-seq 数据对齐工具 STAR、HISAT 2 和 Bowtie 2 的比较分析

工具	主要特点	适用场景	优　　点	限　　制
STAR	高速对齐大规模 RNA-seq 数据;准确识别剪接位点;支持多种输出格式	处理大规模 RNA-seq 数据;高精度剪接变异分析	快速处理速度;高准确性剪接检测;灵活的输出格式	内存需求较高;主要适用于已知剪接位点较多的物种

续　表

工具	主要特点	适用场景	优　　点	限　　制
HISAT 2	分层索引结构,高效内存使用;支持广泛剪接变异和多态性;个体化基因组对齐	个体特异性基因组分析;非模式物种的基因组和转录组分析	高效的内存使用;适合个体化和多样性分析;良好的非模式物种支持	相对于 STAR,对齐速度可能较慢;对剪接位点的识别能力略逊于 STAR
Bowtie 2	快速对短读序列进行对齐;支持局部和全局对齐;灵活的对齐参数	快速准确对短读测序数据对齐;初步变异检测和表达量分析	高速的对齐能力;对局部对齐和短读有优秀支持;参数设置灵活	对长读或高度变异的序列处理能力有限;不直接支持大规模剪接变异分析

3) 去除重复读取

PCR 扩增偏见(amplification bias)是测序数据中常见的问题,主要是因为在样本准备阶段,某些片段可能被过度扩增,导致在最终的测序数据中过度表示。这些过度表示的片段会呈现为大量的重复读取,进而可能影响后续的数据分析,如基因表达水平的估计和差异表达分析等。

为了解决这个问题,研究者通常会使用工具去除这些重复 read。Picard(http://broadinstitute.github.io/picard/)和 SAMtools 是在此领域中常用的工具。特别地,SAMtools 不仅可以用于去除重复 read,还提供了一系列处理测序数据的功能,如排序、索引和统计等。使用 SAMtools 去除重复需要几个步骤。首先,测序数据需要被排序,这样重复的 read 会被放置在一起。接着,使用其"rmdup"功能可以删除那些识别为重复的 read。在执行这些操作时,SAMtools 为用户提供了多种参数来满足不同的需求和优化处理结果,可以帮助用户进行更复杂的数据操作和分析。为了最大化其功能,建议查看其官方文档或相关的教程。

4) 转录本的组装和定量

转录本组装是从测序的 RNA 序列数据中重建完整的转录本序列的过程。对于那些没有参考基因组的物种或在研究基因的剪接异构体时,转录本组装尤为重要。该过程可以帮助科研人员识别和定量新的或已知的转录本,进而推测其功能。常用的工具如 StringTie[12] 和 Cufflinks[13] 可以实现这一目的。

例如,使用 StringTie 进行转录本组装的简单代码实现为

```
stringtie -l sample_name input.bam -o output.gtf
```

基因和转录本定量是估计每个基因或转录本在一个给定的样本中的表达量的过程。这是 RNA 测序分析中的关键步骤,因为它为后续的差异表达分析提供

了基础数据。了解哪些基因或转录本在不同的条件、组织或发育阶段中表达变化，对于解析基因功能、疾病机理和生物学过程至关重要。featureCounts[14] 和 HTSeq[15] 是两个广泛使用的工具，可以实现基因和转录本的定量，得到的基因计数结果见表 8 - 2，由 Gene 和 Count 两列组成。

以 featureCounts 为例，进行基因计数的简单代码实现为

featureCounts -a annotation.gtf -o counts.txt input.bam

其中，annotation.gtf 是基因注释文件；input. bam 是对齐到参考基因组的测序数据。

表 8 - 2　基因计数结果

Gene	Count
Mrps36 - ps1	1
Gm5457	5
Rpl36 - ps2	2
Bloc1s2 - ps	1
Gm9761	3
Rpl39 - ps	36
Gm5229	0

5）预处理后的数据评估

预处理后的转录组数据评估是确保数据准确性和可靠性的关键步骤。使用如 RSeQC 和 Qualimap 等工具，研究者可以深入分析处理后的数据，检查数据中可能的问题，并评估其整体的质量。RSeQC 和 Qualimap 提供了多种可视化和统计指标，如碱基分布、读取分布和插入大小，帮助研究者确保数据的质量满足后续分析的标准。然而，即使经过了精心的预处理，数据中仍可能存在潜在的问题。低质量的读取、不完整或过时的参考基因组以及实验和技术上的偏见都可能影响数据的可靠性。因此，研究者必须对这些潜在的问题有深入的理解，并采取相应的策略来解决或减轻它们的影响。例如，选择更新和更全面的参考基因组，或使用专门为处理特定偏见而设计的工具。总之，对预处理后的数据进行全面和详细的评估，以及对可能的问题有所认识和准备，是确保得到高质量、可靠和有意义的转录组数据的关键。

8.3.3 差异表达分析

8.3.3.1 差异表达分析的概念

差异表达分析是转录组学研究中至关重要的步骤,它探索在不同实验条件、时间点或处理下,基因表达水平上的差异。通过识别哪些基因的表达上调或下调,研究者可以更深入地了解细胞或组织在特定情境下的反应和功能。这种分析为研究者揭示了生物体在各种刺激下如何调整其基因网络,为深入研究生物过程、疾病机制或药物反应提供了宝贵的线索。

举例来说,假设研究者们正在研究某种新型药物对癌细胞的影响。他们对癌细胞进行了药物处理和未处理两种情境下的转录组测序。通过差异表达分析,研究者发现了一组基因在药物处理后显著上调,而另一组基因下调。其中某个上调的基因与细胞凋亡过程相关,这意味着药物可能通过促使癌细胞走向凋亡来发挥其抗癌作用。而下调的基因中,可能有些与细胞增殖或转移有关,这进一步表明药物可以抑制癌细胞的增长和转移。这样的发现为药物的进一步开发和临床应用提供了重要的科学依据,并为药物作用机制的研究打开了新的视野。

8.3.3.2 差异表达分析的流程

首先,进行差异表达分析之前,研究者需要确保所有的样本都经过了恰当的标准化处理。标准化是为了确保在不同样本之间进行比较时,结果不会被批次效应、测序深度或其他非生物学因素所影响。常见的标准化方法包括 TMM、RPKM、FPKM 和 TPM。TMM(trimmed mean of M-values)是一种针对 RNA-seq 数据的标准化方法,它校正样本间的组成偏差以提供更准确的差异表达分析。RPKM(reads per kilobase per million mapped reads)考虑了每个基因的长度和测序的总读数。FPKM(fragments per kilobase of transcript per million mapped reads)与 RPKM 类似,但是用于配对末端测序数据。TPM(transcripts per million)先对每个基因的读数进行长度标准化,然后再进行样本间的标准化,使得所有样本的 TPM 值之和都为 100 万,消除了基因长度和测序深度的影响。

$$FPKM = \frac{ExonMappedFragments \times 10^9}{RotalMappedFragments \cdot ExonLength} \tag{8-1}$$

$$TPM = \frac{N_i/L_i \times 10^6}{sum(N_1/L_1 + N_2/L_2 + \cdots + N_n/L_n)} \tag{8-2}$$

一旦样本被标准化,研究者们可以选择多种统计方法来鉴定差异表达的基因。其中,DESeq2[16]、edgeR[17] 和 limma[18] 是当前颇受欢迎的工具。这三种方法都基于严格的统计模型，旨在区分真实的生物学变化与随机变异。DESeq2 采用了负二项分布模型来估计基因表达的方差，特别适用于小样本数量的研究。edgeR 也使用负二项分布，但它的模型和参数估计方法与 DESeq2 略有不同，提供了另一种处理过度离散数据的方式。而 limma 尽管最初是为微阵列数据设计的，但其后来的扩展版"voom"允许它处理 RNA-seq 数据。limma-voom 使用线性模型和经验贝叶斯方法来估计方差。尽管这三个方法都致力于解决相同的问题，但它们在统计模型、方差估计和实际应用中存在一些差异。选择哪种方法取决于研究的具体需求和数据的特性，但无论选择哪种，正确的数据预处理和标准化都是至关重要的。

差异分析完成后，研究者通常会根据特定的标准筛选差异表达的基因。在许多情况下，一个常见的选择是基于 log2FoldChange 的绝对值和 p 值。例如，选择那些 log2FoldChange 的绝对值大于 1 并且 p 值小于 0.05 的基因，这意味着它们的表达量在不同的组之间至少发生了两倍的变化，并且这种变化是统计显著的。火山图被广泛使用来直观地展示基因的差异表达情况。使用 R 语言中的 ggplot2 软件包，可以方便地绘制如图 8-3 所示的火山图。火山图在 X 轴上展示了基因的表达水平的对数变化值（如 log2FoldChange），而在 Y 轴上展示了统计测试的—log10(P-value)，从而清晰地揭示了哪些基因是显著差异表达的。

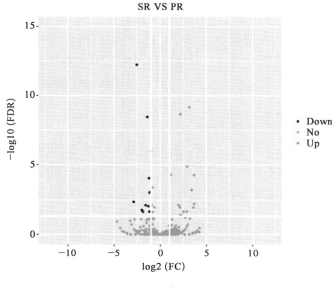

图 8-3　火山图示例

在整个差异表达分析过程中，研究者需要不断地验证其结果。常用的验证方法包括实时定量 PCR 或 Western Blot。这样可以确保从高通量测序数据中得到的结果是准确和可靠的。并且,任何差异表达分析的结果都需要与现有的文献和知识进行对比,以确保其生物学上的相关性和意义。这也可能为进一步的研究提供方向,如功能验证实验或机制研究。

然而,仅仅鉴定哪些基因是差异表达的是不够的。差异表达的基因经常根据其功能或涉及的生物过程进行进一步的分类。这通常涉及功能富集分析,如 Gene Ontology(GO)富集或 KEGG 通路分析,这些分析方法为研究者提供了对于在特定实验条件下哪些生物学过程、通路或功能类别受到影响的直观认识。并且,为了深入理解这些基因如何在更宏观的层面上互相作用和影响,网络分析也变得至关重要。通过使用像 STRING 或 Cytoscape 这样的工具,研究者可以探索和揭示这些基因之间的相互作用网络,从而提供一个全面的视角,来理解它们在复杂的生物学系统中是如何协同工作的。

8.3.4　功能富集分析

8.3.4.1　基本概念

功能富集分析是一种统计方法,用于确定给定基因列表中是否存在特定功能类别或通路的过度表示。当观察到某个功能类别中的基因在目标基因列表中出现的频率超过了随机预期的频率时,称这个功能类别是"富集"的。为了评估这种富集是否显著,需要一个参考或"背景集"。背景集在功能富集分析中扮演着至关重要的角色,它提供了一个基线,告诉人们在没有任何实验干预的情况下,每个功能类别中的基因出现的预期频率是多少。背景集通常包括所有已知的基因或者在特定实验中检测到的所有基因。通过比较目标基因列表与背景集,功能富集分析可以帮助研究者识别出那些在生物过程、疾病或其他实验条件下显著改变的功能类别或通路。

8.3.4.2　常见的功能富集分析方法

GO 富集分析是最常用的一种方法,它利用 GO 数据库(http://geneontology.org/),一个包含三大核心类别(生物学过程、分子功能和细胞组分)的标准基因功能分类体系。通过 GO 富集分析,研究者可以确定与特定实验或条件相关的基因主要涉及哪些生物功能。为了进行此类分析,有多种工具可供选择,如 DAVID[19] 和 GOstat[20],它们都提供了用户友好的界面和详尽的结果解释。

通路分析也是功能富集分析的一个重要分支。这种分析专注于探索基因在特定的生物化学过程或信号通路中是如何相互作用和调控的。例如,一个基因可能在某种疾病的发生中发挥关键作用,通过通路分析,可以了解这个基因在该疾病的整个生物化学过程中的位置和作用。为了实现这一目标,有许多数据库,如 KEGG 和 Reactome,为研究者提供了丰富的通路信息。同时,工具如 Pathview 和

GSEA 使得从大量的基因表达数据中进行通路分析变得更加直观和简单。

8.3.4.3　统计考虑

在进行功能富集分析时,统计考虑是关键的一步,它确保结论既有生物学意义,又具有统计上的显著性。为了确定一个特定的功能类别是否真的在用户的基因列表中被富集,需要进行恰当的统计检验。例如,超几何分布测试是常用的方法之一。Fisher's exact test 也是一个选择,特别是当样本量较小或数据分布不均匀时。但单纯的统计显著性还不够,因为在进行多次比较时,假阳性的风险会增加。这就是需要进行多重测试校正的原因。例如,Bonferroni 校正是最为严格的方法,它通过将单一测试的显著性水平除以测试的总数来进行校正。而Benjamini-Hochberg 方法则控制了假发现率,它允许某种程度的假阳性,但总体上控制了错误发现的比例。选择哪种校正方法取决于研究者对统计功效和假阳性风险的权衡。

8.3.4.4　解释和可视化

功能富集分析的结果需要仔细解释,确保其与实验背景和生物学问题相符。为了使富集分析的结果更直观,可视化是一个有效的方法。Cytoscape 是一个广泛用于生物信息学的网络分析工具,其中的插件如 ClueGO 和 EnrichmentMap 允许研究者将富集的功能类别映射到一个网络中,其中节点代表功能类别,而边代表它们之间的关系。图 8 - 4 展示了使用 ClueGO 进行 GO 富集分析可视化的界面。

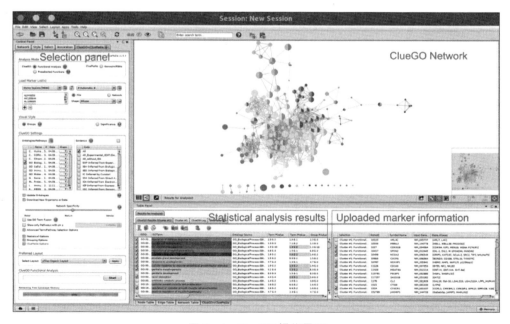

图 8 - 4　ClueGO 操作界面

8.3.4.5　局限性与挑战

虽然功能富集分析是一种能够揭示基因与已知生物学过程或通路的关联的强大工具,但它也存在局限性。其所依赖的基因注释库可能不完整,导致某些基因的功能被忽略。同时,基因注释可能存在偏见,使某些基因被过度注释,而其他重要的基因则被轻视。此外,背景集的选择也是一个挑战,不当的选择可能导致误导的结果。因此,尽管功能富集分析提供了宝贵的初步信息,研究者仍需谨慎解释其结果,并与实验数据、文献和其他生物信息学方法的信息相结合,以确保获得全面、准确且深入的生物学洞察。

8.4　转录因子与基因调控网络分析

转录调控是细胞中的关键过程,负责控制基因表达。本节将探讨转录因子的作用,以及如何利用生物信息学方法研究基因调控网络。

8.4.1　转录因子的基础知识

转录因子(TF)是一类特定的蛋白质,能够结合特定的 DNA 序列,进而影响该位置附近基因的转录活性。每个转录因子可能具有多个目标基因,并且单个基因也可能受到多个转录因子的共同调控。大多数转录因子具备两个主要功能区域:一个 DNA 结合域和一个激活或抑制域,确保基因表达的精确性和复杂性。例如,Zinc Finger 转录因子通过它们的"锌指"结构域识别并结合到 DNA,而 c-Myc 和 Max 转录因子则经常合作,通过结合形成复合体来调控特定基因的表达。除了通过直接结合 DNA 外,转录因子还可以通过与其他蛋白质或分子交互、蛋白-蛋白相互作用或翻译后修饰来增强其调控功能。例如,NF－κB 转录因子的活性可以通过与 IκB 蛋白质的相互作用来调节。总的来说,转录因子通过各种机制确保基因根据细胞的需求得到恰当的表达,这为深入理解基因功能和疾病机制提供了重要信息。

8.4.2　转录因子结合位点的预测

转录因子结合位点的预测是揭示转录调控机制的基石。为了达到这一目标,科研人员开发了一系列的计算方法和工具。其中,MEME、JASPAR(https://jaspar.elixir.no/)和 HOMER 是常用的工具。MEME 主要用于从大量未标记的 DNA 或蛋白质序列中鉴定重复出现的模体。JASPAR 则是一个开放访问的数据库,包含多种生物物种的注释转录因子结合模体。而 HOMER 是一款功能强大的工具,不仅用于鉴定转录因子结合位点,还能用于更多的序列和基因组注释任务。通过使用这些工具,研究者可以识别转录因子的核心结合模体,进一步预测基因组中可能的结合位点,从而为实验验证提供有价值的线索。这种结合模体的预测对于揭示细胞中基因表达的精细调控机制具有至关重要的意义。

8.4.3　从高通量数据中鉴定转录因子活性

当今的生物研究中,高通量数据如 RNA-seq 和 ChIP-seq 提供了一个宝贵的窗口,通过它们可以深入探索并预测特定条件下的转录因子活性。ChIP-seq 数据通过反映转录因子在基因组上的直接结合模式,为用户揭示了这些关键蛋白在不同生物过程中如何调控基因表达。另外,RNA-seq 提供了全基因组范围内的基因表达概览,当观察到一组基因在某特定条件下同步上调或下调时,可以间接推测它们可能受到某个或某些共同的转录因子的调控。例如,如果在某种药物处理后的细胞中,一组与细胞周期相关的基因被同步激活,可以合理推测可能有某个与细胞周期调控相关的转录因子在此条件下变得特别活跃。这种结合直接的 ChIP-seq 数据和间接的 RNA-seq 数据的方法,为人们提供了一个深入解读细胞中复杂转录调控网络的有力工具。

8.4.4　基因调控网络的构建

基因调控网络揭示了基因与基因之间,以及转录因子与其目标基因之间的交互关系,为人们提供了一种理解基因如何协同工作来实现复杂生物学功能的方法。在构建这种网络时,首先要确定是哪些因子调控了哪些目标基因。这可以通过实验方法如 ChIP-seq 来直接确定,或者通过统计方法如相关性分析和因果推理算法来间接推测。例如,当观察到一个转录因子的表达模式与多个基因的表达模式高度相关时,可以合理地推测这些基因可能是该转录因子的潜在目标。一旦确定了调控关系,就可以使用网络图形工具,如 Cytoscape[21],将这些关系可视化,形成一个网络图。在这个网络中,节点代表基因或转录因子,而边代表调控关系。更进一步,结合不同类型的数据,如基因表达数据、蛋白-蛋白相互作用数据和基因突变数据,可以在这个基础上构建一个更加全面和复杂的基因调控网络,为深入解析细胞内的复杂调控机制提供了宝贵的框架。图 8-5 展示了使用 Cytoscape 绘制的 59 个已发现的皮层发育畸形(Malformations of cortical development, MCD)基因和 6 个新近报道基因的调控网络图[22]。

8.4.5　调控网络的分析

基因调控网络的分析是研究基因和细胞功能核心的一部分,它不仅能揭示细

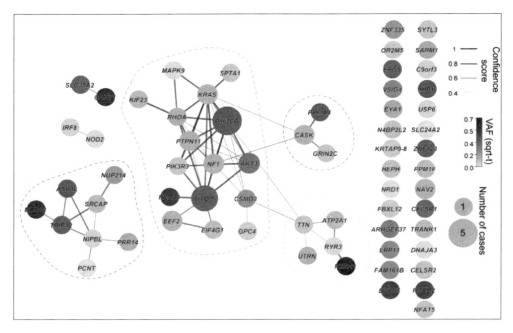

图 8 - 5   基因调控网络示例图绘图(采用的 Cytoscape 版本 V3.9)

胞内的主要调控节点,也可以帮助更深入地了解细胞的不同功能和状态。当深入研究这些网络时,可以发现一些关键的节点或"中心",它们在调控网络中起到了举足轻重的作用,对多个过程或路径具有广泛的影响。理解这些核心节点是如何工作的,对于揭示细胞如何响应外部信号、如何决策和如何执行特定的功能至关重要。此外,对网络的模块化分析可以帮助鉴定网络中的功能子集或模块。这些模块通常由一组紧密相互作用的基因组成,共同参与某一特定的生物过程或功能。例如,在癌症研究中,通过分析基因调控网络,可能会发现某些模块在肿瘤细胞中被异常激活或抑制,为人们提供了关于疾病机制的重要线索。这样的信息对于诊断、预后和治疗策略的制定都是非常宝贵的。

8.4.6   调控网络的可视化

为了更直观地理解调控网络,很多研究者选择进行有效的可视化。在这方面,工具如 Cytoscape[21] 和 Gephi[23] 已经在学术界和研究领域得到了广泛的应用,它们都提供了强大的网络可视化功能。使用这些工具,复杂的调控关系可以被呈现为清晰、有层次的图表,其中的节点代表基因或蛋白,而边则表示它们之间的相互作用或调控关系。例如,当研究者在 Cytoscape 中导入 RNA-seq 或 ChIP-seq 数据时,可以直观地看到特定转录因子如何调控一组目标基因,或者哪些基因之间存在共表达模式。这不仅使得复杂的数据变得容易理解,也帮助研究者更深入地探索、解释其结果,并为后续的生物学实验提供线索。

8.4.7　实验验证

与任何生物信息学分析一样,基于计算的预测仅是第一步,为了确保其准确性和生物学意义,必须通过实验方法进行进一步的验证。在转录因子的结合和调控研究中,常用的实验验证手段包括电泳迁移率偏移实验(EMSA),它可以直观地检测转录因子是否与特定的 DNA 片段结合;此外,Luciferase 报告基因实验则可以评估转录因子如何影响其目标基因的表达。例如,若预测某转录因子 A 会调控基因 B 的表达,可以构建一个含有基因 B 启动子区域的 Luciferase 报告基因载体,然后在细胞内共转染该载体和转录因子 A 的表达载体,最后通过检测 Luciferase 活性来验证该预测。这样的实验验证不仅为计算预测提供了坚实的基础,也有助于确保研究结果在生物学上具有实际意义。

8.4.8　案例分析

通过具体的案例分析,可以更直观地理解生物信息学方法在实际研究中的应用和价值。本节将探讨一个转录组数据分析的实例,包括从数据的获取到结果的解释和实验验证。

在 2017 年 10 月于 *Cell* 杂志发表的文章 *Genetic and Functional Drivers of Diffuse Large B Cell Lymphoma* 中,作者针对弥漫大 B 细胞淋巴瘤(DLBCL)进行了研究,这是一种最常见的血液癌症类型,特征为显著的遗传和临床异质性。研究目的在于通过对 1 001 名 DLBCL 患者进行全外显子组和转录组测序的整合性分析,理解 DLBCL 的遗传基础及其对治疗的不同反应。该研究识别出 150 个疾病的遗传驱动因素,并通过 CRISPR 筛选评估这些遗传变异的功能影响,建立了基于这些遗传改变的预后模型,为靶向治疗提供了线索。

本研究包含多个组学检测内容,有癌细胞的体细胞突变(癌细胞不同于正常体细胞的突变),基于 CRISPR 的功能检验,以及转录组。其中,转录组分析通过对 775 名 DLBCL 患者的 RNA 进行测序来执行,旨在定义细胞起源亚型并理解疾病内的异质性。DLBCL 的异质性一直为人所知,这些异质性与发生癌变的具体 B 细胞类型相关。比如,一种常用的分类体系将其分成生发中心 B 细胞亚型(GCB)和非生发中心 B 细胞亚型(non-GCB)。这些亚型又与疾病的治疗预后密切相关,GCB 预后远好于 non-GCB。通过 RNA 测序及分析,本研究将大量的 DLBCL 病例无偏差地分成三类,分别是 GCB 型、ABC 型(激活 B 细胞型)及 UC 型(其他)。同时由该转录组测序得到的结果,可以很好地与经典的亚型分类技术相互对应,如 Nanostring 技术与免疫组化检测技术,如图 8-6 所示。

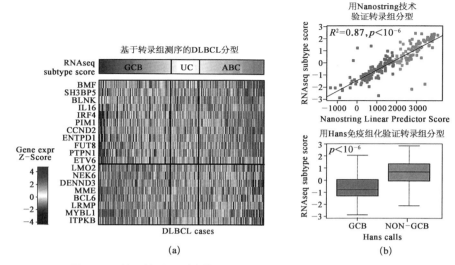

图 8-6　基于转录组测序的 DLBCL(弥漫大 B 细胞淋巴瘤)分型

(a) RNA-seq 基因表达分类器区分生发中心 B 细胞样 DLBCL(GCB)、未分类 DLBCL(UC) 和活化 B 细胞样 DLBCL(ABC);(b) RNA-seq 亚型评分与 Nanostring 线性预测评分的比较(使用 Pearson 相关 $R^2 = 0.87$,$p < 10^{-6}$)(右上)和免疫 nohistochemistry Hans GCB 与非 GCB 分类(Wilcoxon 检验 $p < 10^{-6}$)(右下)

除了进行分类,转录组测序数据还提供了联系多种组学数据的桥梁,也就是说将癌基因突变与基因表达改变及功能改变联系起来。这部分研究的思路参考图8-7a。简单来说,研究者首先检索了文献当中各种基因集合($n = 9\ 500$),挑选出其中与 DLBCL 数据集有显著相关性的($n = 1\ 228$),再去重冗余提取出其中的代表性基因集(gene set exemplars,$n = 31$),最后将这些代表性基因集与癌细胞突变、CRISPR 功能筛选及其他临床指标如预后进行联合分析,结果如图 8-7b~d 所示。

8.4.9　常见问题与解决方案

在转录组数据分析过程中,研究者经常会遇到各种问题。本节列举这些常见问题并提供科学、有效的解决方法。

1) 数据质量问题

当测序数据含有低质量的读取、接头序列或其他类型的污染时,会对后续分析造成影响。为解决此问题,研究者可以首先利用 FastQC 对数据进行全面的质量评估。得到评估结果后,可以采用 Trim Galore 或 Trimmomatic 这类工具对数据进行清理和修剪,确保分析的数据质量。

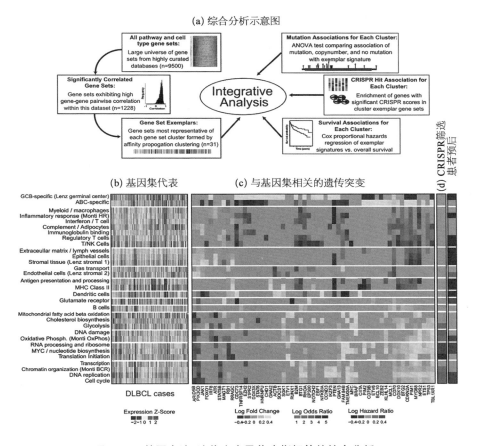

图 8-7　基因表达、遗传突变及临床指标等的综合分析[*]

*原图为彩色,可扫描封底二维码查看。此图转化为单色后不可避免地产生了信息丢失,图下方的四个图例采用的四个不同色系,与主图中从左到右,(b)(c)(d)左右图一一对应。

2) 比对效率低

比对效率低是一个常见的问题,特别是当进行 RNA-seq 数据比对时,可能会发现比对到参考基因组的效率低,或者有大量的读取未能成功比对。这可能是因为使用了不恰当的参考基因组或注释文件,或者数据中存在外源或污染的序列。为应对这个问题,研究者需要确保选择了正确的参考基因组和相应的注释文件,并考虑对可能的污染源进行预处理。此外,专门为 RNA-seq 设计的比对工具,如 HISAT2 或 STAR,通常比通用工具更为高效,因此推荐在 RNA-seq 数据分析中使用它们。

3) 差异表达分析结果的不稳定性

差异表达分析结果的不稳定性也是许多研究者关心的问题。这意味着在不同工具或参数设置下,可能会得到截然不同的差异表达基因列表。这种不稳定性可能会使得研究结果的可靠性受到质疑。为了得到更稳定、可靠的结果，首先要确保实验设计中有足够数量的样本和重复实验，这有助于提高统计分析的功效。其次，可以考虑使用多种差异表达分析工具，并对它们的结果进行集成。这种"集成"方法可以帮助筛选出在多种方法中都被鉴定为差异表达的基因，从而提高结果的可靠性。

4）功能富集结果的解释

在转录组数据分析中，随着分析的深入，研究者可能会面临更为复杂和具体的问题。例如，功能富集分析可能会产生大量的结果，使得研究者难以确定哪些富集结果是与研究背景真正相关的。为解决这个问题，首先推荐仔细阅读与研究背景相关的文献，并结合实验背景和已知信息对结果进行筛选和解释。此外，利用网络分析工具，如 Cytoscape，可有效地进行功能间的关联分析，以更直观的方式展示相关功能的交互和联系。

5）转录因子预测的不确定性

对于转录因子的预测，基于生物信息学方法的分析可能会产生假阳性结果。为确保预测的准确性，建议结合实验数据，如 ChIP-seq，来验证预测的转录因子的结合。此外，最佳的验证方法仍然是实验室验证，如电泳迁移率偏移实验或 Luciferase 报告基因实验。

6）基因调控网络的复杂性

基于转录组数据构建的基因调控网络可能会非常复杂，这使得网络的解释和理解变得具有挑战性。面对这种复杂性，研究者可以使用模块化方法，如 WGCNA，对网络进行分层和简化，这有助于更好地揭示网络中的主要模式和关键节点。

7）软件和工具的选择

面对众多的生物信息学工具和软件，选择合适的工具变得尤为关键。为做出明智的选择，研究者应当阅读相关的评估和比较研究，以了解各工具的优缺点。同时，考虑工具的更新频率、社区支持和兼容性也是选择工具时的重要考虑因素。

8.4.10　未来展望

转录组数据分析，作为生物信息学和基因组学的核心领域，正处于一个快速发展的时代。这得益于测序技术的突飞猛进、计算能力的显著提升和大数据分析技术的不断完善。现在正面临着一系列新机遇和挑战，这也为该领域的未来趋势和发展方向提供了蓝图。

随着单细胞测序技术的突破，现在的研究者有能力更为精确地描述细胞种群的内部异质性。这意味着未来会有更多的工具和算法涌现，以适应单细胞转录组数据的独特性质。此外，随着多组学数据的涌现，整合基因组、蛋白组、代谢组等数据成为新的研究热点。这不仅需要新的统计方法，还需要复杂的计算框架来支持这种整合分析。

在大数据技术和人工智能领域，机器学习，尤其是深度学习，已开始在转录组数据分析中展现其潜力，它们为数据的预测和分类提供了更精确和高效的方法。与此同时，由于数据存储和计算的需求不断增长，云计算在生物信息学中正变得越来越重要。这使得研究者可以在云端高效地处理数据，不再受限于本地资源。

全球生物信息学社区正在推动数据共享和开放科学的理念。这意味着未来的研究者将更容易地获取和使用公共数据集，这有望极大地加速科学研究。但随着个人基因组数据的增多，伴随而来的是数据隐私和伦理上的考量。因此，未来的转录组数据分析不仅要提高分析效率，还需要在处理数据时充分考虑伦理和隐私问题，确保数据的安全和保密性。

8.5　蛋白质组数据分析

8.5.1　蛋白组数据检测技术发展

蛋白质组学技术的发展，源自对细胞内蛋白质组成及其动态变化的研究需求[24]。自 20 世纪 90 年代中期以来，蛋白质组技术在高通量、精准度和全面性方面取得了显著进展，推动了生命科学研究的深入和药物开发的革新。

蛋白质组学的概念诞生于 20 世纪 90 年代中期，随着人类基因组计划和功能基因组学研究的深入，研究人员开始关注基因组表达的最终产物——蛋白质。早期蛋白质组学研究主要依赖于二维凝胶电泳（2 - DE）和质谱分析（MS）。二维凝胶电泳能够分离和分析复杂的蛋白质混合物，通过等电聚焦和 SDS - PAGE 将蛋白质按等电点和分子量分离[25]。然而，2 - DE 的分辨率和灵敏度有限，无法全面覆盖所有蛋白质。质谱分析则提供了更高的灵敏度和准确性，通过质谱仪（如MALDI - TOF 和 ESI - MS）[26]对蛋白质进行鉴定和定量分析，成为蛋白质组学研究的核心技术之一。

进入 21 世纪，高通量质谱技术迅速发展，极大地提升了蛋白质组学研究的效率和覆盖范围。液相色谱-质谱联用技术（LC - MS）[27]成为主流，通过液相色谱分离复杂蛋白质混合物，并在质谱仪中对肽段进行鉴定和定量。LC - MS 的应用显著提高了蛋白质组的解析度和通量,能够在单次实验中分析数千种蛋白质。

随着蛋白质组数据量的爆炸性增长,数据处理和生物信息学工具的开发变得至关重要。高效的数据分析平台和算法,如 MaxQuant、Proteome Discoverer 和 MSFragger,能够快速处理质谱数据,进行肽段鉴定、蛋白质定量和功能注释。生物信息学的发展不仅提高了数据分析的效率,还推动了蛋白质组数据库的建立和共享,如 UniProt、PRIDE 和 PeptideAtlas,这些数据库为全球研究人员提供了丰富的蛋白质信息资源。

近年来,蛋白质组技术继续向更高通量、更高灵敏度和更高覆盖范围的方向发展。单细胞蛋白质组学(single-cell proteomics)技术的出现,使得研究人员能够在单细胞水平上进行蛋白质组分析,揭示细胞间的异质性和复杂的生物学过程。基于质谱成像(MS imaging)的空间蛋白质组学技术,则能够在组织切片上进行蛋白质的空间分布分析,为理解组织和器官的功能提供新的视角。未来,随着技术的不断进步和多学科的交叉融合,蛋白质组学将在疾病研究、药物开发和精准医学中发挥越来越重要的作用。

8.5.2　蛋白质鉴定数据库与工具

蛋白质鉴定是蛋白质组学研究中的核心任务之一,通过分析质谱数据,识别样品中的蛋白质。目前已有多种蛋白质鉴定数据库和工具,如 Mascot 和 Sequest 两种数据库搜索工具,可用于分析质谱数据来识别蛋白质。

Mascot 是由 Matrix Science 开发的基于概率的评分算法工具,用于蛋白质鉴定和定量。它通过将实验获得的质谱数据与已知的蛋白质或肽序列数据库进行比对,利用概率模型来计算每个匹配的显著性,基于这些计算结果识别出样本中的蛋白质。其主要包括以下步骤:首先,从质谱仪获取样本的质谱数据,通常为.mgf 或.raw 格式,进行数据预处理,去除低质量谱图,确保数据的准确性和完整性。然后,选择蛋白质数据库,如 SwissProt 或 NCBI,确保数据库包含目标蛋白质的序列信息,并配置 Mascot 搜索参数,包括酶切方式(如 Trypsin)、质量误差范围(通常为 20 ppm)和修饰类型(如氧化修饰)等。在进行质谱数据搜索时,Mascot 将实验数据与数据库中的理论肽段质量或肽段序列片段进行匹配。最后,Mascot 解析输出结果,提供详细的肽段和蛋白质鉴定信息,通过 Mascot Score 等评分系统评估匹配结果的显著性和可信度。

Sequest 是由 AB Sciex 提供的另一质谱数据库搜索工具,它通过估计肽段与质谱图匹配的准确性,筛选大规模的 MS 数据库搜索结果并预测错误识别率。Sequest 被集成到 Sage-N's Sorcerer 2 中,提供一个综合的数据分析系统,用于蛋白质识别和表征。这两种工具都支持多种搜索参数的调整,以适应不同的实验条件和数据分析需求。

8.5.3　蛋白质定量技术

蛋白质定量分析是现代生物医学研究中的一个关键步骤,它允许科学家在分子水平上理解复杂的生物系统和疾病机制。标签依赖的定量技术通过化学或代谢标记将标签(通常是同位素或稳定同位素)引入蛋白质或肽段,从而实现不同样品间的定量比较。iTRAQ(isobaric tags for relative and absolute quantitation)和TMT(tandem mass tags)是实现这一目标的重要工具。

iTRAQ 是一种基于同位素标记的相对和绝对定量方法,通过在蛋白质的氨基上衍生化,不同样品的蛋白质可以通过质谱仪中的报告离子进行区分和定量。iTRAQ 的优势在于其能够同时对多达四个样本进行定量,这对于需要比较多个样本之间差异的研究尤为重要。此外,iTRAQ 标签的使用不受翻译后修饰的影响,这使得它成为研究信号转导途径中磷酸化等现象的理想选择。

TMT 标签则提供了一种不同的定量方法,通过在肽段上引入不同的同位素标记来实现蛋白质的定量。与 iTRAQ 相比,TMT 标签的一个显著优势是其更高的灵敏度和更低的背景噪声,使得 TMT 标签在某些情况下更为适用。然而,TMT 标签也面临着一些挑战,如在交联质谱(XL-MS)中应用时需要更高的碎片化能量。

尽管 iTRAQ 和 TMT 标签都提供了一定的定量能力,但它们各自也有局限性。例如,iTRAQ 标签在进行高动态范围的蛋白质定量时可能会遇到困难,而 TMT 标签在处理质量相近的共分离/共碎片化前体肽时可能会导致比例压缩,从而影响定量准确性。为了克服这些限制并提高定量分析的准确性,研究人员已经开发了多种策略和技术。例如,通过优化质谱参数和使用高级峰测定算法(advanced peak determination,APD),可以减少由共分离/共碎片化前体肽引起的比例压缩问题。此外,通过结合不同的标签系统,如将 iTRAQ 与 TMT 标签相结合,可以进一步提高定量分析的准确性和可靠性。标签依赖的定量技术,特别是 iTRAQ 和 TMT 标签,在蛋白质定量分析中发挥着重要作用。通过不断的技术创新和方法优化,这些技术正逐渐克服其局限性,为生物医学研究提供了更加强大和精确的工具。

8.5.4　蛋白质序列特征分析

蛋白质理化性质是蛋白质研究的基础,对组成蛋白质的氨基酸进行理化性质的统计分析是对未知蛋白质进行分析的基础。蛋白质的理化性质包括相对分子质量、氨基酸组成、等电点、消光系数、半衰期、不稳定系数和总平均亲水性等。传统的理化性质分析方法(如相对分子质量测定、等电点实验和沉降实验等)往往耗时且费用高昂。相比之下,基于实验经验数据的计算机预测可为蛋白质理化性质分析提供更为便捷的参考,但这些预测结果并非绝对准确,仍需后续实验加以验证和修正。

8.5.4.1 基本概念

1) 相对分子质量

相对分子质量是蛋白质最基本的理化性质之一。通过统计蛋白质序列中的氨基酸组成,可以精确计算蛋白质的相对分子质量。在线工具和软件(如 ExPASy ProtParam)[28]可以根据氨基酸序列快速计算蛋白质的分子质量。

2) 氨基酸组成

氨基酸组成分析是理解蛋白质结构和功能的重要步骤。每种氨基酸具有独特的化学性质,通过统计蛋白质序列中各类氨基酸的比例,可以预测蛋白质的性质和功能。

3) 等电点

等电点是指蛋白质分子在溶液中不带电的 pH 值。在这个 pH 值下,蛋白质的正电荷和负电荷达到平衡,总电荷为零。通过计算蛋白质中酸性和碱性氨基酸的数量及其 pKa 值,可以预测蛋白质的等电点。等电点的预测对于蛋白质纯化和分离具有重要意义。

4) 消光系数

消光系数(extinction coefficient)是用于表征蛋白质在特定波长下吸收光能程度的参数,常用于估算蛋白质溶液的浓度。根据定义方式不同,消光系数可分为摩尔消光系数(以摩尔浓度为基础)或质量消光系数(以质量浓度为基础)。其中,质量消光系数指在 1 mg/mL 浓度、1 cm 光程下测得的吸光度,而摩尔消光系数则对应 1 mol/L、1 cm 光程下的吸光度。该参数主要取决于蛋白质中芳香族氨基酸(如色氨酸、酪氨酸和苯丙氨酸)的含量,因为这些残基在约 280 nm 处具有显著的紫外吸收特性。通过在 280 nm 处测量溶液的吸光度,并结合相应的消光系数,即可对蛋白质浓度进行合理估算。

5) 半衰期

蛋白质的半衰期是指在一个给定条件下,蛋白质分子量减少到其原始总量的一半所需的时间。这个概念主要用来描述蛋白质在生物体中的稳定性和降解速率。蛋白质半衰期的长短可以受到多种因素的影响,包括蛋白质的结构、它在细胞中的位置、细胞类型、环境条件及蛋白质上的特定修饰等。通过分析蛋白质序列中的特定氨基酸序列,可以预测蛋白质的半衰期,这对于研究蛋白质在细胞内的降解和稳定性具有重要意义。

6) 总平均亲水性

总平均亲水性通过计算蛋白质序列中所有氨基酸残基的亲水性或疏水性指数的平均值来衡量。这个指数根据每个氨基酸残基的亲水性或疏水性趋势计算得出。正值表明蛋白质总体上是疏水性的,更可能在细胞膜中或与膜相互作用;负值表明蛋白质更亲水,更可能在水溶性环境中稳定。总平均亲水性可用于预测蛋白质在细胞中的位置和功能及它们的溶解性和交互作用特性。

8.5.4.2　分析工具

Expasy(Expert Protein Analysis System)由瑞士生物信息学中心维护,并与欧洲生物信息学中心(EBI)及蛋白质信息资源(Protein Information Resource,PIR)组成 Universal Protein Knowledgebase(UniProt)联盟[28]。Expasy 数据库提供了一系列蛋白质理化分析工具,方便研究人员检索未知蛋白质的理化性质,并基于这些理化性质鉴别未知蛋白质的类别,为后续实验提供支持。

ProtParam(Physico-chemical Parameters of a Protein Sequence)是 Expasy 上用于计算氨基酸理化参数的在线工具,可提供的理化性质分析主要包括氨基酸残基数、分子质量、理论等电点、氨基酸组成、负电荷氨基酸残基总数、正电荷氨基酸残基总数、原子组成、分子式、原子总数、消光系数、半衰期、不稳定系数、脂肪系数和总平均疏水性等。

ProtScale 是 Expasy 上用于计算蛋白质亲疏水性分析的在线工具,用于计算氨基酸标度(amino acid scale),表示氨基酸在某种实验状态下相对于其他氨基酸在某些性质上的差异,如疏水性、亲水性等,可以用于预测蛋白质分子表面的抗原决定簇及膜蛋白中穿越膜的肽段。

8.5.5　蛋白质信号肽的预测和识别

信号肽(signal peptide)是新合成多肽链 N 末端的一段短序列,可指导分泌性或膜蛋白穿过膜系统(如内质网膜)。该序列通常由 15～30 个氨基酸残基组成,包含至少一个带正电荷的氨基酸,并在中间区域形成一个高度疏水的核心段。在分泌蛋白合成过程中,N 末端的信号肽被内质网膜上的受体识别,经膜蛋白形成的孔道将新生多肽导入内质网腔,随后由信号肽酶切除。这一过程确保分泌蛋白得到正确分选、转运,并最终进入细胞外或其他细胞区室。信号肽的特性与识别对于蛋白质的正确定位和功能域划分至关重要。

前导肽(leader peptide)是用于线粒体跨膜转运的特殊信号肽,长度为 20～80 个氨基酸残基。该肽段富含正电荷的碱性氨基酸(如精氨酸)并分布在中性氨基酸之间,同时缺乏带负电荷的酸性氨基酸。这些特征有助于前导肽形成两亲性 α 螺旋结构,从而将新生蛋白导入线粒体膜内。在跨膜转运完成后,前导肽被线粒体内的特定蛋白酶水解,使蛋白质转变为成熟形态并留在线粒体内部,不再具有跨膜导向功能。

SignalP[29]是由丹麦科技大学生物序列分析中心开发的信号肽及其剪切位点检测在线工具,是一种利用已知信号序列的革兰阴性原核生物、革兰阳性原核生物及真核生物的序列作为训练集的神经网络方法,可用于预测分泌型信号肽,不过要注意的是,SignalP 不适用于预测那些参与细胞内信号传递的信号肽,如那些涉及调节细胞内其他蛋白质活动的信号肽。

8.5.6 蛋白质卷曲螺旋结构预测

卷曲螺旋(coiled-coil)是一类由两股或两股以上 α 螺旋相互缠绕而形成的平行或反平行左手超螺旋结构的总称,是控制蛋白质寡聚化的元件,存在于许多蛋白质中,如转录因子、病毒融合蛋白多肽等。这类结构一般以 7 个氨基酸残基为单位组成。许多含有卷曲螺旋结构的蛋白质具有重要的生物学功能,如在基因表达调控中的转录因子和病毒融合蛋白多肽等。

COILS 是由 SwissEMBNet 维护的预测卷曲螺旋的在线工具。该软件基于 Lupas 算法,可在一个包含已知卷曲螺旋蛋白结构的数据库中对查询序列进行搜索,并将查询序列与包含球状蛋白序列的 PDB 数据库进行比较,最后根据两个库搜索得分决定查询序列形成卷曲螺旋的概率,进行蛋白质卷曲螺旋结构的预测。

8.5.7 蛋白质跨膜结构分析

生物膜中的膜蛋白是生物膜功能的主要执行者。根据其在膜中的位置和结构,膜蛋白可分为外在膜蛋白和内在膜蛋白。外在膜蛋白占据膜蛋白的约 20%,分布在膜的内外表面,通过离子键和氢键与膜磷脂的亲水头部相互作用。内在膜蛋白占膜蛋白的 70%~80%,具有双亲性,可以嵌入脂双层分子中,有些甚至穿透整个脂双层,两端暴露于膜的内外表面,因此也称为跨膜蛋白。这类蛋白质的跨膜区域含有大量非极性氨基酸,与脂质分子的疏水尾部结合紧密,对细胞功能状态具有重要影响。

Tmpred 是一款由 EMBnet 开发的在线工具,可用于分析蛋白质的跨膜区域。它基于对 TMbase 数据库的统计分析,预测蛋白质的跨膜结构和跨膜方向。输入蛋白质序列,并指定预测时使用的跨膜螺旋疏水区的最小和最大长度。输出结果包括可能的跨膜螺旋区域、相关性列表、建议的跨膜拓扑模型及图形化显示结果。

8.5.8　蛋白质相互作用分析

蛋白质-蛋白质相互作用（PPI）分析是理解细胞功能和疾病机制的关键步骤。构建和分析相互作用网络涉及多个层面，包括实验技术、计算方法、软件工具及对数据的深入解读。随着"组学"时代的到来，大量的蛋白质相互作用数据需要有效的管理和分析。

Cytoscape[30]是一款开源的软件平台，广泛用于可视化分析生物分子网络，尤其是蛋白质-蛋白质相互作用（PPI）网络。通过 Cytoscape，可以构建、可视化和分析复杂的 PPI 网络，从而揭示蛋白质功能、信号通路和生物过程中的相互作用。首先，可以从公共数据库如 STRING、BioGRID 和 IntAct 中获取所需 PPI 数据，这些数据库提供了广泛的实验验证和预测的蛋白质相互作用数据。数据格式通常为表格（如 CSV、TSV）或文本文件（如 PPI 对列表），将这些数据需导入 Cytoscape 中，软件会自动构建蛋白质相互作用网络，其中节点代表蛋白质，边代表相互作用。为了优化网络的可视化效果，Cytoscape 提供多种网络布局算法，如力导向布局（force-directed layout）、环形布局（circular layout）和层次布局（hierarchical layout）。用户可以选择适当的布局算法，并根据研究需求调整网络显示。此外，通过使用"Style"选项卡，自定义节点和边的颜色、大小、形状和标签，可以增强网络的可读性，并通过映射节点和边的属性（如蛋白质功能、相互作用强度），突出显示关键蛋白质和相互作用。

为了深入理解 PPI 网络的结构和功能，可通过节点度分析（degree analysis）、介数中心性分析（betweenness centrality）和聚类系数分析（clustering coefficient）等网络分析方法，识别网络中的关键节点和模块。此外，使用"Network"菜单中的"Create Subnetwork"选项，可以提取子网络进行深入分析。通过与多种插件（如 BiNGO、ClueGO）集成，进行功能富集分析，识别网络中显著富集的基因本体（GO）术语或通路，从而揭示 PPI 网络中的生物学功能和机制。

最后，通过自定义样式和布局，Cytoscape 能够生成高质量的 PPI 网络图，通过"Annotations"功能，添加注释，进一步说明网络中的关键点和发现。结合 PPI 网络分析结果，与现有文献和实验数据进行比较和验证，可以解释发现的生物学意义。

8.6　代谢组数据分析

8.6.1　代谢组学概述

代谢组学是研究生物体内所有代谢产物（即代谢物）组成及其动态变化的科

学,旨在通过定量分析和鉴定代谢物谱来揭示生物系统的功能状态和生理病理变化。代谢组学的发展伴随着高通量分析技术和生物信息学工具的进步,已成为组学研究的重要组成部分。代谢组学的研究内容涵盖了代谢物的检测、鉴定和定量分析,以及代谢途径的解析和代谢网络的构建。通过液相色谱-质谱联用(LC-MS)、气相色谱-质谱联用(GC-MS)和核磁共振(NMR)光谱等技术,研究人员能够在分子水平上全面描绘代谢物的分布和变化。此外,代谢组学还涉及代谢物与基因、蛋白质及环境因素之间的相互作用,旨在揭示这些相互作用对生物系统功能的影响。

8.6.2　代谢组数据分析工具

在代谢组数据分析中,数据处理与质控是确保分析结果准确性和可靠性的关键步骤。多变量统计分析方法如主成分分析(PCA)和偏最小二乘判别分析(PLS-DA)被广泛应用于代谢组学数据的分析中,以识别和解释数据中的模式和差异。这些方法能够处理复杂的高维数据,并通过减少数据维度来揭示潜在的生物标志物或疾病相关的代谢变化。PCA 可用于数据的探索性和描述性分析,PLS-DA 适用于基于多变量的分类或预测问题,尤其是在存在多个响应变量的情况下,PLS-DA 则更为合适。

此外,MetaboAnalyst 等分析平台,为代谢组数据分析提供了在线分析、可视化和解释功能[31],支持多种统计计算和高质量图形渲染功能,适用于处理多种复杂的数据集。

除了 MetaboAnalyst,还有其他一些工具和平台被用于代谢组数据的分析和解释。例如,Metabox 是一个基于 R 的 Web 应用程序,结合了数据处理、统计分析、功能分析和与其他"组"数据的整合探索,支持代谢组数据与其他蛋白质组和转录组数据的深度表型分析[32]。XCMS[33] 和 XCMS Online[34] 可动态识别潜在的生物标志物。

8.6.3　代谢路径分析

1) 代谢路径基本概念

代谢路径分析是系统生物学中的一个重要领域,旨在通过实验和计算方法研究细胞内化学物质的转换过程。这些路径涉及一系列酶促反应,将前体分子转化为最终产物。代谢路径的基本概念包括了对这些反应的数学描述、路径的识别以及对这些路径在不同生物体中如何变化的理解。

代谢路径可以通过一组化学方程式来描述,每个方程式代表一个特定的酶促反应。这些方程式通常需要满足守恒定律,即在任何反应中,原子的数量和种类都保持不变。通过计算机辅助算法，可以合成代谢路径。例如，M-path 平台利用化学和酶数据库来探索合成代谢路径；而动态通量估计（DFE）方法则用于分析代谢时间序列数据，以估计所有通量的数值表示。在实际的生物学系统中，除了化学反应的平衡外，还需要考虑生物约束，如热力学或动力学约束以及遗传网络的调节约束。这些约束限制了可能的代谢路径，因此在分析时必须考虑它们的影响。代谢路径不仅在不同物种之间存在差异，而且在同一物种的不同个体之间也可能有所不同。通过比较不同物种或同一物种不同个体之间的代谢路径，可以揭示它们的进化关系和功能适应性。

2）代谢路径数据库与工具

代谢路径分析是一种研究生物体内化学物质转换和流动的系统方法。这一领域的研究对于理解生命过程、疾病机制及开发新的药物和治疗方法至关重要。以 KEGG（Kyoto Encyclopedia of Genes and Genomes）和 Reactome 两个代谢路径数据库为例进行介绍。

KEGG 是一个综合性的生物系统数据库，不仅包含了代谢路径的信息，还整合了基因组、化学和系统功能信息[35]。KEGG 的 PATHWAY 数据库是其主要组成部分，提供了包括大多数已知代谢路径在内的图形化生物化学途径图。此外，KEGG 还提供了 BRITE 映射，这是一种表示各种生物对象（包括分子、细胞、有机体、疾病和药物）及其相互关系的本体数据库。

Reactome 是一个专注于人类和其他物种的代谢和信号传导网络的数据库[36]，可提供代谢网络视图，包括从简单到复杂的生物过程，基本单元是反应，这些反应被分组形成因果链以形成途径。Reactome 提供了一个定性的框架，可以在其上叠加定量数据，并开发了工具来促进专家生物学家的数据输入和注释，以及可视化和探索最终数据集作为交互式过程图的能力。

除了 KEGG 和 Reactome 之外，还有其他一些工具和平台支持代谢路径的分析和可视化。例如，PathA 是一个公开可用的网络服务器，它使用多种机器学习和序列分析技术来预测代谢途径。PathMiner 是一个自动化的代谢途径推理系统，通过探索一个基于已知酶催化转换的生化状态空间来预测代谢途径。此外，Viime-Path 是一个高度交互式的工具，它充分利用了 Reactome 数据库中丰富的代谢途径信息。此工具不仅可以浏览和使用在 Reactome 数据库中已经定义和存储的各种生物化学途径，而且允许用户根据具体的分析需求自定义和调整这些路径。例如，添加或移除某些组成元素（如特定的酶、底物或产物），或调整路径显示的方式，以便更清楚地展示关键信息。

3）路径富集分析与代谢网络构建

代谢路径分析和代谢网络构建是生物信息学和系统生物学中的重要研究领

域,旨在理解细胞如何通过一系列生化反应转换底物、中间产物和最终产物。这些分析对于揭示生物体的代谢机制、疾病发生的原因及潜在的治疗靶点具有重要意义。

路径富集分析是一种用于识别在特定生物学条件下显著变化的代谢途径的方法。这种分析可以通过比较实验数据与背景分布来实现,从而确定哪些代谢途径在统计上显著地被激活或抑制。例如,MetPath 算法是一种用于代谢通路分析的工具,通过整合实验获得的代谢物丰度数据与代谢通路数据库(如 KEGG、Reactome)中的信息,识别出在特定条件下显著变化的代谢通路。其主要步骤包括数据准备、代谢物匹配、路径富集分析、显著通路识别和结果可视化。在数据准备阶段,从代谢组学实验中获取代谢物丰度数据,并进行归一化和标准化处理。接下来,将实验中检测到的代谢物与代谢通路数据库中的代谢物进行匹配,确保使用唯一的代谢物标识符(如 KEGG ID、HMDB ID)以保证匹配的准确性。路径富集分析通过计算每条代谢通路的富集得分(如 p 值),评估通路中的代谢物显著性,常用统计检验方法如费舍尔精确检验和超几何检验。随后,通过多重假设检验校正方法(如 FDR、Benjamini-Hochberg 校正)调整 p 值,减少假阳性结果。最后,将显著变化的代谢通路和相关代谢物可视化,生成直观的图表和网络图,使用软件工具(如 Cytoscape、Pathway Studio)展示代谢通路的变化情况,帮助研究人员理解数据中的生物学意义。MetPath 算法广泛应用于疾病机制研究、药物作用机制研究和生物过程研究等领域,帮助研究人员揭示代谢网络中的关键调控机制和生物学过程。

代谢网络构建涉及使用生物信息学方法从基因组、转录组或蛋白质组数据中重建代谢网络。这些网络通常表示为节点(代表化合物和酶反应)和边(代表化合物之间的反应连接)。构建代谢网络的一个主要挑战是处理网络中的高度连接节点,这些节点可能对应于常见的代谢中间产物和辅因子,它们可能导致错误路径的推断,因为它们在多种反应中都出现。为了解决这一问题,研究者们开发了多种方法,包括基于图论的路径查找方法、基于约束的模型(CBMs),以及结合基因组学、代谢组学和生化建模的方法。这些综合方法能够更准确地重建代谢网络,帮助识别真正的生物学通路和关键代谢节点。

参考文献

[1] Baudhuin L M, Lagerstedt S A, Klee E W, et al. Confirming variants in next-generation sequencing panel testing by Sanger sequencing[J]. The Journal of Molecular Diagnostics, 2015, 17(4): 456 - 461.

[2] Vincent A T, Derome N, Boyle B, et al. Next-generation sequencing (NGS) in the

microbiological world: How to make the most of your money[J]. Journal of Microbiological Methods, 2017, 138: 60 - 71.

[3] Xu M, Guo L, Gu S, et al. TGS-GapCloser: A fast and accurate gap closer for large genomes with low coverage of error-prone long reads[J]. GigaScience, 2020, 9(9): giaa094.

[4] Krzywinski M, Schein J, Birol I, et al. Circos: An information aesthetic for comparative genomics[J]. Genome Research, 2009, 19(9): 1639 - 1645.

[5] Kuhn R M, Haussler D, Kent W J. The UCSC genome browser and associated tools[J]. Briefings in Bioinformatics, 2013, 14(2): 144 - 161.

[6] Fleischmann R D, Adams M D, White O, et al. Whole-genome random sequencing and assembly of Haemophilus influenzae Rd[J]. Science, 1995, 269(5223): 496 - 512.

[7] FastQC. Available from: https://www.bioinformatics.babraham.ac.uk/projects/fastqc.

[8] Bolger A M, Lohse M, Usadel B. Trimmomatic: A flexible trimmer for Illumina sequence data[J]. Bioinformatics, 2014, 30(15): 2114 - 2120.

[9] Dobin A, Davis C A, Schlesinger F, et al. STAR: Ultrafast universal RNA-seq aligner[J]. Bioinformatics, 2013, 29(1): 15 - 21.

[10] Kim D, Langmead B, Salzberg S L. HISAT: A fast spliced aligner with low memory requirements[J]. Nature Methods, 2015, 12(4): 357 - 360.

[11] Langmead B, Salzberg S L. Fast gapped-read alignment with Bowtie 2[J]. Nature Methods, 2012, 9(4): 357 - 359.

[12] Pertea M, Pertea G M, Antonescu C M, et al. StringTie enables improved reconstruction of a transcriptome from RNA-seq reads[J]. Nature Biotechnology, 2015, 33(3): 290 - 295.

[13] Trapnell C, Williams B A, Pertea G, et al. Transcript assembly and quantification by RNA-seq reveals unannotated transcripts and isoform switching during cell differentiation[J]. Nature Biotechnology, 2010, 28(5): 511 - 515.

[14] Liao Y, Smyth G K, Shi W. featureCounts: An efficient general purpose program for assigning sequence reads to genomic features[J]. Bioinformatics, 2014, 30(7): 923 - 930.

[15] Anders S, Pyl P T, Huber W. HTSeq—a Python framework to work with high-throughput sequencing data[J]. Bioinformatics, 2015, 31(2): 166 - 169.

[16] Love M I, Huber W, Anders S. Moderated estimation of fold change and dispersion for RNA-seq data with DESeq2[J]. Genome Biology, 2014, 15: 1 - 21.

[17] Robinson M D, McCarthy D J, Smyth G K. edgeR: A bioconductor package for differential expression analysis of digital gene expression data[J]. Bioinformatics, 2010, 26 (1): 139 - 140.

[18] Ritchie M E, Phipson B, Wu D I, et al. limma powers differential expression analyses for RNA-sequencing and microarray studies[J]. Nucleic Acids Research, 2015, 43(7): e47.

[19] Huang D W, Sherman B T, Lempicki R A. Systematic and integrative analysis of large gene lists using DAVID bioinformatics resources[J]. Nature Protocols, 2009, 4(1): 44 - 57.

[20] Beissbarth T, Speed T P. GOstat: Find statistically overrepresented Gene Ontologies within a group of genes[J]. Bioinformatics, 2004, 20(9): 1464 - 1465.

[21] Shannon P, Markiel A, Ozier O, et al. Cytoscape: A software environment for integrated models of biomolecular interaction networks[J]. Genome Research, 2003, 13(11): 2498 - 2504.

[22] Chung C, Yang X, Bae T, et al. Comprehensive multi-omic profiling of somatic mutations in malformations of cortical development[J]. Nature Genetics, 2023, 55(2): 209 - 220.

[23] Bastian M, Heymann S, Jacomy M. Gephi: An open source software for exploring and manipulating networks[C] //Proceedings of the International AAAI Conference on Web and Social Media, 2009, 3(1): 361 - 362.

[24] Cho W C S. Proteomics technologies and challenges [J]. Genomics, Proteomics and Bioinformatics, 2007, 5(2): 77 - 85.

[25] Simpson R J. SDS-PAGE of proteins[J]. Cold Spring Harbor Protocols, 2006(1): pdb. prot4313.

[26] Lay Jr J O. MALDI - TOF mass spectrometry of bacteria [J]. Mass Spectrometry Reviews, 2001, 20(4): 172 - 194.

［27］Jones-Lepp T L，Momplaisir G M. New applications of LC‐MS and LC‐MS2 toward understanding the environmental fate of organometallics［J］. TrAC Trends in Analytical Chemistry，2005，24(7)：590‐595.

［28］Wilkins M R，Gasteiger E，Bairoch A，et al. Protein identification and analysis tools in the ExPASy server［J］. Methods in Molecular Biology，1999，112：531‐552.

［29］Petersen T N，Brunak S，Von Heijne G，et al. SignalP 4.0：Discriminating signal peptides from transmembrane regions［J］. Nature Methods，2011，8(10)：785‐786.

［30］Saito R，Smoot M E，Ono K，et al. A travel guide to Cytoscape plugins［J］. Nature Methods，2012，9(11)：1069‐1076.

［31］Pang Z，Lu Y，Zhou G，et al. MetaboAnalyst 6.0：Towards a unified platform for metabolomics data processing，analysis and interpretation［J］. Nucleic Acids Research，2024：gkae253.

［32］Wanichthanarak K，Fan S，Grapov D，et al. Metabox：A toolbox for metabolomic data analysis，interpretation and integrative exploration［J］. PloS ONE，2017，12(1)：e0171046.

［33］Smith C A，Want E J，O'Maille G，et al. XCMS：Processing mass spectrometry data for metabolite profiling using nonlinear peak alignment，matching，and identification［J］. Analytical Chemistry，2006，78(3)：779‐787.

［34］Gowda H，Ivanisevic J，Johnson C H，et al. Interactive XCMS Online：Simplifying advanced metabolomic data processing and subsequent statistical analyses［J］. Analytical Chemistry，2014，86(14)：6931‐6939.

［35］Kanehisa M，Goto S. KEGG：Kyoto encyclopedia of genes and genomes［J］. Nucleic Acids Research，2000，28(1)：27‐30.

［36］Fabregat A，Jupe S，Matthews L，et al. The reactome pathway knowledgebase［J］. Nucleic Acids Research，2018，46(D1)：D649‐D655.